彩图 1-1 青 虾

彩图 1-2 罗氏沼虾

彩图 1-3 南美白对虾

彩图 1-4 小龙虾

彩图 1-5 海南沼虾

U0387227

彩图 2-1 养虾池布局与池塘

彩图 2-2 育苗池塘

彩图 2-3 养虾池塘

彩图 2-4　苦 草

彩图 2-5　轮叶黑藻

彩图 2-6　凤眼莲

彩图 2-7　水浮莲

彩图 2-8　水蕹菜

PVC 管

通气软管

罗茨风机

彩图 2-9　微孔曝气增氧装置

彩图 2-10　水车式增氧机

彩图 4-1　育苗温室

彩图 4-2 工厂化繁育车间

彩图 4-3 抱卵青虾

彩图 4-4 育苗温棚

彩图 4-5 网箱孵化

彩图 4-6 罗氏沼虾抱卵虾

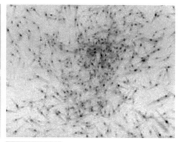
彩图 4-7 罗氏沼虾虾苗

彩图 5-1 螺丝肉

彩图 5-2 配合饲料

彩图 5-3 池塘养虾

彩图 5-4 稻田养虾

彩图 5-5 稻田养虾（水稻收割后）

彩图 5-6 网箱养虾

彩图 8-1 地笼放入虾池捕捞

■ 池塘养虾微孔增氧

■ 青虾

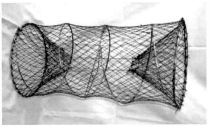
■ 虾笼

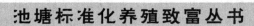

池塘标准化养殖致富丛书

# 池塘标准化健康养虾

张金平 冯德品 杨 军 主编

化学工业出版社

·北京·

本书在介绍青虾、罗氏沼虾生物学和生态学知识的基础上，结合作者长期指导一线生产的经验，重点介绍了青虾、罗氏沼虾标准化健康养殖和病害防治等方面的新成果、新技术，将先进性、实用性、通俗性、可读性和可操作性融为一体。内容包括概述；标准化健康养虾生态环境的优化；虾的生物学特征；淡水虾的人工繁殖技术；淡水虾的标准化养殖技术；淡水虾标准化健康养殖的质量要求；疾病防控；捕捞与运输 8 个部分。

　　本书适合广大水产养殖户、水产技术推广人员、规模养殖场技术与管理人员以及相关专业人士阅读参考。

**图书在版编目（CIP）数据**

　　池塘标准化健康养虾/张金平，冯德品，杨军主编．
北京：化学工业出版社，2016.3（2022.10 重印）
　　（池塘标准化养殖致富丛书）
　　ISBN 978-7-122-26231-8

　　Ⅰ．①池…　Ⅱ．①张…②冯…③杨…　Ⅲ．①池塘
养殖-虾类养殖　Ⅳ．①S964.3②S966.12

　　中国版本图书馆 CIP 数据核字（2016）第 022872 号

责任编辑：李　丽　　　　　　　文字编辑：赵爱萍
责任校对：蒋　宇　　　　　　　装帧设计：关　飞

出版发行：化学工业出版社（北京市东城区青年湖南街 13 号　邮政编码 100011）
印　　装：北京建宏印刷有限公司
850mm×1168mm　1/32　印张 8¼　彩插 2　字数 237 千字
2022 年 10 月北京第 1 版第 9 次印刷

购书咨询：010-64518888　售后服务：010-64518899
网　　址：http://www.cip.com.cn

定　　价：33.00 元　　　　　　　　　　　　版权所有　违者必究

# 《池塘标准化养殖致富丛书》编委会

主　　任：叶雄平

副 主 任：郑卫东　　姚雁鸿

委　　员：张金平　　冯德品　　杨　军　　刘远高

　　　　　赵忠喜　　陈雪松　　王　芳　　尹　丹

　　　　　李亚芸　　王　飞　　何　力　　刘　剑

　　　　　牟长军　　牟　东　　陈锦文　　臧德法

　　　　　叶雄平　　程保琳　　姚雁鸿　　郑卫东

　　　　　刘志刚

# 本书编写人员

主　　编：张金平　　冯德品　　杨　军

编写人员：张金平　　冯德品　　杨　军　　刘远高

　　　　　赵忠喜　　陈雪松

# 前　言

　　淡水虾肉味鲜美，营养丰富，深受消费者喜爱。随着我国经济的迅速发展和人民生活水平的不断提高，各种淡水虾类已经上了寻常百姓的餐桌，同时，旅游业、餐饮业的繁荣以及对外贸易的快速增长，极大地促进了我国淡水虾养殖业的发展。中国的淡水虾养殖产量一直处于世界领先地位，淡水虾作为名特优品种和调整养殖结构的重点进入了快速发展阶段，已成为我国渔业增效、渔农增收的又一重要支撑点。

　　随着养殖生产的发展，养殖环境的变化，淡水虾养殖面临新的挑战。部分养虾生产者片面追求产量，大量投饵、施肥，以及不当使用药物，带来了一系列的问题，如养殖水体环境恶化、病害频发、产品中有毒有害物含量超标等，对淡水虾养殖业形成冲击。坚持以渔业现代化为方向，健全现代渔业支撑保障体系，建设现代渔业安全体系，是水产业发展的指针。为推进养虾业的可持续发展，满足广大养虾生产者对标准化健康养殖技术的需求，我们编写了《池塘标准化健康养虾》一书。

　　本书以生产实践内容为主，以基础理论知识为辅，系统地介绍了青虾和罗氏沼虾标准化健康养殖的关键技术，适于广大淡水虾养殖户、基层技术人员学习、参考。

　　本书所有药物及其使用剂量仅供读者参考，不可照搬。在生产实际中，所有药物学名、常用名和实际商品名称会有差异，药物浓度也有所不同，建议读者在使用每一种药物之前，仔细阅读药物生产厂家的产品说明，以确认药物用量、使用方法、用药时间及禁忌等。

本书在编写过程中，参考了一些专家学者的研究成果和相关资料，得到了中国水产科学研究院长江水产研究所、华中农业大学水产学院专家的指导和支持，在此表示感谢。

由于笔者水平所限，书中疏漏之处在所难免，欢迎广大读者批评指正。

编者

2016 年 1 月

# 目　录

# 第一章

# 概　述

● **第一节　我国淡水虾产业现状**

## 一、我国淡水虾产业概述

在所有渔业产品中，虾类是最重要的商品，约占国际渔业产品贸易总值的 20％。在过去 20 多年里，虾类产品都一直稳定地维持着这样的地位。目前，淡水虾产业主要包括捕捞和养殖两部分。捕捞虾产量受资源及环境的影响，呈逐年下降趋势，而养殖虾产量随着养殖技术的提高逐年增加，已经成为虾类产品产量的重要部分。中国的淡水虾养殖产量一直处于世界领先位置，淡水虾类的养殖，已成为我国渔业增效、渔民增收的又一重要支撑点。

淡水虾肉味鲜美，营养丰富，深受消费者喜爱。近几年来，随着我国经济的迅速发展和人民生活水平的不断提高，各种淡水虾逐渐进入寻常百姓的餐桌，同时，旅游业的兴起和对外贸易的增长，更进一步促进了我国淡水虾养殖业的发展。

我国淡水虾的养殖品种主要有青虾、罗氏沼虾、南美白对虾、小龙虾和海南沼虾。

**1. 青虾**

青虾又名河虾，学名日本沼虾，是淡水虾中个体较大的一种虾类（彩图 1-1），是我国的传统养殖品种。青虾是纯淡水虾，几乎在全国各地的内陆水体都有分布，其中以太湖、白洋淀、微山湖、扬州里下河等地出产的青虾最为有名。青虾具有生长快、繁殖力强和适应性广等特点，是目前淡水养殖业中最有发展前途的品种之一。

青虾是适温广泛的虾类，生存水温 1～37℃，适宜水温 18～30℃，水温达到 9～10℃进入摄食阶段，水温达到 18℃以上时就可以产卵并进入孵化。早期繁殖的虾苗有的在 8～9 月份就可以性成熟，这些虾当年能有 30%左右的雌虾抱卵。

青虾养殖周期短，可周年上市，并可进行多种方式的养殖，包括单养、混养和轮养。为了降低饲料成本，单独养殖时可以利用粗放粗养的方法，还可以采取大水面增殖的办法。

我国的青虾养殖业起步于 20 世纪 60 年代中期，当时仅以试验性探索为主，养殖面积很小，产量也很低。进入 70 年代之后，青虾养殖形成一定的生产规模，但均以套养为主，发展速度仍较慢。直到 80 年代末，青虾养殖才开始步入发展的盛期，养殖规模迅速扩大，养殖单产得到了较大的提高，养殖技术也在实践中逐步完善。江苏、浙江、安徽等地的青虾养殖都已形成了相当大的规模。

### 2. 罗氏沼虾

罗氏沼虾是世界性大型淡水养殖虾类。原产于印度洋、太平洋区域的热带和亚热带地区，其栖息场所不限于淡水水域。在东南亚的一些天然水体中，雄虾体长可达 40cm，体重 600 多克；雌虾体长 25cm，体重 200 多克，其身体之大可与龙虾媲美（彩图 1-2）。它具有食性广、生长快、个体大、生长周期短、肉质鲜美和营养丰富等特点。

罗氏沼虾原产于亚热带，在我国内陆地区养殖主要受水温的影响较大，制约因素为保种越冬、春季繁育等工作。养殖时要因地制宜，可以引入其他地区的虾苗进行养殖。内陆地区有地热水、工厂余热水的地方，可用于冬季保种。在有温室设备或工厂化养殖设备的地方，通过水体控温的方法，可以进行提早孵化和温室养殖，以提高幼虾放养规格和增加成虾养殖时间。此外，还可以进行成虾暂养越冬，准备在冬季随时供应市场。

20 世纪 60 年代初，东南亚的一些国家开始养殖此虾。1961 年林绍文先生在马来西亚人工繁殖罗氏沼虾成功后，世界各国纷纷引种养殖。我国台湾省于 1970 年首次引进，大陆于 1976 年秋，由中国农业科学院从日本引进罗氏沼虾，在珠江水产研究所试养。1977年繁殖出虾苗近 7.96 万尾，先后分发到全国 14 个省、市 40 多个单位试养。

目前，罗氏沼虾已在我国广东、广西、福建、四川、湖北、江西、浙江、上海、江苏、安徽、山东等20多个省（市）、自治区推广养殖。

### 3. 南美白对虾

南美白对虾又称万氏对虾、白脚对虾、白对虾和凡纳对虾等（彩图1-3）。原产于南美洲太平洋沿岸至墨西哥湾中部，是中南美洲对虾养殖的主要品种，以厄瓜多尔沿岸最为集中，是当今世界养殖虾类产量最高的三大品种之一。

南美白对虾适应能力强，能在水温为9～40℃的水域中存活，生长水温为17～36℃，最适生长水温为27～31℃。南美白对虾对温度的适应范围较广，最高致死水温44℃。正常情况下，南美白对虾耐受高温能力较强，对低温表现敏感，低于17℃不喜摄食，生长缓慢。南美白对虾对养殖水质要求溶解氧在4mg/L以上，当溶解氧在6mg/L以上时生长较快，当水体溶解氧在2mg/L以下时，则出现呼吸困难并出现不正常躁动。

南美白对虾食性很广，属杂食性种类。在其不同的生长发育阶段，其食物的种类和组成有所不同。在人工饲养条件下，可对南美白对虾幼体投喂轮虫、丰年虫无节幼体、蛋黄或优质微粒人工配合饲料，幼虾、成虾阶段可投喂鲜鱼贝类或其他虾类的配合饲料，饲料中蛋白质比例20%以上即可满足其生长需要。

我国于1988年引进南美白对虾养殖，并于1994年人工育苗和批量养殖获得成功。具备生长快、抗病力强、对饲料蛋白质需求量低、易于进行集约化养殖、离水存活时间长、虾苗淡化后能在内陆池塘养殖等优点，近年来在福建、浙江、江苏、广西、广东、北京等许多地区进行的淡水池塘养殖已获得成功。在我国南部地区，南美白对虾一年可养殖两季，经济效益较高。

### 4. 小龙虾

小龙虾学名克氏螯虾（彩图1-4），因在身体的外形和分节等方面类似于海水龙虾，生活在淡水中，故称淡水龙虾。主要分布于澳大利亚的北部热带地区，生存水温4～32℃，适宜生长水温15～30℃，最适生长水温20～28℃，短期内可以忍受的最低温度为1～

4℃。溶解氧量达到 2mg/L 以上时可以正常生长。最大个体可达 50g。

小龙虾食性较杂，可以吃鲜嫩草根、腐殖质、水生浮游生物及人工配合饲料，这对于广大农村，尤其是偏远地区的养殖户大有好处，因为可以利用粗放养和混养的方法，投喂多种饲料，降低饲料和管理成本。

小龙虾在国际上是经济效益较高的水产品，每千克售价 15～20 澳元，相当于人民币 70～94 元。小龙虾平均每百克中含有蛋白质 20.7g，对人体有益的 B 族维生素及无机盐含量丰富。胆固醇含量极少，仅是对虾含量的 57.05%、海水龙虾的 73.28%，是一种名副其实的低胆固醇营养佳品。出肉率达到 47%，可食部分比例为 55%，平均 1g 蛋白质中含有人体必需氨基酸 31.6mg，肉质与味道优于海水龙虾，实属名贵水产品。

**5. 海南沼虾**

海南沼虾是我国的主要经济虾类之一，具有生长快、个体大和肉味鲜美等特点（彩图 1-5）。除在海南有广泛分布外，广西、广东、福建、浙江等地亦有分布。

海南沼虾生存于江河入海口，为洄游性虾类。幼体在河口咸淡水区生活，喜集群，有明显的趋光性，但又回避强光和直射光。完成变态后溯河进入内河淡水水域营底栖生活。海南沼虾生存温度为 4～36℃，适宜水温为 15～33℃，在 10℃ 以下觅食减少，活动减弱。水体溶解氧量要求达到 5mg/L 以上，适合在中性偏碱水域中生活。

本书重点介绍青虾、罗氏沼虾两种淡水虾的标准化健康养殖技术。

# 二、我国淡水虾的养殖现状及特点

我国淡水虾的养殖起步于 20 世纪 60 年代中期，当时商品虾主要靠采捕自然资源，产量低而不稳，江苏、浙江等地科研人员进行了青虾生物学的研究，并开始养殖。70 年代末到 80 年代初，利用青虾抱卵虾进行人工育苗及养殖试验，由于受研究条件及技术水平限制，池塘养殖青虾产量不高，规格不大，效益较低。20 世纪 90

年代，随着人民生活水平的不断提高，天然水域的淡水虾产量已不能满足市场的需求，超强度的捕捞和水质污染使得天然青虾资源量急剧减少，成虾价格大幅上涨，经济价值越来越高，青虾开始作为名、特、优品种和调整养殖结构的重点，其养殖进入了快速发展阶段，商品青虾也由原来依靠天然捕捞转向了人工育苗和人工养殖。

我国的淡水虾类养殖全面起步于20世纪90年代中后期，发展时间虽不长，但取得的成绩相当大，具有以下几个特点。

**1. 淡水养殖虾的种类多，市场需求量大**

目前淡水养殖的虾类有青虾、罗氏沼虾、克氏螯虾与南美白对虾，这些虾都是深受国内外市场欢迎的名优水产品，不仅内销需求量大，而且出口前景相当看好。据有关资料介绍，近几年国内市场上青虾零售价一直保持在每千克50～60元，且供不应求，尤其是大规格青虾更是如此。克氏螯虾的零售价近几年更是节节攀升，2014年的零售价已从十年前的每千克10～14元升至30～40元。罗氏沼虾近几年国内市场销售价也比较平稳，价格保持在每千克30～40元，市场销量也不错。淡水虾类还是我国目前重要的出口水产品。2014年前三季度，我国虾类出口量超过20万吨，欧美市场潜力大，虾类的出口前景也是十分广阔。

**2. 养殖发展快，经济效益好**

近几年来，随着淡水科学养虾的发展，养殖的经济效益也十分喜人。目前全国淡水养虾 $667m^2$ 效益一般都在2000元左右，好的可达7000元以上。如湖北省仙桃市周京怀南美白对虾的混养模式，$667m^2$ 养殖水面产量达到260～400kg，利润达7000元，比养殖四大家鱼利润高出不少。

**3. 养殖模式多样，生态效益喜人**

我国淡水虾的养殖，从养殖类型分，有主养，也有与河蟹、优质鱼同池混养，还有工厂化养殖；有精养，也有大水面粗养。尽管养殖模式多种多样，但都推行健康生态养虾模式。如青虾与克氏螯虾的养殖，都与种草投放贝类有机结合在一起，利用水草、贝类来改善水域生态环境，实施生态养虾。而罗氏沼虾与南美白对虾的养殖则都配备增氧设施，尤其是推广使用微孔管道增氧与微生态水质调节剂，使养虾水质得到较好的控制，生态环境不断改善。加上推广轮放轮捕技术，捕大留小，疏稀密度，使养虾水体载虾量始终保持在合理范围内。目前全国现有的淡水养虾模式，基本上都属资源节约、环境友好型渔业范畴，生态效益十分喜人。

### 4. 规模化养殖，产业化经营水平较高

我国淡水虾类养殖虽然起步较晚，但起点较高，走的是基地集中连片、养殖模式生态高效、经营方式产业化之路。苗种、饲料、资金、技术以及信息、产销推介等产前、产中、产后服务比较齐全，产业特色十分明显。淡水虾类集中连片养殖，又带动了产业化经营的发展。凡是淡水虾类养殖比较集中的县、镇都成立了行业协会或专业合作经济组织，兴办了虾苗、虾种培育基地，由协会（或合作经济组织）牵头，实施苗种统一采购暂养，饲料渔药统一购进，技术统一指导，病害统一防治，商品虾统一组织运销，资金统一筹集，专业化分工，各负其责，既节约了生产成本，又降低了市场风险，使淡水虾类的养殖走上了专业化生产、产业化经营、社会化服务的现代渔业之路。

### 5. 虾类加工发展较快，运输保活能力不断增强

虾类养殖业的发展又带动了加工业的发展。2014年，全国水产品加工企业近两万家，其中淡水水产品的加工又以虾类为主，尤其是克氏螯虾的加工，其设备、技术都比较先进，一些企业还在国外注册，经国外专家验收认可，加工的克氏螯虾直接出口到国外，深受消费者的欢迎。近几年来，我国淡水虾重点产区组织专业运销队伍，配备活水增氧运输车，运输保活能力大大增强。销售网点配备水族箱和增氧机，活虾销售，吸引了大批顾客，扩大了鲜虾的销售量。淡水虾类市场的活跃又促进了虾类养殖的健康发展。

## 三、淡水虾养殖业中存在的问题

随着我国淡水虾养殖业的快速发展，养殖面积和生产规模的不断扩大，养殖产量的急剧增加和集约化程度的不断提高，许多潜在的技术与管理上的问题逐步暴露出来，使我国淡水虾养殖又面临着前所未有的挑战。主要问题体现在以下几个方面。

### 1. 养殖虾单产水平较低

据中国和泰国两国渔业部门的统计资料表明，泰国的虾类养殖

水平比我国要高，在 1990 年，泰国虾类养殖单产水平就已经达到了每 667m² 212.46kg，而我国则仅有 83.82kg，还不到泰国单产的一半。经过十几年的发展，泰国虾类养殖水平增长不多，年平均增长率为 2.92％。而我国虾类养殖单产稳定增长，2003 年达到了 216.56kg，年平均增长率为 13.97％，从两国的单产水平增长趋势看，我国虾类养殖单产的增长速度明显高于泰国，但我国虾类养殖总体水平还比较低，具有较大的增长潜力。

**2. 虾类病害威胁严重**

病毒流行病是目前困扰我国虾养殖业生存和发展最突出的问题。以对虾为例，已经报道的对虾疾病种类有数十种，病原种类包括病毒、细菌类、真菌类、寄生虫类、原生动物类，危害的范围几乎包括对虾生活史的各个阶段，即从育苗、养成到越冬的各个时期都会有疾病发生。有关单位已经进行了虾病的病原、病理、传播途径及快速诊断方法的研究，并且取得了一定的进展，但还没有研究出有效的预防和治疗方法。由于长期的高密度放养，以致养殖池中各种有机物质堆积，包括：残饵、排泄物、化学药物及水源带来的有机物质等，这些有机物质在还原状态下会产生有毒物质，如：氨、亚硝酸、硫化氢等，不仅对养虾池环境控制造成不良影响，而且对虾本身也有危害作用，更是病原菌的温床，以致养殖虾存活率降低。

1997 年以后，我国养殖虾行业通过开展以病害防治技术为核心的健康养殖，调整品种结构，改进养殖模式，使对虾养殖生产得到恢复与发展。特别是 20 世纪末我国南美白虾养殖取得突破，虾产量迅速增长，2002 年养殖虾产量达到 38.4 万吨，重新成为世界最大的养殖虾生产国。

**3. 养殖环境日益恶化**

养殖环境直接关系到淡水虾的病害问题，许多地方淡水虾养殖环境有不断恶化的趋势。一是随着沿海经济的发展，大量的工业废水和城市生活污水不经处理即排入水域，导致养殖水域水质恶化，直接威胁着淡水虾养殖业的生存和发展。二是养虾业本身产生的有机污染。许多养虾场使用的人工饵料质量差，在水中的稳定性达不到要求，加之投饵策略不尽合理，其结果是相当数量的饵料投喂后不能被虾利用，反而变为对养殖水体有害的有机污染物；在养虾中误用和滥用各种抗生素、消毒剂（或水质改良剂）的现象也时有发生。此外，生态容量的问题没有得到足够的重视，有的养虾池的虾放养密度过大，排出的养殖废水超过了养殖区的自净能力。以上种种原因，导致了养殖水体的富营养化和有害藻类及病原微生物的大量繁殖，最终危及了淡水虾养殖业的生存和发展。

### 4. 虾类产品药物残留严重影响出口安全

许多养虾生产者为了方便养虾，避免被病原菌及病毒侵害，在虾饲料中添加抗生素。近几年美国、加拿大、日本及欧盟各国等虾类主要进口国家通过检验陆续发现由东南亚许多主要虾类生产国进口的虾有抗生素残留。如在 2001 年 8 月份时，德国消费者保护中心便曾发出警讯，由中国、印度和婆罗洲生产的大虾含有危险的氯霉素（Chloramohenicol），只要微量就将对健康有损，会破坏遗传组织、引发血液性疾病，可能引发骨髓伤害或贫血，典型症状是皮肤出现红色斑点。加拿大食品检验局（CFIA）从中国大陆和越南输入的虾类中亦检验出氯霉素。近年来，有关抗生素滥用之问题，导致许多进口国家禁止从许多东南亚国家虾类进口，可预见未来几年将会对养虾市场造成严重的冲击，并使市场及养殖技术方向产生变化。

### 5. 优质虾苗覆盖率偏低，种质退化问题较为突出

在长期的繁育中，亲虾抗病力下降，产仔率下降，种苗也逐渐退化。养殖虾类品种的种苗出现严重的退化现象，虾类苗种标准化生产普及率较低。进口亲虾时，各苗场的选苗标准不统一，因此亲虾的选育质量参差不齐，有的亲虾甚至是从东南亚一带走私进来的；育苗时，各苗场的育苗技术又不一样，虾苗质量无法得到保证，成活率低，成长慢，直接导致养大虾市场的萎缩。此外，我国的水产原、良种场数量不足，优质苗种的生产能力不够，满足不了出口品种养殖的需要。

### 6. 产业升级转型滞后

很多虾苗场的老板都是农民技术员，他们的养虾技术大多是仿学的，或者是在别的虾苗场打工时学来的。大多数虾苗场的技术缺乏创新，以模仿为主。养殖者水平低下，技术力量薄弱，根本无法

攻克淡水虾种苗养殖业的技术难关。

部分虾类养殖场养殖生产基础条件较差，配套程度不高。与渔业发达国家相比，我国工厂化养殖场、原良种场和苗种场等生产条件普遍存在标准低、设备落后的问题，影响了对病害、水质环境和产品质量控制措施的实施。北方地区大面积的虾池年久失修，进排水系统设置不合理，增氧机等必要的生产设备配套不足，生产条件退化。

## 四、解决问题的建议

### 1. 重视质量安全

随着经济社会的发展和人们生活水平的提高，水产业已进入了全新的发展阶段，市场准入制、水产品卫生安全等都是摆在每一个从业者面前的新课题。这就要求淡水虾养殖者建立标准化健康养殖模式，提高产品品质，满足消费者需求。产品好才有市场竞争力，要运用 HACCP 等方法加强危害控制和质量管理。

### 2. 加强优良品系的选育

目前，我国的养虾业受到病原肆虐、养殖生物抵抗力低、养殖环境恶化的严重威胁。这些关键的科学问题如不能得到有效的解决，直接关系到淡水虾产业的生存，严重影响到产品的产量和质量及其出口创汇。因此，淡水虾产业亟待解决的问题是：健康优质品种的选育与种苗培育。为了实现淡水虾产业的高产稳产，在淡水虾养殖品种中开展遗传育种、品种或品系选育工作是十分必要的。例如青虾的良种选育，有选择性地引进湖区野生青虾群体进行不同区系青虾合理配组，进行虾苗繁育，其经济性状将得到改良。近几年的试验表明，凡采集野生抱卵虾在池塘繁育虾苗进行养殖，或在每年繁殖虾苗时添加一定比例的野生虾，青虾养殖性能良好，生长速度快、个体规格大、抗病力强、单产水平高，经济效益好。这是改良青虾品质的一条较为简便而实用的途径，也是青虾养殖业健康持续发展的基础保障。

### 3. 完善淡水虾标准化健康养殖技术体系

一是积极开展良种淡水虾选育与大规格苗种培育，池塘淡水虾适宜密度与个体规格及单位产量关系，池塘水草品种筛选与优化组合，增氧设施装备与节能降本增效，优质安全颗粒饲料应用与饲料科学投喂，微生物制剂应用，虾病防治技术以及生态健康养殖管理等技术研究，不断完善淡水虾养殖技术，逐步形成集良种选育、环境调控、优选饲料、健康管理于一体的新的淡水虾养殖技术和虾产品质量全程控制技术，最终建立一套适宜池塘养殖淡水虾的高效生态养殖技术体系。二是注重示范推广，充分利用现有技术推广与服务体系，将成熟技术研究成果及时示范推广到养殖户，通过大面积推广来实现养殖淡水虾的利益最大化。同时，不断探索研究在推广过程中出现的技术问题，为渔民提供技术指导、技术培训和技术服务。积极推广淡水虾生态健康养殖，优选虾巢植物品种，改良增氧机械设备，使淡水虾养殖结构模式和养殖配套技术不断趋于完善，养殖技术水平不断提高。努力推进淡水虾健康可持续发展，不断完善淡水虾养殖技术体系，不断提高池塘淡水虾养殖的科学技术贡献率。

### 4. 大力发展虾类加工出口

搞好淡水虾类加工是开拓市场、扩大出口创汇的重要途径，也是推动淡水虾养殖持续发展的重要手段。为此，要瞄准国际市场需求，按照国际标准高起点建设大型虾类加工厂，引进先进设备与技术，引进加工技术人才，提高淡水虾类加工能力，开发新的加工产品，使淡水虾类加工与养殖协调健康发展。要按照淡水虾类加工产品国际质量标准组织虾类加工生产，不断改进加工工艺，严把产品质量关，开发新产品，开创新品牌。有条件的加工企业应积极和进口国联合经营，引进技术与资金，或在进口国登记注册，经进口国鉴定认证，打通出口渠道，不断扩大虾类产品在国际市场上的占有份额。还要搞好虾类加工产品的宣传推介，不断提高虾类产品的文化内涵和产品形象，扩大影响，促进销售。

### 5. 加强淡水虾资源的保护利用

与海水虾相比，淡水虾无论是在品种数量还是在产量上差距都很大，受资源和环境的影响，淡水虾存在种质退化、品种下降等趋势。因此，必须加强淡水虾种质资源的保护和利用，从而使淡水虾产业走上可持续发展道路。

## 第二节　淡水虾养殖的前景与发展趋势

淡水虾类的养殖虽然面临着一些问题，但从总体上来看，仍然有着良好的发展前景。淡水虾类养殖发展对于我国渔业可持续发展有着非常重要的意义。

## 一、养殖前景

### 1. 营养价值

虾类历来是各国消费者非常欢迎的优质水产品，随着各国经济的发展、人民生活水平的提高，虾类产品的需求将会有较大的增长。天然捕捞的虾类由于资源有限，产量充其量只能维持在目前的水平。而海水虾类的养殖由于病害问题和养殖环境问题，产量不够稳定，发展也受到一定的限制。淡水虾类养殖将成为虾类供应的更加重要的来源，其对于内陆地区的虾类产品的供应则更加重要。

### 2. 市场前景

与海水虾类的养殖相比较，淡水虾类的养殖更具有广泛性。几乎在所有的自然环境条件下都可以养殖，能够利用不同类型的水域资源。此外，淡水虾养殖能够利用各种自然资源，开展养殖所需的最初基本投入很少，养殖生产成本相对较低，非常适合于经济状况较差的广大农村。

淡水虾类的养殖在养殖技术和模式方面具有广泛的多样性。既可以采取单养，也可以采取与鱼类进行混养的方式。可以根据养殖户的不同经济状况采取不同的养殖投入水平。更重要的是，淡水虾类养殖能够通过稻田养殖的方式与种植业有机地结合起来，从而取得良好的生态效益和经济效益。

总而言之，发展淡水虾类养殖对于发展农村经济和增加农民的收入有着重要的意义。尤其是对于加入 WTO 以后中国农业产业结构的调整，进一步发展淡水虾类养殖将发挥十分重要的作用，前景非常广阔。

## 二、我国淡水虾产业发展的途径

淡水虾类的养殖，有着良好的发展前景和巨大的潜在市场。要真正挖掘其潜力，保持其长期的健康、稳定发展，必须从以下几个途径进行发展。

### 1. 完善四大支撑体系，切实提高产品质量安全

一是完善质量标准体系及检验检测体系。我国虾类产品的质量标准和检验检测体系发展较晚，我们要采用国际上通用标准来组织生产和开展国际贸易，同时运用规则来保护和发展自己。二是完善淡水虾产品市场体系。我国虾产品市场体系要采取多元化生产、多层次加工、多渠道出口的复合体系。企业就应适应发展，注意开拓其他领域，不要只专注于食品这一单一领域。在进行方便、风味、模拟水产品食品开发的同时，还要注意保健、美容水产食品等医药生物领域产品的开发。三是完善科技支撑和水产技术推广体系。我国在虾产业的科学研究和技术创新水平上具有一定的优势，但在新形势下，面对不断出现的新问题和新矛盾，我国应继续增加在水产业上的科技投入，提高科技水平，深化市场经济体制下的科技创新和发明，进一步提高虾产业的科技进步贡献率。四是完善虾产业化体系。建立市场经济主体，运用市场经济法则，建立合作社、协会、公司等经济合作组织，自我约束，自我发展，发挥合力，充当市场经济主体，抵御市场风险。

### 2. 实施品牌营销，提高营销能力

要依托生产产区、依托超大型龙头企业在主要的消费地区、潜在的消费地区进行有效的市场宣传，主动开发新的市场。提升我国虾产品的国际市场占有率，需要实施品牌营销战略，提高营销能力。

### 3. 发展虾产业协会，规范行业竞争秩序

渔业协会在发展中国渔业中起了重要的作用。要充分发挥渔业协会、商会等中介组织的重要作用，对优势水产品的生产、加工、出口进行有效的组织协调。要通过虾产业行业协会来协调企业提高养殖技术、加强苗种质量管理，提高企业对外协调能力，避免生产经营大起大落，千方百计稳定美国、欧盟、日本三大市场，积极开

拓其他新兴市场，实现市场多元化。

#### 4. 做好宣传工作，普及提高"绿色消费"意识

大力推进环保渔业，大力发展绿色、有机渔业。发展无污染的有机食品、有机虾产品是当前的大方向，正越来越受到世界上广大消费者的欢迎，而中国有发展有机农业的许多有利条件。要在财政、信贷、税收等方面制定优惠政策，支持、鼓励环保农业的发展。还应强化环保执法，推行"绿色环境标志"制度。通过科学规划和技术指导，建立起一批现代农业生态示范区，以提高虾产业的核心竞争力。

## 三、我国淡水虾养殖发展的趋势

从淡水虾的养殖现状及养殖过程中存在的问题可以看出，今后淡水虾养殖的发展趋势主要会表现在以下几个方面。

#### 1. 苗种生产的优质化

尽管目前劣质苗种占较大部分比例，优良苗种产量较低，没有实现规模化繁殖育苗，制约了成虾养殖的规模化。此种状况已经引起了农业领导部门和科研单位的高度重视。我国诸多省份已将淡水虾的苗种生产列为重点工作内容和研究方向，淡水虾苗种优质化问题会逐步得到改善。

#### 2. 生产形式的规模集约化

目前，工厂化集约化养殖淡水虾形势较好，随着社会投资力量的参与和投资多元化的实现，零星、分散的小生产形势将会被批量、规模生产的工厂化、集约化生产所代替。

#### 3. 病害防治的科学化

在虾类淡水养殖迅猛发展、规模化程度不断提高的同时，病害防治技术严重滞后。随着虾病机理、防治方法研究的不断深入，虾病的防治将得到有效改善。

#### 4. 科研、生产、加工一体化

实现科研、生产、加工一体化，是现代商品生产的必然趋势，将科研成果、技术专利与直接生产加工相结合，直接转化为生产力是发展的必然需求。目前淡水虾产业在这方面发展局势良好，不久

的将来势必会呈现蓬勃发展的局面。

## 四、对养殖者的建议

### 1. 提高和改进虾类苗种的质量

重视淡水虾类育苗过程中的选种和育种，避免近亲繁殖，保证其优良的种质、性状。尤其对于引进的品种，更要注意做好保种工作。加强虾类遗传育种方面的研究和开发工作，借鉴海水虾类育种方面取得的成功经验，改善现行养殖品种与养殖生产相关的遗传性状，培育新的优良养殖品种。

### 2. 切实解决病害问题

解决淡水虾养殖中的病害问题，首先要从苗种抓起。要保证亲虾、虾苗跨地区运输过程中的健康，避免各种病原生物通过亲虾和虾苗的跨地区扩散。推广标准化、健康、安全的养殖操作规范，尤其要加强养殖环境的生态调控，尽量减少养殖过程中病害的发生。

### 3. 改进和完善养殖模式和技术

进一步完善淡水虾类养殖中现有的多作制和轮作制，在提高产量的同时，延长养殖产品的上市季节，提高养殖的总体效益。对于稻虾综合种养的模式和技术进一步加以完善，最大限度地发挥这一综合养殖方式的环境生态效益和经济效益。

### 4. 全面推行健康、安全养殖的操作规范

加强对养殖生产行为的管理，建立养殖生产档案管理制度，对苗种、饲料、渔药等投入品和水质环境实行监控。

### 5. 适度控制养殖规模

现在的市场表明，淡水虾已告别短缺而进入买方市场，暴利的时代也已结束，各地不能再盲目扩大养殖规模。对现有养殖户，一方面要适当压缩，引导他们进行其他品种的养殖，切忌"一窝蜂"，以保证虾蟹养殖业的可持续发展；另一方面就是提高养殖技术，降低养殖成本。各地要因地制宜地总结和推广高产量、高品质和高效益的淡水虾蟹养殖模式，加大技术培训和技术指导力度，让广大养殖生产者了解、掌握和应用最新技术。

# 第二章

# 标准化健康养虾生态环境的优化

## ➡ 第一节　场址选择

　　标准化健康养虾场，要求：生态环境良好，水源水质良好、水量充沛，无工业废弃物和生活垃圾，无大型植物碎屑和动物尸体，底质无异色、异臭，自然结构，养殖地域内上风向、位于灌溉水源上游，3km 内无任何污染源。养殖场址的选择应考虑规划、自然条件、水源水质、土质、供水、供电、交通和通讯等因素。

## 一、规划要求

　　养虾场建设必须符合当地的渔业规划发展要求，养虾场的规模和形式要符合当地社会、经济、环境等发展的需要。

## 二、自然条件

　　养虾场建设要充分考虑当地的水文、水质、气候等因素，结合当地的自然条件决定养虾场的建设规模、建设标准，并选择适宜的养殖品种和养殖方式。

　　(1) **基础条件**　在规划设计养虾场时，要充分勘查、了解规划建设区的地形、水利等条件，有条件的地方应充分考虑利用地势自流进排水，以节约动力提水所增加的电力成本。规划建设养虾场时还应考虑洪涝、台风等灾害因素的影响，在设计养虾场进排水渠道、池塘池堤、房屋等建筑物时应注意考虑排涝、防风等问题。

　　(2) **环境安静，有害动物少**　虾类无论是蜕壳期间还是平时，都喜欢安静无干扰的环境，特别是孵化池塘，对已经抱卵的亲虾更要创造一个安静的环境。养虾场不应建在紧靠交通干线的地方，较大的养殖场，进行多品种的水产养殖，养虾池塘要安排在安静的区域。场地选择过程中，要对周围可能威胁到虾类安全的有害动物种类、数量有所调查，做到心中有数，以便在设计池塘时采取预防措施。要尽量选择有害动物较少的地点作为养虾池塘。

**（3）有饵料供应潜力**　养虾区、养虾池塘边缘有一定数量的植被对养殖有利，不但可以调节池塘周围区域气候，而且因为虾类是喜欢寻找隐蔽场所的杂食性动物，一些水草类的幼嫩部分可以作为辅助饲料。选择有适当的就近肥料培养天然饵料的地方建场，达到降低成本，提高经济效益的目的。

**（4）有防洪潜力**　要做到有防洪潜力，就要设计好进水、排水渠道，要使水达到需要的流速。还要对池埂有计划地分片、分区域加高、加宽到一定程度，防止逃虾，同时也便于日常操作和轻便车辆进出。

## 三、水源、水质条件

### 1. 水源

新建养虾场要充分考虑养殖用水的水源、水质条件。要求水源充足，水质良好，进排水方便。水源分为地面水源和地下水源，无论是采用哪种水源，一般应选择在水量丰足、水质良好的地区建场。养虾场的规模和养殖品种要结合水源情况来决定。

采用水库、江河、湖泊等水作为养殖水源，要考虑设置防止野生鱼类进入的设施，以及周边水环境污染可能带来的影响。一般水库水体很清，溶解氧丰富，有机质含量低，且有害病菌和寄生虫少，是较好的养殖水源。江河、湖泊水源由于自然径流和开发利用的原因，虽然水源溶解氧丰富，但含有较多的杂质和有机质，有一定的混浊度和有害生物，作为养殖用水，应根据具体情况作相应的处理。

地下水水质清新，几乎没有有害病菌和寄生虫。使用地下水作为养殖水源应注意：一是水量能不能满足养殖需求，一般的要求是10天左右能够把池塘灌满；二是使用前须经曝气处理；三是必须检测有无有害物质，如重金属等。

选择养殖水源时，还应考虑工程施工等方面的问题，利用河流作为水源时需要考虑是否筑坝拦水，利用山溪水流时要考虑是否建造沉砂排淤等设施。

**2. 水质**

水质对于养殖生产影响很大，养殖用水的水质必须符合《渔业水质标准（GB 11607—1989)》和中华人民共和国农业部颁布的《无公害食品　淡水养殖用水水质标准》NY 5051—2001 的要求。水源水质应相对稳定在安全范围内，水中溶解氧应在 5mg/L 以上，pH 值应在 7.0～8.5。对于部分指标或阶段性指标不符合规定的养殖水源，应考虑建设源水处理设施，并计算相应设施设备的建设和运行成本。

## 四、土壤、土质

在规划建设养虾场时，要充分调查了解当地的土壤、土质状况，不同的土壤和土质对养虾场的建设成本和养殖效果影响很大。淡水虾对土质的要求是保水性好，透气性适中，堤坝结实，能抗洪。

池塘土壤要求无有害物质、保水力强，最好选择黏质土或壤土、砂壤土的场地建设池塘，这些土壤建塘不易透水渗漏，筑基后也不易坍塌。

砂质土或含腐殖质较多的土壤，保水力差，做池埂时容易渗漏、崩塌，不宜建塘。含铁质过多的赤褐色土壤，浸水后会不断释放出赤色浸出物，不利于虾类的生长，也不适宜建设池塘。pH 值低于 5 或高于 9.5 的土壤地区不适宜挖塘。

## 五、大气环境

淡水虾养殖场周围大气中的总悬浮颗粒、二氧化硫、氮氧化物和氟化物等污染物都应在无公害水产品生产对大气环境质量规定的限量内。

## 六、电力、交通、通讯

淡水虾养殖场需要有良好的道路、交通、电力、通讯、供水等基础条件。新建、改建养虾场最好选择在"三通一平"的地方建场，如果不具备以上基础条件，应考虑这些基础条件的建设成本，避免因基础条件不足影响到养虾场的生产发展。

## ➔ 第二节 养殖场的布局和设施

### 一、养殖场的布局

标准化健康养虾养殖场的布局应本着"以渔为主、合理利用"的原则来规划和布局，养殖场的规划建设即要考虑近期需要，又要考虑到今后发展。要充分考虑当地的地形、四季风向和光照等自然条件，应在阳光充足、空气清新、水源丰富、交通方便和有电力保障的地方建设养殖场。养殖场的布局结构，一般分为池塘养殖区、水处理区、办公区等。根据养殖场规划要求合理安排各功能区，做到布局协调、结构合理，既满足生产管理需要，又适合长期发展需要。

#### 1. 池塘养殖区

养殖场的池塘布局一般由场地地形所决定，狭长形场地内的池塘排列一般为"非"字形。地势平坦场区的池塘排列一般采用"围"字形布局。充分利用地形结构规划建设养殖设施，产卵池、孵化设备应与亲虾池靠近，虾苗培育池接近孵化设备（彩图 2-1）。

#### 2. 水处理区

水产养虾场的取水口应建到上游部位，蓄水池应建在全场最高点，水源能够自流灌注各个养殖池。排水口建在下游部位，污水处理池建在最低处，并能收集全场污水。

#### 3. 办公区

办公区应尽量居于养殖场平面的中部，便于生产管理。

### 二、养殖设施

#### 1. 池塘

池塘是标准化健康养虾的主要水体形式，池塘的特点是容易设计建造，水体容易管理，投资小，效益高，在有水源的地方几乎没有地域限制，分布遍及广阔农村。按照养殖功能分，有亲虾培育池、育苗池、商品虾养殖池等（彩图 2-2、彩图 2-3）。池塘面积一般占养殖场面积的 65%～75%。各类池塘所占的比例一般按照养殖模式、养殖特点、品种等来确定。

**(1) 面积**　面积不宜过小也不宜过大，过小会形成易变的生态环境，水面小又会影响风力作用，减少溶解氧。如果水面过大，不容易控制水质，也不容易投喂和日常管理。从最佳经济效益为出发点，新开挖的成虾养殖池面积以 3300～6700m² 为适宜。如果是用低洼地或沼泽改成虾池，一般原来面积较大，可以因地制宜，适当扩大面积，以 6700～20000m² 为适宜，减少了土方工程和投资。

**(2) 水深**　养虾水体不要求很深，养殖期深水期以 1.5～2.2m 为宜，初放幼虾的浅水期只要 0.8～1.2m 就可以达到要求。养虾池水体过深不利于提高初期的水体水温，即使是夏季的高温季节，水也不要太深，水深会影响到底层的溶解氧量，会影响光线的透入，使水下光合作用减弱。由于虾多在底层活动，没有鱼对水搅动大，水深也不利于水体层间的对流。

**(3) 池形**　池塘适宜采用东西为长、南北为宽走向，以便于养殖季节全天最充分地接受光照，提高光合作用的效率。池形为长方形，池塘的长宽比为 (1.5～2.5)∶1，为减少网具设备，一般要求统一虾池宽度。

**(4) 池堤面宽及堤坡**　池堤是池塘的轮廓基础，池堤结构对于维持池塘的形状、方便生产、提高养殖效果等有很大的影响。池塘池堤一般用匀质土筑成，池堤面宽按照各池池堤功用与土质而定。池堤顶面宽度兼顾交通、种植、埋电杆、开渠、建分水井、清淤等方面的需要，一般为 1.0～4.5m。

池塘四围的堤坡坡度要求 30°左右，不要超过 45°。因为各种虾都有在黄昏以后增强活动，特别在浅水区加强活动的习惯，缓坡可以多为虾提供一些浅水区域。

池塘进排水等易受水流冲击的部位应采取护坡措施，常用的护坡材料有水泥预制板、混凝土、防渗膜等。采用水泥预制板、混凝土护坡的厚度应不低于 6cm，防渗膜应铺设到池底。水泥预制板护坡：厚度一般为 6～10cm，优点是施工简单，整齐美观，经久耐用；缺点是破坏了池塘的自净能力。因此，护坡建好后应把池塘底部的土翻盖在水泥预制板下部，这样既有利于池塘固形，又有利于维持池塘的自净能力。混凝土护坡：厚度一般为 6～8cm，施工质量高、防裂性能好，但需要对塘埂坡面基础进行整平、夯实处理，需要在一定距离设置伸缩缝，以防止水泥膨胀。地膜护坡：一般采用高密度聚乙烯塑胶地膜或复合土工膜护坡，施工简单，质量可靠，节省投资。

**(5) 池底及集虾沟** 养虾池池底平坦，最好为泥沙土层。为了方便池塘排水、水体交换和捕捞，池底应有相应的坡度，并开挖相应的排水沟和集池坑。池塘底部的坡度一般为 1：(200～500)。在池塘宽度方向，应使两侧向池中心倾斜。

水泥养殖池，池底应铺设 10cm 左右厚的沙土层。越冬的养虾池塘，底质不要用水泥结构，以天然泥沙底质为好，要尽量采用自然土层做池底，有利于池水内的生态平衡。池堤堤坡应使用混凝土结构，有利于使用和保水。如果使用现成的水泥池养殖越冬虾，可在水泥底上铺 20cm 厚的沙和土并设一些底层隐蔽物。越冬期间，水深保持 2～2.4m。

考虑到收获时的方便，养殖虾类池塘底部应设置集虾沟，沟深 30～50cm，沟宽 70～100cm。沟长可近等于池塘一边底长或稍短一些，集虾沟尽量要建在池底中部或最低处，便于虾的集中。向外抽水点设在集虾沟中最低点，清塘时随着排水，虾会随水流集中在沟内，收获特别便利。

**(6) 进排水设施**

① 进水闸门、管道 池塘进水一般是通过分水闸门控制水流通过输水管道进入池塘，分水闸门一般采用预埋 PVC 弯头拔管方式控制池塘进水（如图 2-1 所示），这种方式防渗漏性能好，操作简单。

池塘进水管道一般为 PVC 管或陶瓷管，池塘进水管的长度应根据护坡情况和养殖特点决定，一般在 0.5～1m。进水管太短，容易冲蚀塘埂；进水管太长，又不利于生产操作和成本控制。池塘进水管的底部一般应与进水渠道底部平齐，渠道底部较高或池塘较低时，进水管可以低于进水渠道底部。进水管中心高度应高于池塘

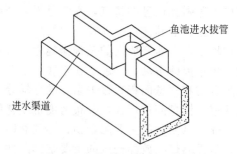

图 2-1　拔管式进水闸门示意图

水面，以不超过池塘最高水位为好。进水管末端安装用 40~60 目筛绢制成的过滤网袋，防止敌害生物和杂物进入池塘。

②排水井、闸门　每个池塘应设置两个排水井管，一个高位井管，装在养殖季节时的下风处，以便利用风力排污及藻类；另一个低位井管，应能彻底排尽池塘集水与底污。排水井管采用闸板控制水流排放，或拔管方式进行控制。拔管排水方式易操作，防渗漏效果好。排水井一般为水泥砖砌结构，有拦网、闸板等凹槽（如图2-2 所示）。池塘排水通过排水井和排水管进入排水渠，若干排水渠汇集到排水总渠。

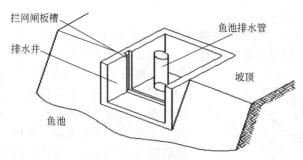

图 2-2　拔管式排水闸门示意图

低位排水井的深度一般应到池塘的底部，以排干池塘全部水为佳。有的地区由于外部水位较高或建设成本等问题，排水井建在池塘的中间部位，只排放池塘 50% 左右的水，其余的水需要靠动力提升，排水井的深度一般不应高于池塘中间部位。

**（7）隐蔽物**　虾类养殖池要设置一定量的隐蔽物，这是因为虾类怕强光，有白天避强光栖息的特点，光线过强，会影响其正常生理活动和摄食，也会影响其体色。养虾池内常用的、最为有效的隐蔽物是水草。种植水草是养虾成功的关键措施之一。虾的游泳能力比较弱，仅能作短距离的游动，一般是在水底、水草等附着物上攀缘爬行。水底附着物和栖息面积直接关系虾的平均分布密度，直接影响到虾的成活率。栖息面积越大，分布密度也就越低，成活率也就越高。水草是虾栖息活动的主要附着物，起到立体利用、均匀分布的重要作用，是提高虾的放养密度的重要基础条件。水草也是虾蜕壳隐蔽的场所，有利于逃避敌害的侵袭，同时还可以为虾提供植物性饵料。在高温季节还可起到避光、遮阴和降温等作用。水草起到提供和增加栖息面积的作用，使虾在水底均匀分布，更有效地利用水体，从而达到稳产、高产的养殖效益，特别是对于鱼虾混养的池塘，将对于虾的保护起到重要的作用。

养殖青虾、罗氏沼虾，水草种植可选择苦草、轮叶黑藻、菹草、马来眼子菜和伊乐藻等沉水植物，也可选用凤眼莲、水浮、水蕹菜（空心菜）等水生漂浮植物，或沿池边种植水花生。沉水植物所占面积一般为池塘的 50%～70%，漂浮植物所占面积一般为池塘的 20%～25%。

① 沉水植物

a. 苦草　苦草的播种期为 3 月初至 5 月初，长江中下游地区一般在清明节前后。一般 1kg 草籽能播种 4000～13300m²，播种前

先将草籽放入水中浸泡 5d 左右，在浸泡过程中经常用手搓揉草籽的果实，使线形果实中的种子释放出来，然后拌入细泥土在池中浅水区均匀撒播。播种水深控制在 3～10cm，这样有利于出苗率的提高（图 2-3 和彩图 2-4）。

b. 轮叶黑藻　由于轮叶黑藻具有须状不定根，每节都能生长出根须，并且能固定在泥中，因此，可用移植法种植。一般在谷雨前后，将采集到的轮叶黑藻切成 8～10cm 的段，按每 667m²

图 2-3　苦草

用量 30～50kg，栽插于池塘浅水区。亦可采用草种种植，一般 3 月底至 4 月初水温升至 10～15℃时播种，播种前加水 10cm，每 667m² 用种量 50～100g，播种前用水浸泡 1～2d，拌泥全池撒播，一般 5～10d 后发芽，15d 后出苗（图 2-4 和彩图 2-5）。

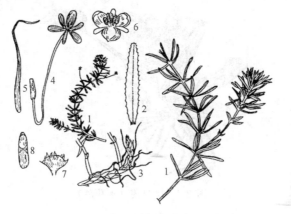

图 2-4　轮叶黑藻

1—植物体的一部分；2—叶片；3—冬芽萌发；4—雌花

5—果实；6—雄花；7—雄花蕾；8—雌花蕾

c. 伊乐藻　伊乐藻分蘖能力强，易成活，因而采用生成 10cm 左右的植株节进行栽种。栽种时将其插入泥中 3～5cm，株距控制在 80cm×80cm 左右。

② 漂浮植物

a. 凤眼莲　凤眼莲俗称水葫芦，是一种转化重金属和有毒物质的极好水生植物，在肥水中也可以很好生长，在养虾中能起到重要的作用。它不仅可以遮住一部分阳光，避免喜光藻类大量衍生，有利于躲避强光的虾类生活，而且庞大的浮水性须根部可以作为虾苗的栖息隐蔽场所，避免有害动物对虾苗的捕食，这种特性特别适于青虾的养殖。凤眼莲的嫩根、嫩茎还可以作为虾类的食物。在各类水生植物转化毒物和供虾遮蔽的实验中，凤眼莲效果很好，是养殖虾类的十分理想的净水植物及遮蔽性植物。

凤眼莲放入量或养殖量也很重要，过多会造成光线太暗，不利于光合作用和肥水，过少又起不到遮阳的作用。凤跟莲放入量和平时保持量以占水体总面积 1/5～1/4 为适宜。过多时要随时捞出，过少时则要随时增加。平时取出时要仔细检查根系栖息的虾苗情况。清塘时要先取出凤眼莲，取出时注意不要带出所附之虾，以免造成不必要的损失（图 2-5 和彩图 2-6）。

图 2-5　凤眼莲（水葫芦）

b. 水浮莲　水浮莲属于多年生浮水植物，叶形近似于莲花，叶片宽大，密生细绒毛。对于养殖虾类来说，最主要的是须根很发达，近似于凤眼莲的须根，可以作为虾苗和幼虾的栖巢（图 2-6 和彩图 2-7）。

图 2-6　水浮莲
1—植物体全形；2—花序；
3—雄花序；4—果实

图 2-7　水蕹菜
1—植物体全形；2—花外形；
3—花内部构造

c. 水蕹菜　也称空心菜，为水陆两生植物。4月初进行陆上播种种植，4月下旬至5月初再移植至虾池中。其移植方法可参照水花生的做法，但行距可适当缩小。当空心菜生长过密或孳生病虫害时，要及时割去茎叶，让其再生，以免对养殖造成影响（图2-7和彩图2-8）。

水草移植时需特别注意的是：从外河（湖泊）中移植进虾池的水草必须经过严格的消毒处理，以防敌害生物及野杂鱼卵带进虾池。消毒可用漂白粉和石灰水等药物进行。

**2. 进、排水系统**

进排水系统是标准化健康养虾场的重要组成部分，进排水系统规划建设的好坏直接影响到养虾的生产效果。设计进排水系统应充分考虑场地的具体地形条件，合理利用地势条件设计进排水自流形式，降低养殖成本。不能自流灌注的，尽可能采取一级动力取水或排水。进排水渠道一般利用场地沟渠建设而成，在规划建设时应做到进排水渠道独立，严禁进排水交叉污染，防止疾病传播。进、排水系统由水源、进水口、各类渠道、水闸、集水池、分水口、排水沟等部分组成。

**（1）泵站、自流进水**　养虾场一般都建有提水泵站，泵站大小取决于装配泵的台数。根据养殖场规模和取水条件选择水泵类型和配备台数，并装备一定比例的备用泵，常用的水泵主要有轴流泵、离心泵、潜水泵等。利用地势条件设计自流进水系统的养殖场，自流进水渠道一般采取明渠方式，根据水位高程变化选择进水渠道截面大小和渠道坡降，自流进水渠道的截面积一般比动力输水渠道要大一些。如果外源水位变换较大，可考虑安装备用输水动力，在外源水位较低或缺乏时，作为池塘补充提水需要。

**（2）进排水渠道**　进水渠道分为进水总渠、进水干渠、进水支渠等。进水总渠设进水总闸，总渠下设若干条干渠，干渠下设支渠，支渠连接养虾池塘。总渠应按全场所需的水流量设计，总渠承担一个养殖场的供水，干渠分管一个养殖区的供水。

养殖场的进排水渠道一般应与池塘交替排列，池塘的一侧进水另一侧排水，使得新水在池塘内有较长的流动混合时间。进水渠应最高，排水口应最低，最好能从排水口排尽所有池中水。每池注、排水应具有独立的系统,不允许池间串水。

进排水渠道要根据池塘大小、水源远近及流速考虑设计横截面积。一般来说,水源越远,要求的进排水渠道横截面面积越大;水源越近,要求的进排水渠道横截面面积越小。渠道坡度大,形成一定落差,水流速度快;渠道越平,水流速度越慢。在同等条件下,渠道横截面面积越大,水流流量越大;渠道横截面面积越小,水流流量越少。同样道理,水流速度越快,水流流量越大;水流速度越慢,水流流量越少。

进排水口要求设闸门,闸门安装 40～80 目的筛绢网。水质较好的地区闸门网目可以大一些,如果达到 80 目,可以防止野杂鱼和卵进入池塘。

### 3. 工厂化育苗关键设施

罗氏沼虾工厂化育苗是采用高度集约化方式在人工控制的环境中进行的。设施主要有保温车间,配置越冬和育苗池、供水系统、加温系统、充气系统以及水处理系统。(参见罗氏沼虾人工繁育设施)

### 4. 水处理设施

标准化健康养虾场的水处理包括源水处理、养殖排放水处理、池塘水处理等方面。养殖用水和池塘水质的好坏直接关系到养殖的成败,养殖排放水必须经过净化处理达标后,才可以排放到外界环境中。

**(1) 源水处理设施** 养虾场在选址时应首先选择有良好水源水质的地区,如果源水水质存在问题或阶段性不能满足养殖需要,应考虑建设源水处理设施。源水处理设施一般有沉淀池、快滤池、杀菌消毒设施等。

① 沉淀池 沉淀池是应用沉淀原理去除水中悬浮物的一种水处理设施。沉淀池的水力停留时间一般应大于 2h。

② 快滤池 快滤池是一种通过滤料截留水体中悬浮固体和部分细菌、微生物等的水处理设施 (图 2-8)。对于悬浮物较高或藻类寄生虫等较多的养殖源水,一般可采取建造快滤池的方式进行水处理。快滤池一般有 2 节或 4 节结构,快滤池的滤层滤料一般为 3～5 层,最上层为细砂。

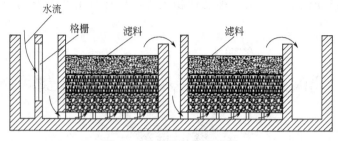

水流

格栅  滤料  滤料

图 2-8  快滤池结构示意图

③ 杀菌、消毒设施 　标准化健康养虾场孵化育苗或其他特殊用水需要进行源水杀菌消毒处理。目前一般采用紫外杀菌装置或臭氧消毒杀菌装置，或臭氧-紫外复合杀菌消毒等处理设施。杀菌消毒设施的大小取决于水质状况和处理量。

紫外杀菌装置是利用紫外线杀灭水体中细菌的一种设备和设施，常用的有浸没式、过流式等。浸没式紫外杀菌装置结构简单，使用较多，其紫外线杀菌灯直接放在水中，既可用于流动的动态水，也可用于静态水。

臭氧是一种极强的杀菌剂，具有强氧化能力，能够迅速广泛地杀灭水体中的多种微生物和致病菌。臭氧杀菌消毒设施一般由臭氧发生机、臭氧释放装置等组成。淡水养殖中臭氧杀菌的剂量一般为每立方水 $1\sim2g$，臭氧浓度为 $0.1\sim0.3mg/L$，处理时间一般为 $5\sim10min$。在臭氧杀菌设施之后，应设置曝气调节池，去除水中残余的臭氧，以确保进入鱼池水中的臭氧低于 $0.003mg/L$ 的安全浓度。

（2）排放水处理设施 　养殖过程中产生的富营养物质主要通过排放水进入到外界环境中，已成为主要的面源污染之一。对养殖排放水进行处理循环利用或达标排放是健康养殖生产必须解决的重要问题。

目前养殖排放水的处理一般采用生态化处理方式，利用生态净化设施处理排放水体中的富营养物质，并将水体中的富营养物质转化为可利用的产品，实现循环经济和水体净化。

① 生态沟渠 　生态沟渠是利用养殖场的进排水渠道构建的一

种生态净化系统，由多种动植物组成，具有净化水体和生产功能（图 2-9）。

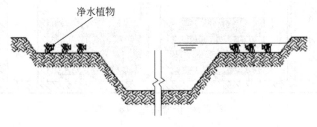

图 2-9　生态沟渠构造示意图

生态沟渠的生物布置方式是在渠道底部种植沉水植物、放置贝类等，在渠道周边种植挺水植物，在开阔水面放置生物浮床、种植浮水植物，在水体中放养滤食性、杂食性水生动物，在渠壁和浅水区增殖着生藻类等。

有的生态沟渠是利用生化措施进行水体净化处理。这种沟渠主要是在沟渠内布置生物填料如立体生物填料、人工水草、生物刷等，利用这些生物载体附着细菌，对养殖水体进行净化处理。

②人工湿地　人工湿地是模拟自然湿地的人工生态系统，它类似自然沼泽地，但由人工建造和控制，是一种人为地将石、砂、土壤、煤渣等一种或几种介质按一定比例构成基质，并有选择性地植入植物的水处理生态系统（图 2-10）。人工湿地的主要组成部分为：人工基质；水生植物；微生物。人工湿地对水体的净化效果是基质、水生植物和微生物共同作用的结果。

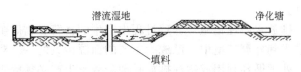

图 2-10　人工湿地示意图

人工湿地水体净化包含了物理、化学、生物等净化过程。当富营养化水流过人工湿地时，砂石、土壤具有物理过滤功能，可以对水体中的悬浮物进行截流过滤；砂石、土壤又是细菌的载体，可以对水体中的营养盐进行消化吸收分解；湿地植物可以吸收水体中的营养盐，其根际微生态环境，也可以使水质得到净化。利用人工湿地构筑循环水池塘养殖系统，可以实现节水、循环、高效的养殖目的。

③ 生态净化塘　生态净化塘是一种利用多种生物进行水体净化处理的池塘。塘内一般种植水生植物，以吸收净化水体中的氮、磷等营养盐；通过放置滤食性鱼、贝等吸收水体中的碎屑、有机物等。

生态净化塘的构建要结合养殖场的布局和排放水情况，尽量利用废塘和闲散地建设。生态净化塘的动植物配置要有一定的比例，要符合生态结构原理要求。

**5. 生产设备**

养虾生产需要一定的机械设备。机械化程度越高，对养殖生产的作用越大。目前主要的养殖生产设备有增氧设备、投饲设备、水质监测调控设备、动力运输设备等。

**(1) 增氧设备**　增氧设备是标准化健康养虾生产必备的设备，尤其在高密度养殖情况下，增氧机对于提高养殖产量，增加养殖效益发挥着重要的作用。

养虾常用的增氧设备包括微孔曝气增氧装置、叶轮式增氧机、水车式增氧机、涌喷式增氧机、喷雾式增氧机等。

① 微孔曝气增氧装置　是一种利用压缩机和高分子微孔曝气管相配合的曝气增氧装置（彩图 2-9）。其原理主要是利用鼓风机通过微孔管将新鲜空气从池塘底部均匀地以微气泡形式逸出，微气泡与水充分接触产生气液交换，氧气溶入水中，达到高效增氧目的。曝气管一般布设于池塘底部，压缩空气通过微孔逸出形成细密的气泡，增加了水体的汽水交换界面，随着气泡的上升，可将水体下层水体中的粪便、碎屑、残饲以及硫化氢、氨等有毒气体带出水面。微孔曝气装置具有改善水体环境，溶解氧均匀、水体扰动较小的特点。其增氧动力效率可达 $1.8kg/(kW \cdot h)$ 以上。微孔曝气装置特别适用于虾、蟹等甲壳类品种的养殖。

② 叶轮式增氧机　叶轮式增氧机是通过电动机带动叶轮转动搅动水体，通过增氧机搅水，使上、下层水发生对流，将空气和上层水面的氧气溶于水体中，增加养殖池底层水体中的氧气含量，促

使有害的氨氮、亚硝氮等向无害的硝酸盐方向转化。叶轮式增氧机具有增氧、搅水、曝气等综合作用，是采用最多的增氧设备。叶轮式增氧机的推流方向是以增氧机为中心作圆周扩展运动的，比较适宜于短宽的鱼溏。叶轮式增氧机的动力效率可达 2kg/(kW·h) 以上。

③ 水车式增氧机　水车式增氧机是利用两侧的叶片搅动水体表层的水，使之与空气增加接触而增加水体溶解氧的一种增氧设备。水车式增氧机的叶轮运动轨迹垂直于水平面，推流方向沿长度和宽度作直流运动和扩散，比较适宜于狭长鱼溏使用和需要形成池塘水流时使用（彩图 2-10）。

水车增氧机的最大特点是可以造成养殖池中的定向水流，便于满足特殊养殖需要和清理沉积物。

（2）**投饲设备**　投饲设备是利用机械、电子、自动控制等原理制成的饲料投喂设备。投饲机具有提高投饲质量、节省时间、节省人力等特点，已成为水产养殖场重要的养殖设备。投饲机一般由四部分组成：料箱、下料装置、抛撒装置和控制器。下料装置一般有螺旋推进式、振动式、电磁铁下拉式、转盘定量式、抽屉式定量下料式等。目前应用较多的是自动定时定量投饲机。

（3）**排灌机械**　水泵是养殖场主要的排灌设备，水产养殖场使用的水泵种类主要有：轴流泵、离心泵、潜水泵、管道泵等。水泵在水产养殖上不仅用于池塘的进排水、防洪排涝、水力输送等，在调节水位、水温、水体交换和增氧方面也有很大的作用。

养殖用水泵的型号、规格很多，选用时必须根据使用条件进行选择。轴流泵流量大，适合于扬程较低、输水量较大情况下使用。离心泵扬程较高，比较适合输水距离较远情况下使用。潜水泵安装使用方便，在输水量不是很大的情况下使用较为普遍。

（4）**水质检测设备**　主要用于池塘水质的日常检测，水产养殖场一般应配备必要的水质检测设备。水质检测设备有便携式水质检测设备以及在线检测控制设备等。

① 便携式水质检测设备　具有轻巧方便、便于携带的特点。适合于野外使用，可以连续分析测定池塘的一些水质理化指标，如溶解氧、酸碱度、氨氮、温度等。水产养殖场一般应配置便携式水

质检测仪器，以便及时掌握池塘水质变化情况，为养殖生产决策提供依据。

② 在线检测系统　池塘水质检测控制系统一般由电化学分析探头、数据采集模块、组合软件配合分别集中控制的输入输出模块，以及增氧机、投饲机等组成。多参数水质传感器可连续自动监测溶解氧、温度、盐度、pH 值、COD 等参数。检测水样一般采用取样泵，通过管道传递给传感器检测，数据传输方式有无线或有线两种形式，水质数据通过集中控制的工控机进行信息分析和储存，信息显示采用液晶大屏幕显示检测点的水质实时数据情况。

反馈控制系统主要是通过编制程序把管理人员所需要的数据要求输入到控制系统内，控制系统通过电路控制增氧或投饲。

## ➡ 第三节　标准化健康养虾的环境优化

水是虾生活、生存的重要环境条件，水环境控制技术是标准化健康养虾日常管理过程中最重要的技术之一，水环境的好坏直接影响虾的生长发育、产量及经济效益。

### 一、水体理化因子及影响

**1. 水温**

虾类为变温动物，水温直接影响虾的代谢强度，虾类的生长、发育、繁殖以及健康程度都受水温的影响，在适温范围内，随着水温的升高，虾类摄食量增加、生长加快。

**(1) 水温与生长、繁育**　青虾是广温性动物，只要水温不低于0℃，均可成活。水温在 10℃以上开始摄食，10～30℃时随水温升高而摄食增多，24～28℃为摄食最佳水温，8℃以下则摄食显著减少，甚至停食。青虾产卵的最低水温为 18℃，适宜水温为 22～30℃。

罗氏沼虾属热带淡水虾，要求水温 14℃以上才能生存。水温在 18℃以上开始摄食，18～30℃时随水温升高而摄食强度增大，水温超过 33℃时摄食减少。罗氏沼虾产卵的最低水温为 25℃，最适繁殖水温为 27～30℃。

温度还是刺激青虾蜕壳的重要环境因子。在天然水域中，12

月份至翌年 2 月份的越冬期间，一般不蜕壳。5～8 月份，水温较高，青虾蜕壳次数多，生长快。而 3～4 月份蜕壳次数相对少一些。

**(2) 水温与饲料利用率**　饲料利用率的好坏也受温度的影响，不同温度投饵率不同（参见有关章节）。

**(3) 水温与病害**　疾病的发生、发展也受水温的控制，疾病的发生与水温的变化具有密切的关系，在一定温度下病原体的致病性降低，成为被携带者，潜伏在虾类等动物体中，待温度适宜时才可使动物体发病，导致死亡。

杀虫剂与水温的关系是水温越高毒性越大。氨对虾类的毒害作用是随着水温的升高毒性增强。

### 2. 光照

在养殖水体中，水面上的光辐射强度是随着太阳高度角的增大而增强的，水中的辐射强度是随着水深的增加而减弱的。由于虾具负趋光性，晴朗的白天一般多潜伏在阴暗处，夜晚弱光下四外游动，到浅水处觅食。但在生殖季节，虾可以白天进行交配活动。在人工养殖的情况下，白天投饵时，也会出来寻觅食物，但数量仍比夜间少得多。因此，投饵应主要放在傍晚进行，以供虾类夜间出来活动时摄食。虾的蜕壳通常也在夜间隐蔽处进行，光照越弱越好，而强光或连续光照会延缓青虾蜕壳。所以，养虾池中通常要设置隐蔽物。

### 3. 溶解氧（DO）

**(1) 来源**　水中的溶解氧通常有 3 个来源：一是从空气中溶解；二是植物的光合作用；三是补水增氧。静水池内，光合作用增氧约占 89%，空气增氧约占 7%，补水增氧仅占 4%。

**(2) 溶解氧对虾类的影响**　溶解氧是虾类赖以生存的必要条件，而水中溶解氧量的多寡对虾类摄食、饲料利用率和生长发育均有很大影响。溶解氧量 5mg/L 以上时，虾类摄食正常；当溶解氧量降为 4mg/L 时，虾类摄食量下降 13%；而当溶解氧量下降到 3mg/L 时，其摄食量下降 54%；当溶解氧量下降到 2mg/L 以下时，虾类停止吃食，有些虾已难以生存。

虾的呼吸强度与水体的溶解氧量相关，在一定范围内，它们在水中吸取氧的数量与水的溶解氧量呈正相关，即溶解氧量低时耗氧率降低。虾类的不同性别、各个发育时期的耗氧率也不一样，研究结果表明：青虾的雄虾耗氧率比雌虾高，抱卵虾耗氧率比未抱卵虾高，夜间比白天高，个体越大耗氧率越低。青虾的耗氧率比一般养殖鱼类高，窒息点一般也比大多数鲤科鱼类高，所以当池塘中鱼浮头时青虾已缺氧窒息死亡。

池中溶解氧量充足还可以改善虾类栖息的生活环境，降低氨氮、亚硝酸态氮、硫化氢等有毒物质的浓度。因此，适宜的溶解氧量，对于虾类的生存、生长发育、饲料利用率等至关重要。

**(3) 溶解氧极值出现的规律**　养虾池水体中溶解氧极值出现的规律：最大值出现在夏季白天下午 16 时左右表层水中。最小值出现在：黎明或日出前；夏季停滞期长期保持分层状态的底层水及上风沿岸的底层水及中层水。水质过肥、放养太密、投饵施肥过多、水底淤泥很厚的虾池，遇上夏季天气闷热、气压低、暴雨强风之后，表层水与底层水发生垂直流转混合，带起淤泥，这时整个水体都有可能出现溶解氧最低值。

**4. pH 值**

pH 值是反映水质状况的一个综合指标，如 pH 值升高说明水中浮游植物光合作用强，水中溶解氧增多。水体中的 pH 值有其昼夜变化规律。通常状况下，水体中的生物都能够适应这样的正常昼夜变化，不需要进行人为干预。

**(1) pH 值与虾类**　pH 值对虾类有直接和间接的影响。pH 值低于 4.6 时，虾类死亡率可达 7%～20%，低于 4 以下，全部死亡。pH 值高于 10.4，死亡率可达 20%～89%，高于 10.6 时，可引起全部死亡。pH 值呈酸性的水可使青虾血液的 pH 值下降，血红蛋白载氧功能发生障碍，削弱其载氧能力，造成缺氧症。pH 值过高的水，则腐蚀青虾的鳃组织。过高或过低的 pH 值都会影响青虾的蜕壳与生长。因此，养虾生产水中的 pH 值，在育苗阶段以 7.2～8.0 为宜，幼虾和养成阶段以 7.5～8.5 为宜。

**(2) pH 值与其他因子**　pH 值又是引起水化学成分变化的一个主要因素，pH 值低于 6 时，水中 90% 以上的硫化物以 $H_2S$ 的形式存在，增大了硫化物的毒性。pH 值高于 8.5，水中大量的 $NH_4^+$ 转化为有毒的非离子态 $NH_3$。

pH 值过低或过高，也会使水中微生物活动受到抑制，有机物质不易分解，影响饵料生物的吸收利用，造成水质瘦瘠，还会促进致病菌等有害生物滋生而发生虾病。

**5. 亚硝酸氮**（$NO_2$-N）

水体中亚硝酸盐浓度过高时，可通过渗透与吸收作用进入虾类血液，从而使血液丧失载氧能力。一般情况下，亚硝酸盐含量（以氮计）低于 0.1mg/L 时，不会造成损害。达到 0.1～0.5mg/L 时，虾类摄食降低，鳃呈暗紫红色，呼吸困难，游动缓慢，骚动不安。含量高于 0.5mg/L 时，虾类游泳无力，某些器官功能衰竭，严重时导致死亡。

**(1) 来源** $NO_2$-N 是水环境中有机物分解的中间产物，故 $NO_2$-N 极不稳定。当氧气充足时，它可以在微生物作用下转化为对虾类毒性较低的硝酸盐，但也可以在缺氧时转为毒性强的分子氨。

**(2) 对虾类的毒害作用** $NO_2$-N 能与鱼体血红素结合成高铁血红素。当血红素的亚铁被氧化成高铁，失去与氧结合的能力，致使血液呈红褐色。随着鱼体血液中高铁血红素的含量增加，血液颜色可以从红褐色转呈巧克力色。由于高铁血红蛋白不能运载氧气，可造成虾类缺氧死亡。

氨氮会穿透细胞膜损伤青虾组织器官，甚至造成青虾的死亡，在低浓度情况下也会降低青虾的生长速度和抗病力，引起各种虾病的发生。

**6. 硫化氢**（$H_2S$）

硫化氢是一种剧毒物质，低浓度影响青虾生长；硫化氢浓度过高时，可通过渗透与吸收作用进入组织与血液，破坏血红素的结构，使血液丧失载氧能力，同时可使组织凝血性坏死，导致虾类呼吸困难，甚至死亡。我国渔业水质标准规定硫化物的浓度（以硫计）不超过 0.2mg/L。对于某些特种虾类或苗种养殖中，硫化物的浓度应在 0.1mg/L 以下。因此，养虾水体中硫化氢的浓度应控制在 0.1mg/L 以下，池底不应有较多的臭泥和残饵。

硫化氢的来源：在缺氧条件下，含硫的有机物经厌气细菌分解而产生；在富硫酸盐的池水中，经硫酸还原细菌的作用，使硫酸盐变成硫化物，在缺氧条件下进一步生成硫化氢。硫化氢有臭蛋味，具刺激、麻醉作用。硫化氢在有氧条件下很不稳定，可通过化学或微生物作用转化为硫酸盐。在底层水中有一定量的活性铁，可被转化为无毒的硫或硫化铁。

**7. 透明度**

透明度是反映养殖水体中浮游植物和有机腐屑数量的一个间接的物理指标。水中浮游植物过多，使水体富营养化，浮游植物过少，使水体过瘦，这两种情况都不利于虾的生长。养虾生产水的透明度在不同阶段有不同要求，育苗和幼体培育期阶段由于水中要培养生物饵料，水质要求肥一些，透明度掌握在 25～30cm 为宜，随着青虾规格的增长，青虾的天然饵料结构发生了变化，由以摄食天然生物饵料为主转向以投喂动植物人工饵料为主，这个阶段水中的透明度应以 35～45cm 为好。

## 二、池塘环境

池塘环境包括生物、池塘底质、水体等，它们从不同角度影响着虾类的生长，形成了池塘错综复杂的生态关系。了解认识池塘的生态环境，对实现标准化健康养虾具有重要的意义。

**1. 生物**

**(1) 浮游生物** 浮游生物是养虾池塘的最主要生物，它们是虾的重要天然饵料。浮游生物种群的组成、繁殖、生物量等，极易受到池塘水体生态环境变化及人为生产措施的影响。池塘的浮游生物，主要包括硅藻、金藻、甲藻、绿藻、蓝藻等浮游植物，以及各类原生动物，还有轮虫、枝角类、桡足类等浮游动物。

① 硅藻　硅藻的细胞壁含有硅质，在各类水体中能够大量繁殖，繁殖特点是适宜于较低的温度，在春秋两个季节出现高峰，是鱼虾的重要饵料。硅藻繁殖和生长时要消耗大量的硅酸盐。因为硅藻色素体中含有叶绿素 A、叶绿素 C、$\beta$-胡萝卜素、硅藻黄素、硅甲藻素和墨角藻黄素等，所以硅藻生活时一般呈现黄褐色。

② 金藻　金藻的生态特点是喜欢较弱的光线和短日照，喜欢透明度大的软水水体，在低温季节里大量繁殖，主要分布在池塘水体的中、下层。由于早春和晚秋水温较低，其他藻类较少，这时正

是金藻大量出现的季节，所以对于养虾有特殊的饵料意义。

③ 甲藻　甲藻分布很广，体内含有叶绿素 A、叶绿素 C，$\beta$-胡萝卜素、硅甲藻素、环甲藻素、新甲藻素、甲藻黄素等。硅藻中的隐藻类是养殖池塘肥水时的常见优势种类，是虾的重要天然饵料。

④ 绿藻　绿藻也容易在温暖季节形成优势种群，如小球藻、绿球藻、栅藻等构成人为肥水池塘的重要组成部分，常作为养殖虾的直接或间接饵料。绿藻繁殖能力强，持续时间长。只要是有光线的水体，甚至潮湿的地方，都可能生长绿藻，这样绿藻有时可能致使水质清瘦，并影响其他浮游藻类的生长，在此情况下应该予以控制。

⑤ 蓝藻　蓝藻在有机质较多的池塘中繁殖很快，应该适当地控制有机质的数量，如果水体有机质过多，在高温季节里容易大量繁殖形成"水华"，严重时会影响养殖。这是因为多数蓝藻属于不太容易被消化的种类，特别是小型的单细胞种类。同时像微胞藻、项圈藻等繁殖很快，如果数量过多，在夜间会大量消耗水中的含氧量，这些藻类死亡之后，又会分解产生有毒物质，有毒物质过多时，会超过池塘的解毒能力，促使虾类发病或死亡。

⑥ 原生动物　原生动物是由单细胞构成的微小动物，在池塘的生态环境中起到重要作用。原生动物不仅是鱼虾类的饵料，同时原生动物中的一些种类还是病原生物。原生动物对环境有极强的适应性，在富于细菌和藻类的水体中原生动物最繁盛，光线、温度、盐度、酸碱度等对原生动物的种类组成及数量均产生显著的影响。水体有机物质的含量，对原生动物的分布也会产生相当大的影响，水体中原生动物的种类组成及数量也可以反映水体受污染的程度。

⑦ 轮虫　轮虫是虾类重要的饵料，特别是在虾苗阶段，轮虫是最主要的天然食物，是池塘肥水的主要培养目标。大多数轮虫是滤食性的，利用轮盘上的纤毛摆动引进水流，食物为细菌、浮游藻类和腐屑等。除了光线、食物、温度等因子外，水体的酸碱度也是影响轮虫分布的重要因子。所以，在培养轮虫时，这些因子要综合考虑。臂尾轮虫、叶轮虫、三肢轮虫、晶囊轮虫等适宜在偏碱性水体中生活，异尾轮虫等适宜在偏酸性水体中生活，但是大多数种类在中性水域、偏碱性水体、偏酸性水体中都能生活。

⑧ 枝角类　枝角类动物通常称为水蚤，是小型的甲壳动物，第二触角枝角状，为主要游泳器官。滤食性枝角类数量很大，是鱼虾类的重要饵料。枝角类除少数肉食性种类外，大都是滤食性的。主要食物是细菌、腐屑、单细胞藻类。

⑨ 桡足类　桡足类是小型的甲壳动物，例如哲水蚤、剑水蚤、中华蚤、锚头蚤、猛水蚤等。桡足类中的滤食种类以细菌、腐屑、单细胞藻类为主要饵料。桡足类的无节幼体主要是滤食性的，可以作为鱼虾的天然饵料。即使是成体，有许多种类也可以被虾类捕食。桡足类中的捕食种类例如剑蚤等，以大型纤毛虫、轮虫、枝角类、桡足类、水蚯蚓、鱼卵、小鱼苗为食，也吃细菌、腐屑、单细胞藻类等。

⑩ 微生物　微生物包括细菌、霉菌、酵母菌等。以细菌数量最大也最为重要，是整个池塘生态系统物质循环的重要分解者之一，同时也是水生动物的重要饵料。另外，池塘中起着重要作用的腐屑表面带有密度极大的细菌，据统计每克湿重含 450 亿个细菌，鱼虾摄食有机碎屑的同时就摄食了富有营养的细菌。在池塘中还有起重要作用的光合细菌和化学合成细菌。光合细菌还原硫化氢，化学合成细菌氧化简单的无机化合物，如把氨转化成亚硝酸盐、把亚硝酸盐转化成硝酸盐以取得能量进行细胞合成。

上述主要浮游生物对水温和阳光的需要不同，各类藻类繁盛季节也就有所差异。早春以硅藻出现较早，金藻和黄藻也是在春天出现，但是在夏季，硅藻却数量下降。此时浮游生物数量和种类达到最繁盛时期，优势种类成为喜强光和长日照的蓝藻，其次是绿藻。到秋季时，整体浮游生物量降低，绿藻和蓝藻数量下降，硅藻和甲藻数量又上升。到了冬季，浮游生物的数量和种类大为减少，仅在冰下繁殖着少量硅藻和桡足类等。

由于水体溶解氧、温度、水质肥度、水体深浅、水面大小、光照强度、营养盐数量等环境条件不同，浮游生物出现的数量和优势种类会有所不同，一般浮游生物喜欢弱光，浮游植物则喜欢强光。导致了浮游生物的昼夜变化和垂直变化。加上风力等因素，浮游生物分布也出现水平变化。浮游生物的这种变化，是造成池塘溶解氧昼夜变化、垂直变化和水平变化的主要原因。

（2）**高等植物**　池塘中的高等水生植物，主要包括浮萍、水浮莲、凤眼莲等漂浮植物，以及菹草、轮叶黑藻等沉水植物。养虾池塘需要一定量的水生高等植物，特别是凤眼莲、水浮莲等不仅对净水有好处，而且还有利于浮游生物的繁殖和生活，最重要的是能为虾类提供隐蔽物，满足虾类的生长等生理需要。但是这类植物也不能过多，以免影响池塘的温度和溶解氧状况。

虾在池塘的不同水层及区域，其分布是不一样的。以青虾为例，青虾喜栖息于浅水环境，特别喜欢栖居于水草丛生、水流平缓的水体中。除了冬季青虾为了越冬移入较深的水层处，在青虾生长季节，青虾的栖居水深通常不超过1m。据青虾在不同水层的分布测定表明，在无水草、水质较肥（透明度不高于35cm）的池塘中，青虾绝大部分在水深0.8m以内的水层中活动。青虾的水平分布也表明，在无水草、水质较肥的池塘中，青虾主要分布在离岸1.2m以内的沿岸浅水带，鱼池中央青虾很少。水草丰富的虾池，池中央青虾的平均出现率可达51.3%，是无水草池的15倍，与池边出现率48.7%无明显差别。

（3）**其他生物**　池塘中除了小型的浮游生物外，还有许多类型的生物，其中有不少在不同程度上对虾类有害，应该加以控制和消除。

对虾类有害的水中主要生物种类有：对虾苗和稚虾期有很大危害的蛙类；能捕食稚虾和成虾的水蛇类、水鼠类；对虾苗有很大危害的泥鳅、蟾蜍和青蛙及蟾蜍的蝌蚪；能攻击虾苗的水中肉食性昆虫，如蜻蜓幼虫、田鳖虫、划蝽、水蜈蚣（龙虱的幼体）等。

放养虾苗前的彻底清塘，是杀灭有害生物的首要工作。采取清除过多淤泥、曝晒、深翻池底、泼洒生石灰或茶粕浸液是杀灭池塘中有害生物的有效办法。

比较实用的预防青蛙、蟾蜍、水鼠、水蛇的有效方法是加固池堤、堵塞漏洞，在养虾场地四周加建防逃墙，当墙板高出地面0.8m以上时，能防止蛙类和蛇类的进入。从水库或河道向池塘引水，要预防各类害虫及卵、各种鱼苗及卵从进水口的侵入，在进水口加过滤网。加水后一定要关闭好或密封进水口，以防止肉食性鱼类的鱼卵和鱼苗平时混入池塘。

## 2. 底质

池塘的底质是与水直接接触的部分，会影响池塘水的各项性质。例如火山周围的土壤可能含有钾盐，这样的底质也会使池水富含同样的元素。森林地带的灰化土和沼泽土富含植物残体和有机酸，多呈酸性。在较干旱的荒漠地区、盐碱地和碱场附近，土壤中的盐类丰富，土壤会呈现出弱碱性。在这样的土质上开挖池塘，水质必定受到相应的影响。

多年的养殖池塘淤泥中含有大量的有机质，包括死亡的动植物体、动物粪便沉积物、残剩饲料等。当淤泥过多时，一方面是存在于淤泥中的大量沉积有机物会经过细菌氧化分解，消耗大量的氧气，使池塘底层水体形成缺氧状态。另一方面是在缺氧情况下嫌气性细菌快速繁殖，有机物被发酵产生出氨、硫化氢、甲烷、低级胺类、有机酸等，超过标准的这些物质对于虾有严重危害，同时又消耗更多的氧气，酸性增加，病菌同时在缺氧的环境中大量繁殖，使池塘底部的环境更加恶化。污泥过多还会使虾爬行和运动不便，影响正常生活，特别是对于虾苗和稚虾的蜕壳，危害更为严重，有时会将软体虾完全陷住致死。所以，对于污泥过多的池塘使用时要加以改造。

底质的性质也影响虾类的栖息。以青虾为例，青虾喜欢栖息于浅水环境，尤其喜欢栖息于水草丛生、水流平缓、底质为泥底的水体中。通过在不同底质条件下青虾的栖息情况的试验表明：在塑料板区，青虾的平均出现率仅 5.8%，砂质区为 7.5%，泥底区为 25.8%，而有水草的泥底区平均出现率达到 60.7%，可见青虾特别喜欢在水草丛生的泥底上栖息。

## 3. 水体的运动

在一定的风力下，水面越大，波浪越大，使池塘水层混合越强，对改善水体的对流和溶解氧起到重要的作用。如果夜间天气闷热，风力也小，上层水密度下降慢，对流极为缓弱，上层的较高溶解氧水不能很快传导到下部水体，夜间水生植物又没有光合作用，容易造成底层水体缺氧，尤其是黎明前后水体最缺氧。

水体的运动对溶解氧在水中的均匀分布起到重要的作用，通过对流，可以把上层溶解氧较高的水传到下层，使底层水体的溶解氧条件得到改善，当水体由于天气原因对流不畅的时候，开动增氧机，在给整个池塘增氧的同时，有加快水体运动的作用，使底层溶解氧得到补充。

## 三、养殖生态环境的优化

科学运用水质改良剂、增氧设施，加强水质管理与调控是标准化健康养虾的重要技术措施和环节。

**1. 水质管理**

**（1）水源水质**　进水水质必须符合无公害淡水养殖用水标准的要求。每年自放苗前一个月起，每两个月对进水口水质检测一次，遇特殊情况，如水源受到污染，必须及时检测，及时处理。

**（2）池塘水质调控**　水质调控是淡水虾养殖中重要的管理措施之一。在养虾过程中，水质质量应控制并保持在一定水平内，养殖期间水质均能保持良好和稳定。

良好水质的理化因子指标包括：水色——要求"肥、活、嫩、爽"，以黄绿色或茶褐色为好，透明度为 $30\sim45cm$，溶解氧量在 $5mg/L$ 以上。最适生物指标为：浮游植物量为 $20\sim100mg/L$，浮游植物组成中隐藻等鞭毛藻类较多，蓝藻较少，藻类种群处于生长期，细胞未变老化。浮游生物以外的其他悬浮物不多。

虾池水质调控的主要原则是维持"藻相"的稳定，可以采用换水、施肥、消毒等方式控制。平时注意水色变化，及时加换新水。水色是池水中浮游生物质和量的综合反应，养虾生产中理想的水色是由绿藻或硅藻所形成的黄绿色或茶褐色。放苗前必须先施肥水，即在池中施放经发酵的有机肥以及生物肥料，将水色培至黄绿色或茶褐色。放苗投饲后应根据水色变化，及时加换新水，始终保持理想的水色。养殖前期透明度保持在 $25\sim30cm$，中期为 $30\sim40cm$，后期为 $35\sim45cm$。

除了要保持水色的稳定以外，还要注意保持 pH 值与总碱度在一定范围，一般早期 pH 值为 $7.5\sim8.0$，总碱度为 $80\sim120mg/L$，中后期要求 pH 值为 $7.0\sim8.6$，总碱度为 $100\sim160mg/L$。通常可使用生石灰进行调节。

**（3）池塘底质控制**　池塘底质的控制也是养虾生产管理的一项

重要内容。养虾生产要求池底平坦，底质土壤以壤土为好，无异色、异臭，自然结构，池塘淤泥厚度控制在15cm以内，以起到保肥、供肥和缓冲水质的作用。淤泥过厚，会使池塘有效蓄水深度变浅，水体容量下降；淤泥中的大量有机物，在微生物作用下氧化分解，消耗大量溶解氧，其中含氮、含硫有机物在缺氧条件下，被细菌分解（无机化），产生对虾和鱼类有毒害的还原型中间产物（氨、硫化氢等）；淤泥还是病原生物潜伏的温床，其中蛰伏着许多水产动物的寄生虫和致病微生物。

虾池底质控制的方法主要包括以下几方面。

① 减少淤泥的沉积量。放苗前应严格清淤、曝晒，并使用生石灰或其他无公害消毒药物进行彻底清塘。

② 科学选料投饲，避免饵料投喂过多，造成池底堆积、污化，对底质环境造成污染。

③ 不得向水体投入污染物。防止有害有毒物质在池底积累。

**2. 水质改良剂的运用技术**

用于养虾生产水质调控的水质改良剂很多，主要可分为化学改良剂和生物改良剂。化学改良剂主要包括常用的生石灰、过氧化钙、沸石、麦饭石等。生物改良剂主要是指用于改良水质、底质的微生物制剂。

**(1) 化学改良剂** 化学改良剂对池塘水质主要起到净化水质、调控"藻相"、调节水体pH值和补充钙离子等功效。

① 生石灰 生石灰作用原理主要是在水中氧化变成熟石灰，同时放出大量的热，最后变成碳酸钙沉淀，在生石灰向熟石灰转变的过程中，水体中$OH^-$浓度剧烈增加，致使pH值升高，能杀灭水中的有害病虫，同时改良水质。

在水色过浓、透明度过低或逢降雨及水色异常时可以施用生石灰，这样除了可以保持水的缓冲性，还起到一定的水色调节作用。每次用量一般为$10\sim15kg/667m^2$。

② 过氧化钙 过氧化钙为粉末状淡黄色结晶，无味，微溶于水，在水中反应生成氢氧化钙和氧。其主要作用为：可增加虾池水中溶解氧；能够提高水体pH值；降低氨氮；降低水中二氧化碳的含量；改善底质、消除硫化氢；增加硬度、提高肥力。使用时，根

据水质状况酌情增减，一般为 $15\sim20kg/667m^2$。

③ 沸石　沸石又称健康石，在我国台湾地区、菲律宾等地应用较广，用于虾、鳗、牛蛙、各种淡、海水鱼类的养殖。这是因为沸石的使用既可以有效地改善水体的不良环境，又不带来任何副作用，是一种优良的水质改良剂。

沸石粉除了可以降解有机质、减少底质污染外，还可以起到增氧的作用，也可以降低水中的氨氮含量。用量视水质及底质的污染程度而定，一般每次用量为 $30\sim50kg/667m^2$。

④ 麦饭石　麦饭石成分以天然氧化硅为主，是含多种元素和金属氧化物的矿物质，具有良好的溶出性、矿化性、生物活性、吸附性，以及对水中元素和水质 pH 值的双向调节性等多种特性，对生物无毒无害。其主要用于净化水质，消除水中污物和排除生物体内的毒素，促进酶类的活力，增加水中溶解氧，防止缺氧浮头和疾病发生。

麦饭石用法和用量：用量无严格限制，一般全池泼洒，使浓度达到 $150\sim300mg/L$，每隔 $10\sim15d$ 使用一次。

**(2) 微生物制剂**　采用有益微生物制剂调节养殖水质或水体微生态环境，可间接地防治虾类疾病，同时也可参与虾的体内微生态调节。

① 微生物制剂的主要作用

a. 参与虾体内的微生态调节　有益微生物制剂通过竞争作用调节虾体内菌群结构，抑制有害生物的生长，减少和预防疾病的发生。其主要抑菌机理为：分泌抑菌物质抑制病原体的增长；与病原菌争夺营养或附着点，抑制其他微生物的生长。

b. 防治虾体内有毒物质的积累　虾在受到某些刺激而产生应激反应时，会使肠道内的微生态失调，并使蛋白质分解产生胺、氨等有毒物质，致使虾表现出病理状态。有些有益菌，如乳酸菌、链球菌、芽孢杆菌等可以阻止毒性胺和氨的合成。其中，芽孢杆菌可在肠道内产生氨基氧化酶及分解硫化物的酶类，从而降低血液及粪便中的氨、吲哚等有毒气体的含量。

c. 提高虾机体免疫力　有益微生物也是一种很好的饲料添加剂，能刺激机体产生干扰素，提高免疫球蛋白浓度和巨噬细胞的活性，通过非特异性免疫调节因子等激发机体免疫力。

d. 净化水质，消除污染物　一些有益微生物，如光合细菌、枯草杆菌、芽孢杆菌等，在代谢过程中具有气化、氨化、硝化、反硝化、解磷及固氮等作用，能分解养殖水体中的残饵、粪便、有机污染物等产生的有害物质。另外，通过降低化学需氧量（COD）及促进藻类的繁殖和生长，间接起到了增加水体溶解氧的作用。

e. 促进虾的生长　作为饲料添加剂的微生物制剂，一方面其菌体中含有大量的营养物质，如蛋白质、矿物质和维生素等，为虾补充了营养；另一方面微生物在发酵或代谢过程中产生促生长之类的生理活性物质，产生各种酶类并提高机体的消化酶的活性等，有助于虾的生长和发育。

② 主要微生物制剂及其使用方法

a. 光合细菌　光合细菌是目前在水产养殖中应用较广的有益微生物。养虾生产过程中产生的粪便、残饵等有机废弃物，腐败后产生氨态氮、硫化氢等有害物质，污染水体和底质，造成虾生长缓慢甚至中毒死亡。同时，水体富营养化后病原微生物滋生，虾也会感染发病。光合细菌能吸收水体中的有毒物质，并在养殖水体中形成优势群落，抑制病原微生物生长，净化水质。光合细菌适宜的水温为 $28\sim36℃$，施用时的水温最好在 $20℃$ 以上，阴天勿用。苗池每次用 $10\sim50mg/L$，成虾池首次用 $5\sim10mg/L$，以后用量减半，每次间隔 $7\sim10d$。作为饲料添加剂使用，按投饵量的 $3\%\sim5\%$ 拌入饲料内投喂。

b. 硝化细菌　硝化细菌可分为硝化细菌和亚硝化细菌。在水环境中，硝化细菌在氮的循环中将亚硝酸盐转化为硝酸盐而被藻类利用，从而起到净化水质的作用。硝化细菌由于繁殖速度慢，施用后，一般 $4\sim5d$ 才能发挥作用，因此，需提前施用。同时，由于硝化细菌是吸附在有机物上的，使用后 $4\sim5d$ 基本不排水或少换水。成虾池每次施用硝化细菌量为 $2\sim5mg/L$。

c. 酵母菌　酵母菌是一类单细胞蛋白（SCP），含有较高的营养成分，如维生素、氨基酸等都广泛用于饲料添加剂。

d. 芽孢杆菌　芽孢杆菌能分泌蛋白酶等多种酶类和抗生素，抑制其他细菌的生长，进而减少甚至消灭病原体。其可直接利用硝酸盐和亚硝酸盐，从而起到净化水质的作用。在使用芽孢杆菌前，需进行活化处理，即加入少量的红糖或蜂蜜，浸泡4～5h，然后全池泼洒。由于芽孢杆菌为好气性细菌，溶解氧量较高时，其繁殖速度快，因此，施用该菌时，最好开动增氧机。另外，芽孢杆菌也可用作饲料添加剂。

e. EM菌　EM菌是一类有效复合菌群，主要成分有光合细菌、酵母菌、乳酸菌、放线菌及发酵性丝状真菌等16属80多个菌种。通过利用其菌群产生较好的协同作用，能有效降低养殖水体的有害物质，降低水体生物耗氧量，从而提高水体溶解氧量。

通过定期施用微生物制剂，在水体中培育有益微生物的优势菌群，形成稳定的菌相，分解水中有机污物和氨氮、亚硝酸盐、硫化氢等有害物质，抑制有害藻类、致病菌的繁殖生长，营造良好的水体环境。

**3. 增氧设施应用**

增氧设施是养虾生产中经常使用的机械设施。在养殖过程中，随着虾的生长，池内养殖密度不断增加，虾对水中溶解氧的需求量也越来越大。因此，养殖过程中除了加换新水外还必须采取机械增氧，使用增氧机械，增加水体溶解氧量，同时使池水中的溶解氧分布均匀。

① 晴天午后开机　晴天午后的14：00～15：00时，池塘水体1m以上的表水层温度较高，光照充分，光合作用最强烈，溶解氧量达到过饱和，开机后使表层溶解氧混合到其他水层。

② 阴天分时开机　一般阴天选择清晨开机，目的是直接搅水增氧。因为阴天光合作用弱，池水溶解氧储备较少，又经过夜间的消耗，池水溶解氧有可能降到氧阈附近，因此应在03：00～05：00开机，但往往因水质、天气等原因甚至需提前到午夜就开机，特别是阴雨天气更应结合池塘实际情况灵活掌握。

③ 阴雨天白天不开机，应在夜间开机。

④ 傍晚不开机　一般天气情况下，在傍晚时池水溶解氧并不缺乏，因此傍晚不要开机。

# 四、投入品管理

在养虾生产过程中，需要使用大量的投入品，主要包括饵料、肥料、药物三大类。

## 1. 饵料

饵料是养虾生产中投入量最大的投入品，也是会对养殖水体环境造成影响的潜在因素之一。饵料选择好，使用得当，则对水体的影响小；反之则大。养虾所使用的饵料应是营养全、适口好、利用效率高。要实现养虾高产、优质、低耗、高效目标，在整个养成期，应以专用颗粒饲料为主，辅以其他所需的动植物饵料。颗粒饲料营养成分符合各生长阶段的营养需求，消化利用率高，产生的废弃物少，对稳定养殖水环境的理化因子，提高青虾免疫力，预防虾的疾病，优化虾的品质起到重要作用。

动物性饲料要求鲜活、不腐败变质、无任何污染。青饲料要求种植品种对路，既可作为虾类隐蔽蜕壳栖息场所，又可作为虾的适口饵料。饲料的卫生标准应符合《饲料卫生标准》（GB 13078—2001）的规定。

## 2. 肥料

对水体中施用肥料是一种常见的水产养殖方式。为了培育虾池内的天然饵料，并为池内水生植物的生长提供营养，养虾过程中通常对水体要进行施肥。肥料主要通过影响水质、浮游生物的生长进而影响虾的生长。同时，通过施用肥料促进藻类生长，通过浮游植物的光合作用从而增加水体溶解氧量。养虾生产中常用的肥料主要分为有机肥料和生物渔肥。

**（1）有机肥料** 有机肥营养成分较为全面，肥效较持久，有利于浮游动物、底栖动物的生长，能够为虾提供适口的饵料。有机肥主要有绿肥、粪肥、混合堆肥等，既可做基肥，也可做追肥。但有机肥一般肥效缓慢，下塘后需经微生物分解、矿化转为简单有机物和无机盐才发挥肥效，故施用上要考虑发生肥效的时间。而且由于经微生物的分解，易消耗水中大量的溶解氧，所以有机肥施用前需经发酵腐熟处理。

**（2）生物渔肥** 生物渔肥可直接为浮游植物所利用，还可以分解池塘有机物释放无机盐，满足池塘生物对营养物质的需求，效果明显。在池塘水体氮、磷比例失调时，追施生物肥，以达到水中氮磷平衡，保持"肥、活、嫩、爽"的水质，促进虾的生长。生物肥的施用通常把握以下几个原则。

施用肥料需严格控制施肥量，肥料使用原则上要求"勤施、少量、多次，不可乱施"。掌握适宜的施肥量和施肥时间，保持水质的相对稳定。注意池塘的环境条件，施肥前后禁止使用杀菌、杀虫渔药，提高施肥的效果。肥料施用的时间、频率及用量也应根据季节（水温）、水色变化掌握。因此，一般3月份开春后气温升至15%以上时，可选择晴朗天气施肥，施肥的适宜时间以12：00～14：00为好，具体的施肥量、施肥次数应根据水质情况灵活掌握。注意梅雨、阴天、闷热等天气时不能施肥。

**3. 药物**

渔药是为提高养虾生产产量，用于预防、控制和治疗病害，促进虾的健康生长所使用的物质。然而，作为养虾生产主要投入品之一，其对池塘水质或多或少都会产生一定的影响。在养虾生产中药物的使用量虽然不大，但使用不当往往会造成很大影响。为保证养虾生产水体环境，进而保证产品质量安全，在整个养殖过程中，所使用的药物均要对其质量及其使用进行要求和规范。

**（1）选用规定渔药** 标准化健康养虾除了对药物的质量进行要求外，对药物的合理、安全使用也是一个重要内容。选用渔药应严格遵守国家和有关部门的有关规定，应以不危害人类健康和不破坏水域生态环境为基本原则。在病害防治上，坚持以防为主、防治并重的原则，尽量减少药物的使用，选用"三效"（高效、速效、长效）"三小"（毒性小、副作用小、用量小）的渔药。因此，使用的药物应是取得生产许可证、批准文号、生产执行标准的渔药。

**（2）杜绝使用禁用渔药** 严禁使用高毒、高残留或具有三致（致癌、致畸、致突变）的毒性渔药。严禁使用对水域环境有严重破坏而又难修复的渔药，严禁直接向养殖水域泼洒抗生素，严禁将新近开发的人用新药作为渔药的主要或次要成分。

# 五、养殖废水的处理

随着养殖产品质量和环境问题备受各界关注，如何净化池塘养殖水体、改善养殖环境已成为养殖生态和环境研究的热点。做好养殖废水处理，改善养殖生态环境，节约水资源和减轻养殖对水环境的负面影响，是标准化健康养虾可持续发展的重要方向。目前，养殖用水和废水处理的技术措施日益成熟，以清除或转化水中的污染物质，达到了改善养殖水质、提高养殖效果和减轻对环境影响的目的。其主要方式如下。

**1. 物理处理**

机械和物理方法已被广泛应用于去除养殖废水中的悬浮物质或有害物质。由于养殖废水中残饵和粪便较多，水中悬浮有机物含量较高，这些悬浮物不仅氮磷含量高，而且分解时耗氧量大。在精养池水中悬浮有机物分解耗氧占到池塘氧总支出的65%左右，因此，物理处理是采取去除水中有机物质和悬浮物来净化水体的方式。目前在池塘养殖中常见的主要有过滤、吸附、泡沫分离等几种方式，过滤通常可去除粒径为 $60 \sim 200 \mu g$ 的颗粒物。如采取筛绢网过滤水中固体悬浮物；投放麦饭石降低养殖废水中的有毒物质、固体悬浮物的浓度；泡沫分离去除水中溶解有机物等。

**2. 化学处理**

化学处理是指通过泼洒有机化合物或无机化合物，与水中污染物或悬浮物起化学反应来改善水质，该法在传统养殖中应用比较广泛。如采取化学消毒剂对养殖废水进行消毒处理；臭氧消毒目前也可应用于养殖废水的处理，且收效较快。

**3. 生物处理**

生物技术是当前水产养殖废水处理技术和养殖污染控制方法的研究热点。使用该技术能有效保持池塘生态环境，而且费用低，各种养殖环境水域均适用，是一项有发展前途的"绿色"养殖污染控制技术。其最大优点是使用不可再生材料和能源比较少，并且不会对环境造成二次污染。生物处理主要包括植物净化、微生物净化和水生动物净化。利用生物的生长代谢来吸收、降解、转化水体和底泥中的污染物，降低污染物浓度，减轻污染物对环境的影响。

(1) **植物净化** 植物净化是利用植物的生长来吸收养殖水中的营养物质，富集和稳定水体中过量的氮、磷、悬浮颗粒和重金属元素，达到净化水体的目的。水生植物能够快速吸收水体和底泥中的营养盐。目前，在废水处理上应用较多的水生植物主要有水芹菜、水蕹菜、水浮莲、苦草、伊乐藻等。此外，一些陆生植物通过水培方式也可应用于养殖废水的处理，如纤维层黑麦草、稗草等。

（2）**微生物净化** 微生物净化是利用微生物将水体或底质沉积物中的有机物、氨氮、亚硝态氮分解吸收，转化为有益或无害物质，达到环境净化的目的。微生物净化主要方式有微生物制剂、生物膜等。

① **微生物制剂** 微生物制剂是一些对人类和养殖对象无致病危害并能改良水质状况、抑制水产病害发生的有益微生物。常用的有光合细菌、放线菌、芽孢杆菌、硝化细菌、氨化细菌、硫化细菌等，它们能够有效地降低氨氮和硫化氢等有害物质含量，改良池塘水质。

② **生物膜** 生物膜是通过生长在滤料（或填料）表面的生物膜来处理废水，已广泛应用于养殖水处理，对受有机物及氨氮轻度污染的水体有明显的净化效果。目前使用较多的类型有生物滤池、滴滤池、生物转盘、生物接触氧化池和生物流化床等。生物膜法在养殖废水封闭循环处理中应用较广泛。

（3）**水生动物净化** 近年来，滤食性鱼类和贝类被越来越多地应用于水体富营养化和养殖污水的治理，目前主要包括鲢、鳙、细鳞斜颌鲴以及螺蚌等贝类品种。滤食性鱼类和贝类以水中的有机碎屑和浮游生物作为食物来源，因而其滤食活动可有效降低水中悬浮有机颗粒和藻类的数量，提高水体透明度。配养滤食性鱼类和贝类，既能提高饵料利用率，又能改善水体环境，有助于扩大池塘养殖容量。

### 4. 人工湿地

人工湿地是由人工基质和生长在它上面的湿地植物、微生物组成的一个独特的土壤—植物—微生物生态系统，利用湿地中的基质、植物和微生物之间通过物理、化学和生物的协同作用净化污水。近年来，人工湿地在净化养殖废水并回收利用方面取得了一定效果。人工湿地不仅可去除养殖废水中的溶解性污染物，还可去除和固定养殖污泥。

# 第三章

## 虾的生物学特征

### 第一节 青虾的生物学特征

### 一、分类地位与种群分布

青虾学名日本沼虾（Macrobrachium nipponense De Haan），又名河虾、沼虾，俗称江虾、湖虾，隶属于节肢动物门（Arthropod）、甲壳纲（crustacea）、十足目（Decapoda）、游泳亚目（Natatia）、长臂虾科（Palaemonidae）、沼虾属（*Macrobrachium*）。因其体色青蓝并伴有棕绿色斑纹，故名青虾。

青虾是我国和日本特有的淡水虾，具有分布广、食性杂、繁殖力强的特点，生活于湖、河、池、沼等淡水水域中。青虾在我国的湖北、江苏、河北、山东、湖南、浙江、福建、江西、广东、四川、河南等地均有分布，尤以白洋淀、太湖、微山湖、鄱阳湖等出产的青虾享有盛名。

### 二、形态特征

#### 1. 外部形态

青虾体形粗短，整个身体由头胸部和腹部两部分构成。头胸部各节接合，由一大骨片覆盖背方和两侧，叫头胸甲或背甲。头胸甲背部前端向前有一剑状突起称为额剑，其长度为头胸甲长的 3/4～4/5。额剑末端尖锐，上缘平直而略呈弧形，具 11～15 个背齿，下缘具 2～4 个腹齿，该特征是其区别于其他虾类的重要依据。额角基部两侧有 1 对复眼，具眼柄，眼可自由转动。青虾的体表有坚硬的外壳，起着保护机体的作用。全身分为 20 个体节，其中头部 5

节，胸部 8 节，腹部 7 节（包括 1 尾节）。头胸部分节完全愈合，头胸部粗大，腹部的前段较粗，腹部的后半部逐渐细而且狭小，尤其腹部第六节较前五节细而长。眼窝后缘至尾节尖端的长度为虾的体长，全长则是从额角尖端至尾节尖端之间的长度。除腹部最后一个体节——尾节外，每个体节都有 1 对附肢，附肢基本上由基肢、内肢和外肢组成，现简述于下（图 3-1 和彩图 1-1）。

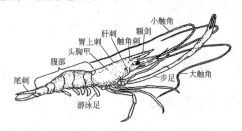

图 3-1　青虾的外部形态

**（1）头部附肢**　青虾的头部附肢有 5 对，即第一触角、第二触角、大颚、第一小颚和第二小颚。

**（2）胸部附肢**　胸部附肢共有 8 对，前 3 对为颚足，是摄食、游泳的辅助器官。后 5 对为步足，第一、第二步足末端呈钳状的鳌，有摄取食物、攻击敌人的功能。第三至第五步足呈单爪状，具有行走和攀缘的功能。

**（3）腹部附肢**　腹部附肢（腹足）有 6 对，具游泳功能，所以又称游泳足。腹足的基肢均为 1 节，内、外肢均较发达，呈桨状。第二腹足的内肢外缘有一内附肢，呈棒状。雄虾内附肢内侧还有一棒状雄性附肢。腹足除具游泳功能外，雌虾的腹足在产卵时还具携带卵子孵化的功能。第六腹节的附肢扁而宽，并向后伸展与尾节组成尾扇，尾扇有平衡、升降身体，决定前进方向的作用。当青虾遇敌时，腹部肌肉收缩，尾扇用力拨水，可使整个身体向后急速弹跳，避开敌害的攻击。

**2. 内部结构**

青虾内部结构包括消化、呼吸、循环、神经、内分泌、生殖和排泄系统等（图 3-2）。

**（1）消化系统**　消化系统由消化道和消化腺组成。消化道呈直

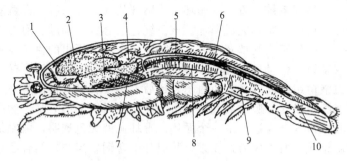

图 3-2  青虾的内部结构

1—胃；2—卵巢；3—肝脏；4—心脏；5—血管；6—肠；
7—鳃；8—腹肌；9—腹神经索；10—肛门

管状，由口、食道、胃、中肠、后肠及肛门组成。大颚、小颚和3
对颚足共同组成口器。食物由口器撕碎成小片后经很短的食道进入
胃。胃和食道连接处为贲门，胃和中肠连接处为幽门。食物在胃中
磨成食糜后送入中肠。中肠为一短管，在头胸部背面，两侧被肝胰
脏包围。食糜和消化酶进入后肠混合后消化吸收。后肠也为一直
管，贯穿在整个腹部背面，一直延伸到尾节，通向尾节腹面的肛
门，食物在后肠被消化吸收。

消化腺位于头胸部中央、心脏之前，包被在中肠前端及幽门胃
外，又称中肠腺或肝胰脏，较大，呈暗橙色，有管开口于后肠。分
泌的胆汁不透明，带橙色，呈酸性。肝胰脏有两种细胞，一为细长
形的脂肪细胞，含脂肪滴；另一为短而大的酶细胞，分泌消化酶。
肝胰脏除分泌作用外，还有吸收储藏营养物质的功能。

（2）**呼吸系统**  青虾的呼吸器官是鳃，位于头胸部两侧、由头
胸甲所形成的鳃腔中，由8枝叶状鳃组成，沿鳃轴重叠排列。鳃由
入鳃血管、鳃片和出鳃血管组成。因为头胸甲侧下缘及后缘游离，
第2小颚外肢伸入鳃腔并不断摆动，使水从鳃腔后的入水孔进入，
由前面出水口排出以利呼吸。在虾潜底时，以第1触角、第2触
角、大颚须以及第1小颚外叶组成呼吸管，水流即从呼吸管入腮
腔，再由下缘流出。由胸窦来的血液经入鳃血管进入鳃片，排出二
氧化碳，融进氧气，完成气体交换，新鲜血液再经出鳃血管回到围
心窦。

(3) **循环系统** 青虾的循环系统属开放式循环系统，即血液流动中经开放的血窦来完成循环。该系统包括心脏、动脉、血窦、血液等。心脏位于头胸部背面的围心窦中，由心脏压出的血液经头动脉、背动脉、胸动脉输送到全身各器官和组织中。青虾没有微血管，血液由组织间隙经各小血窦，最后汇集于胸窦，再由胸窦送入鳃，经呼吸净化、吸收氧气、排出二氧化碳后回到围心窦，然后再经过心脏泵入全身进入下一个循环。青虾血液无色透明，由血浆和血细胞组成，血液中有血蓝素，其成分中含铜，当与氧结合后呈浅蓝色。

(4) **神经系统** 青虾的神经系统是由脑神经节、围咽神经环和腹神经索组成。腹神经索在每个体节中各形成1个神经节。由脑神经节、围咽神经环和腹神经索分生出神经至相应的皮肤、内脏、感觉器官和肌肉组织，从而使虾体能正确地感到外界环境的刺激，并迅速作出反应。感觉器官主要有化学感受器、触觉器及眼等。

(5) **内分泌系统** 甲壳类的内分泌系统与其生长发育有关，生产上可切除虾蟹类眼柄在人工条件下促进卵巢发育及促进蜕皮。Y-器官主要分泌物为蜕皮激素，成分主要为20-羟基蜕皮酮，蜕皮前分泌达到高峰，随蜕皮活动开始而迅速下降。

(6) **生殖系统** 青虾为雌雄异体，生殖器官有明显差异。性腺位于头胸部的胃和心脏之间，肝胰脏的上方。

雌性生殖系统由卵巢、输卵管及雌性生殖孔组成。雌虾卵巢为椭圆形，位于消化腺背方及心脏的前下方。前端略狭窄并分成左右两叶，后端不分开。在卵巢前端两侧各有1根短而直的输卵管，直通第三步足基部内侧的生殖孔。成熟的卵巢由并列而对称的左右两大叶组成，从胃的前方向后一直延伸到腹节。成熟卵巢呈黄绿色或橘黄色，未发育的卵巢为半透明，很小。

雄性生殖系统由精巢、输精管、精荚囊、雄性交接器、生殖孔组成。雄虾成熟精巢呈白色半透明，表面多皱褶，其前端分左右两叶，后端不分叶。两侧各有1根曲折迂回的输精管，向外开口于第五步足基部内侧。输精管各部位管腔内含有处在不同形成阶段的精荚，膨大的远端输精管或称贮精囊起贮存精荚的作用，其中精荚数目与雌雄交配过程中雄虾输送精荚的数目相一致。当交配时，雄虾只输送左右两个膨大的远端输精管内的各一个精荚。因此进行精荚人工移植时，必须注意以上特性。成熟的精子呈图钉形，头部帽状。

**(7) 排泄系统**　青虾的排泄器官是 1 个绿色的腺体，称为"绿腺"，位于第 2 触角基部，是一团迂回曲折的细管。虾蟹类是排氨型代谢动物，蛋白质代谢最终的排泄氮大部分以氨的形式，通过鳃的气体交换排出体外。此外后肠也能排泄一部分含氮废物。

## 三、栖息习性

青虾是淡水虾，终生生活在湖泊、水库、河流、沟渠等淡水水域中，喜欢生活在水质清新、水草丛生、水流缓慢，水深 1～2m 的浅水区。青虾的栖息习性与生长发育的不同阶段、外界环境条件等相关。

### 1. 青虾发育不同阶段的栖息习性

青虾幼体喜集群生活，经常集聚于水的上层，尤其是前期幼体更为明显。幼体有较强的趋光性，常为弱光所诱集，但又畏强光及直射光。当幼体变态结束后，行底栖生活，多分布在水域边缘，喜欢攀爬于水草、树枝或其他固着物上。成虾有避光性，白天潜伏在草丛、砂石、瓦片空隙或自掘的坑穴中，腹部潜伏在穴内，头胸部略露在穴外，触角不停地摆动，以探知周围情况，一遇风吹草动，便缩入坑穴内，或出穴而逃。在一穴中潜伏一个成虾，也有雌、雄同居一穴中的，但未见同性虾同居一穴者。同性虾往往为争夺洞穴而发生厮打，结果强虾占穴，败虾逃走，另寻安身之地。青虾幼体阶段浮游生活在整个水体中，而成体阶段便栖息在池周水草等攀附物上。

### 2. 青虾的栖息习性与外界环境条件

青虾栖息的地点及水层常随季节不同而变化，春季水温上升时，多在沿岸浅水带活动，盛夏为避高温就向深水处移动，秋季多在沿岸浅水处觅食、活动，冬季移至深水处，潜伏在水底石砾、洞穴、树枝或水草丛中越冬，活动力差，不吃食，也不出洞穴。

青虾喜欢活水、新水，遇到流水，就集群游泳，顶水而上，甚至游到水口，沿着沟渠，逆水而上爬行。鱼虾混养，水中溶解氧低时，虾先浮头，一旦浮头即集群攀爬于岸边，反应迟钝，严重时则跳离池水，上岸爬行，寻找适宜环境，有时因此在岸边水草中干涸而死。

### 3. 青虾的运动方式

青虾的运动方式有游泳、跳跃和爬行等形式。青虾的游泳能力不强，只能作短距离的游动，主要是在水底的草丛或其他固着物上攀援爬行。青虾腹部肌肉发达，通过收缩、弯曲腹部及拍动尾扇击水，可以做连续向后跃起的弹跳动作。在遭敌害袭击时，则依靠腹部的弯曲和尾扇的拨水，使身体骤然后退或跃出水面，以逃避袭击，其动作非常敏捷。

## 四、摄食习性

青虾属杂食性动物，在天然环境中，青虾以植物性食物为主，表现出食性与环境及其生活习性的一致性。

### 1. 幼虾食性

刚孵出的Ⅰ期蚤状幼体至第一次蜕皮之前，是以自身残留的卵黄为营养物质，经第一次蜕皮之后，自身仍残留部分营养物质，但已经开始摄食轮虫、小型枝角类的无节幼体等浮游动物。在人工养殖的情况下，主要是投喂丰年虫、无节幼体或煮熟的鸡、鸭蛋黄颗粒。经4～5次蜕皮之后，个体逐渐长大，可投喂蛋黄颗粒，幼虾亦能摄食小型枝角类和桡足类。幼体变态结束，则逐步变成杂食性。主要以水生昆虫幼体、小型甲壳类、水生蠕虫，其他动物尸体以及有机碎屑、幼嫩植物碎片等为食物。

### 2. 成虾食性

青虾到了成虾阶段，食性更杂，它所吃食的动物性饵料包括软体动物、蚯蚓、小鱼、小虾及各种动物尸体等。植物性饵料包括鲜嫩的水生植物、着生藻类、谷物、豆类及陆草种子等。在人工养殖条件下，青虾的食物组成主要以人工投喂的商品饵料为主，天然饵料为辅。常用的动物饵料有鱼、螺、蚌、蚕蛹、蝇蛆、陆生昆虫、肉食品加工下脚料等。常用的植物性饵料有豆渣、豆饼、花生饼、麸皮、米糠、酒糟以及浮萍、水草等。青虾一般偏喜动物性饵料以及豆饼、花生饼。饥饿时，常以刚蜕皮的嫩虾为食物，出现同类残食现象。但在天然水域中，青虾则以植物性食物为主，这与天然水体中动物性食物不足有关，更重要的是青虾本身是一种游泳能力较弱的底栖动物，捕食能力较差，因此，植物性食物便成为它的主要食物。

**3. 摄食习性**

青虾一般夜间出来觅食，尤其在傍晚活动更为频繁，但如果白天投喂人工饵料，青虾也出来摄食。青虾主要靠嗅觉或触角寻找食物，觅食时，青虾的触角不停地在水中探索，当找到食物时，即用第1、第2对步足将食物钳起送入口中。青虾的摄食动作十分有趣，当食物投下，徐徐下沉时，青虾即用螯足急忙攫取食物。食物过大时，就用第二螯足将其撕碎，再送给第一螯足和颚足抱住啃食，咀嚼吞咽。对碎小食物，两个螯足忙碌不停地交替取食，接连不断地送入口中，迅速吞咽。在池塘中，青虾遇到大型枝角类聚集处，则腹部朝上，昂头露口，第一螯足不停交替攫取枝角类，送入口中，接连吞咽，仅需几分钟即可饱食。

青虾的摄食强度有明显的季节变化，主要是受水温变化的影响。水温 10℃ 以上开始摄食，随着水温升高，摄食能力逐渐增强。在适宜青虾生长的水温 20～30℃ 时，青虾的摄食能力强，生长旺盛。水温 30℃ 以上，因溶解氧不足，呼吸频率加快，造成停食，甚至浮头死亡。随着水温的降低，摄食强度和生长速度逐渐下降。一般水温在 8℃ 以下青虾进入越冬期，不摄食，生长停滞。

青虾的消化道直而短，因而常常需不停地进食。在极度饥饿时，还会出现同类相残掳食的情况。

# 五、生长特点

青虾生长很快，有"45 天赶母"之说，6 月份变态结束的虾苗，经 40 天左右的饲养，体长可长到 2.5cm。个体大、体质好、性腺发育快的青虾经 45～50 天就能交配、产卵、繁殖后代。当年的青虾到 11 月初，雄虾最大个体体长可达 7.5cm，体重 9g。雌虾最大个体体长可达 6.9cm，体重 5.8g。冬季水温低，生长缓慢，不再蜕皮，处于越冬期。第二年春季，水温上升，青虾开始摄食、蜕皮、生长，满周年的雄虾最大个体体长 9.3cm，体重 12g；雌虾最大个体体长 8.1cm，体重 10.2g。

青虾幼虾阶段，雌、雄虾的生长速度基本一致。到体长 2.5cm 以上、性成熟后，雌虾由于卵巢不断发育成熟，一批卵粒孵化结束，幼体离开母体后，便随之蜕皮、交配，再次抱卵（一般间隔 2～10d）。这期间，雌虾的体内营养物质大部分用来供应性腺发育，因此身体增长减慢。雄虾比雌虾生长快，这样，同龄青虾就出现雄大雌小的差异。总之，青虾一生中总是不断的生长，不论是成虾还是幼虾，每蜕皮一次，虾体皆有明显的增长，青虾增长速度与月龄、水温、营养、性别等关系极大。温度适宜、饵料丰富青虾生长快；反之则慢。青虾幼龄期生长快，成熟期生长慢；在成熟期，雄性生长快，雌性生长慢。

## 六、蜕皮特点

蜕皮为青虾完成变态发育和生长所必需，同时又是致畸、死亡、被蚕食的重要原因，因此蜕皮对青虾本身或对人们实现青虾养殖优质高产都是极为重要的。青虾蜕皮与幼体变态、生长发育、附肢完善、幼虾及成虾的生长、亲虾的产卵繁殖都有直接关系。

**1. 蜕皮类型**

（1）**变态蜕皮** 青虾在幼体变态阶段，每蜕一次皮，幼体形态和习性都随之发生变化。幼体经 9～12 次的变态蜕皮，即完成变态发育，成为形态和习性与成虾相似的仔虾。

（2）**生长蜕皮** 从仔虾长成成虾，虾体不断生长，而甲壳不能随虾体生长而增长，所以每次生长都伴随着蜕皮发生。每蜕一次，虾的体格就明显增大，所以青虾的生长是随蜕皮而发生，呈阶梯式增长。蜕皮后新壳柔软而具韧性，青虾通过大量吸水使甲壳扩展到最大尺度之后，矿物质和蛋白质沉淀，甲壳变硬，完成身体增长，随着物质积累和组织生长来替换出体内的水分而完成真正的生长。在生长季节，虾蜕皮的频率与水温呈正相关，到冬季低温时，青虾不再蜕皮，生长也停止了。

（3）**生殖蜕皮** 青虾交配是发生在软壳的雌虾和硬壳的雄虾之间，雌虾在交配之前必须先蜕皮一次，也称为交配前蜕皮。雄虾仅有生长蜕皮（在生殖季节，其交配频繁，蜕皮较少），无生殖蜕皮。

（4）**再生蜕皮** 由于各种原因，青虾附肢受到毁损，这些附肢能获得再生，附肢再生也必须进行蜕皮。一般经过 2～3 次蜕皮，再生附肢才能恢复到原来的大小。

**2. 生殖蜕皮特点**

生殖蜕皮是雌虾在交配之前必需的一次蜕皮，在蜕皮过程中有雄青虾守候掩护。当敌害及其他虾近前时，雄青虾奋起螯足驱逐。雌虾蜕皮后，雄虾立即拥抱交配，交配之后，雄虾依然恋恋不舍地守护在雌虾附近。在雌、雄分养的情况下，雌虾蜕皮不久，如性腺发育良好，将雌、雄青虾混养在一起，雌青虾在雄青虾的引诱下，仍能再次蜕皮、交配、产卵。

# 七、繁殖习性

**1. 雌、雄亲虾的特征**

青虾是雌雄异体，雌、雄虾的外形可从以下几点鉴别。

（1）**个体规格** 性腺成熟的同龄青虾中，雄性个体大于雌性个体。

（2）**第二步足** 性成熟的雄虾第二步足显著比雌性的强大，其长度通常为体长的 1.5 倍左右；而雌虾第二步足则较细小，长度不超过体长。

（3）**第四、第五步足间距** 雌虾第五步足基部间的距离比第四步足宽，故呈"八"字形排列。而雄虾第五步足基部间的距离与第四步足的区别不大。

（4）**雄性附肢** 雄虾第二腹肢内肢的内侧具有一内附肢，在内附肢内缘生有一棒状的雄性附肢，而雌性则没有这样的附属物。这个性征比较隐蔽，通常难以观察到。

（5）**生殖孔位置** 雄虾生殖孔开口于第五步足的基部内侧，而雌虾生殖孔开口于第三步足的基部内侧。由于生殖孔较小，通常比较难观察。

生产实践中，通常采用前三项进行鉴别，能通过肉眼迅速判断出来。后两项鉴别指标不直观，肉眼通常难以观察。

**2. 精子及精荚**

青虾精子无鞭毛，不能活动。属单棘型精子，形如外翻的伞，全长 18～20μm。青虾的精子包裹在精荚内，交配时雄虾将精荚送往雌虾胸部腹侧体表，雌虾产卵时完成受精作用。

**3. 卵巢发育**

根据卵巢外部特征和组织学特点，卵巢发育大致可分5期。

Ⅰ期：整个卵巢小，只占头胸部后端的1/5。卵巢结构紧密，卵细胞排列紧密，呈圆形或多边形，细胞核圆而大，原生质少而透明。

Ⅱ期：卵巢体积有所增大，前端延伸至头胸甲的1/4～1/3处。卵细胞的排列仍很紧密，卵巢外围的卵细胞增大，细胞核相对显得较小，颜色呈淡红。

Ⅲ期：卵巢体积迅速增大，前端已延展至头胸甲1/2处。卵细胞呈圆形或椭圆形，肉眼可辨，卵细胞开始沉积卵黄，颜色呈草绿色。

Ⅳ期：卵巢充满头胸甲背部，前端延至额角基部肝刺下方，卵细胞充满卵黄，卵巢颜色呈暗绿色或橘黄色。该期卵巢预示着1～2d内即能产卵。

Ⅴ期：属产卵后萎缩的卵巢，外观已收缩得很小且透明，透过头胸甲，肉眼已难辨卵巢轮廓。

达到性成熟的青虾，卵巢发育的周年变化为，卵巢在10月份至翌年1月底前是处在第Ⅱ期，2月份以后随水温增高卵巢继续发育，3月份大部分卵巢进入第Ⅲ期，4月中旬便有个别达到成熟。长江流域的青虾其卵巢发育的周年变化一般为：5月份繁殖的虾苗约经两个半月的生长即可达到性成熟，8月中下旬完成产卵；6月下旬以后产的虾苗从10月到翌年2月性腺均停留在Ⅱ期，到3月份水温上升时卵巢开始发育至Ⅲ期。4月底已有少数大规格雌虾卵巢进入Ⅳ期，也有极个别青虾产卵，但多数青虾要到5月上旬才进入产卵期，开始成批产卵。6月份至8月中旬是青虾产卵盛期。

体长3.5cm以上的中规格和大规格青虾性腺发育比小规格青虾（3.5cm以下）发育快，并于4月底卵巢发育至Ⅳ期。而小规格虾要到6月初才批量进入Ⅳ期。

越冬后的老龄虾在产卵期可连续产两次卵。即第一次产过卵后，在抱卵孵化期间雌虾的性腺开始第二次发育。这一性周期非常短，从产后Ⅱ期性腺发育至成熟产卵只需 20 天左右，一般是第一次产出的卵刚孵化不久即进行第二次产卵。

### 4. 繁殖季节及繁殖力

（1）**繁殖季节** 青虾产卵的适宜水温为 18℃以上，最适水温为 24～28℃。各地青虾的繁殖季节存在差异主要受水温影响，繁殖期的长短与环境温度有关，只要水温适宜，并有较好的饲养管理条件，繁殖期相应延长。

长江中下游繁殖季节为 5 月上旬至 9 月初，随着水温的升高而逐步增多，极个别的青虾在 4 月中旬已开始产卵，也有少数老龄虾在 9 月中旬产卵。长江中下游地区抱卵虾占雌虾群体比例为：5 月 32.7％，6 月 75.4％，7 月 87.2％，8 月 44.2％，9 月 0.31％，由此可见，6～7 月为青虾产卵的高峰期。在长江中下游地区，6～7 月产卵的雌虾通常都为越冬后的个体，规格较大，最大可达 8cm；8 月以后抱卵的雌虾有一部分为当年 5、6 月繁殖的个体，占抱卵虾群体的 35％，规格较小，最小的体长仅为 2.5cm。

珠江下游青虾的繁殖季节从 3 月初开始一直延续到 11 月下旬，长达 9 个月。珠江下游地区的青虾在 3 月中旬出现抱卵虾，4 月下旬达到全年最高峰，抱卵率约达 70％。4 月下旬到 5 月中旬是春季繁殖高峰期，5 月中旬后抱卵虾出现急剧下降。6 月至 9 月初抱卵率维持在 25％左右。9 月中旬抱卵率又出现一次小高峰，约达 35％，此为秋季繁殖高峰。

（2）**抱卵次数** 青虾为多次产卵类型，虽然生命周期短，但一生也可产卵 2～3 次。在长江下游地区，5～6 月份繁殖出的第一批虾苗到 7 月下旬至 8 月份体长可达 2.5cm 以上时即成熟产卵。产卵期只有 1 个月，所以一般只能产一次卵，极个别小虾能产两次卵。6 月下旬以后产的虾苗当年不再产卵。越冬后的老龄虾到 5 月份又进入产卵期，可连续产两次卵。当第一次产出的卵孵化期间卵巢又重新发育，到第一次卵孵出时，卵巢即达第二次成熟，接着进行第二次产卵。两次产卵相隔 20～25 天。大部分老龄虾产过两次卵后卵巢不再发育，也有极少数虾的卵巢能进行第三次发育，但发育不到Ⅲ期即退化吸收。

### (3) 繁殖力

① 绝对繁殖力　青虾的繁殖力（抱卵量），随不同环境和营养等条件不同而有差异，一般随着体长、体重的增加而增加。当年性成熟的雌虾，体长 3cm 的当年虾的抱卵数一般在 1000 粒以下，其抱卵量为 200～800 粒。越冬后的雌虾，规格 4～6cm，体重 2.8～4.5g，最大抱卵量为 5000 粒左右，最少的仅为 600 粒左右，一般为 1500～4000 粒（表 3-1）。

表 3-1　长江下游地区青虾抱卵量与体长的关系（李文杰，2000 年）

| 体长/cm | 平均抱卵数/粒 | 体长/cm | 平均抱卵数/粒 |
|---|---|---|---|
| 2.5～3.0 | 300 | 4.1～4.5 | 1600 |
| 3.1～3.5 | 750 | 4.6～5.0 | 1800 |
| 3.6～4.0 | 1000 | 5.1～6.0 | 2400 |

② 相对繁殖力　单位体重（或体长）的繁殖力（抱卵量）随着体重（体长）的增加而增加。单位体重的繁殖力随不同的水域条件而不同，洪湖青虾随体重的增加，其相对繁殖力也增加（孙建贻等）。春季抱卵虾的体长范围为 3.45～5.85cm、体重范围为 0.86～4.77g，单位体重的产卵量变化范围为 362～907 粒/g，平均 615 粒/g；秋季抱卵虾的体长范围为 2.15～5.05cm、体重范围为 0.23～3.09g，单位体重的产卵量变化范围为 200～728 粒/g，平均 428 粒/g。何绪刚等报道，武湖青虾单位体重的产卵量为 1000 粒/g 左右，它不随体重的变化而变化。

### 5. 交配与产卵

(1) 交配　青虾的交配只在临产卵前进行。性成熟的雄虾随时可进行交配，而雌虾必须完成交配前的生殖蜕皮后方可接受雄虾的交配。

青虾交配前，雄虾预先守候在雌虾附近，雄虾不停地用触须或螯足试探有无其他虾靠近，一旦触及异虾，便举起螯足驱赶，通常两虾周围 10cm 内无其他虾类栖息。雄虾在守护期间，雄虾既要防备雌虾被其他雄虾夺走，又要防止雌虾自动逃脱，另寻配偶。亦有一只雄虾同时守候 2～3 只雌虾者。待雌虾完成生殖蜕皮后，雄虾迅速地爬向蜕皮后的软壳雌虾，伸出第二步足抱住雌虾，同时用第一对步足清理雌虾第四、五对步足基部间的腹面，然后将生殖孔紧贴雌虾已被清理过的腹面，附肢有力地振动，整个身体也随之颤动，精荚排出，形成明胶状的团块，粘贴在雌虾已被清理的第三至第五对步足之间的腹面。至此，交配过程结束，整个交配时间一般为5～15s。交配后，雌、雄虾分开，各自寻找隐蔽处栖息。如果雌虾蜕皮后时间较长，虾壳变硬后，就不再接受雄虾的交配。

（2）产卵　雌虾在交配后，一般在7～24h内趁虾壳未完全硬化前完成产卵。产卵前，雌虾静趴水底或攀爬在水中物体上，并不时地用步足抓摸虾体各部。临近产卵，腹部两侧腹甲向外张开。颚足不断摆动，游泳足每隔5～30min，竖起扇动5～10s，有时达1min。产卵时，第一、第三腹节每隔20～30s伸屈一次，肌肉有明显的阵缩活动，雌虾腹部紧紧弯曲向前，腹肢扩展形成保护卵的通道，然后卵子从生殖孔中排出，卵子通过精荚时，精荚的胶状团块溶解，释放出精子，使卵子受精。通过精荚的受精卵被前两对腹肢上的刚毛移向抱卵室，首先在第四对腹肢的着卵刚毛上黏着，然后在第三、二、一对腹肢上黏着。整个产卵过程需5～30min。受精卵被一层薄而有弹性的黏膜包裹着，卵子之间有细丝串连成葡萄状，紧紧黏附在腹足的刚毛上，靠腹足不断扇动，使卵粒周围的水微微流动，促使受精卵的孵化，并清除污物和未受精卵。开始时卵子黏得并不牢，极易脱落，约1h后，其黏度增加，逐渐黏得很牢。没有受精的卵子一般在2～3d死亡并自然脱落。

**6. 胚胎发育**

（1）**受精卵**　青虾的卵为中黄卵，卵黄很多。卵柔软，易碎，无分割面，充满卵黄。受精卵为椭圆形，长径和短径分别为0.62～0.7mm和0.5～0.6mm，在胚胎发育过程中卵径略有增加。受精卵核位于卵的中央，周围有辐射形的原生质部。初始受精卵为橘黄色或略带绿色，以后随着胚胎发育的进展，逐渐变成淡黄色、淡灰色，并出现两个大而黑的眼点，卵膜变得透明。

（2）**胚胎发育**　青虾胚胎发育分为7个时期，即卵裂期、囊胚期、原肠期、前无节幼体期、后无节幼体期、前蚤状幼体期、蚤状幼体期。

①二细胞期　核分裂为二，并沿卵的长径方向彼此分离。原

生质部在核分裂之后亦分为二部，并随核移动。受精卵的表面看不到明显的分割沟。此为第一次卵裂。

②四细胞期　2h后，核分裂为四，但四个核不在同一平面上。可见不甚明显的分割沟，具有螺旋分割的特点。

③八细胞期　第三次卵裂，卵核分裂为八。此时，8个核及其周围的原生质已接近卵的表层，分别居于各分割面的中心，清楚可见。从第三次卵裂起，由于螺旋分割的影响，分割球的排列很不规则。随着卵裂的进行，细胞核逐渐移向分割球的表面，分割球也愈来愈小，且因相互挤压而呈多角形。

④此后，继续第四次卵裂，进入十六细胞期；第五次卵裂，进入三十二细胞期。以及多细胞期，再进入为囊胚期。

⑤原肠期　此时卵的一侧向内凹陷，其形如口。3～4h后，原口消失。

⑥前无节幼体期　此时卵的一端出现透明无色的一块，该处有两个较大的突起，分别为上唇和胸腹部原基，中间的三对小乳头状突起呈单肢形，为大触角、小触角和大颚的雏芽。自无节幼体期之后，胚胎的变化十分复杂，且发育得较缓慢。此时的胚胎，卵黄比上期减少，上唇和胸腹部原基增大，腹部出现，但不分节。附肢约5对，为双肢形，但都为原始的乳头状突起。在最后一对附肢的后方，有一小堆似油点状物，心脏不久就在这里出现。头胸甲已具雏形。

⑦后无节幼体期　胚胎继续发育，复眼出现，先为条形，后逐渐扩大为新月形。在复眼的附近有两颗大的分枝状橘红色色素。不分节的腹部延长，弯向头部。附肢5对，均双肢形。尾部（体末端）分叉。心脏做不规则跳动。

⑧前蚤状幼体期　复眼由新月形变成椭圆形或圆形，一对完善的复眼已初步形成。腹部长而分节，其末端能达到头胸部的上方。附肢约8对，双肢形。消化道明显，里面有物质在移动。心脏和腹大动脉血管十分清楚，显微镜下观察，可见血球流动。

⑨蚤状幼体期　蚤状幼体破膜而出，结束整个胚胎发育过程。青虾刚孵出的蚤状幼体就具有明显的头胸甲、额角刺，胸腹部已分化完全，消化器官已形成。

（3）**孵化时间**　青虾胚胎发育进程与水温有关，随水温升高而加快，水温在 19～24.5℃ 时需历经 550h，水温在 23～27℃ 时需历经 360h。胚胎发育速度，在同一只抱卵虾上外层虾卵总是比内层的提前 2～3h。这是由于卵粒黏成团块，黏附在虾游泳足间的位置差别造成的，外部的水体交换使得氧的供应优先，从而形成分批分次由外及里推移的独特孵化现象。

在整个抱卵孵化过程中，游泳足不断扇动提供水流，促使受精卵始终处于运动状态，从而为胚胎发育提供充分的氧气。青虾还借助灵活的第一步足不断整理卵粒，清除受精卵上的污物，剔除死胚，显然是自身提高孵化率的适应性，因此，青虾的自然孵化率可达 95% 以上。孵化过程中，抱卵虾能量消耗大，靠伏在水底或攀附在水中物体上正常吃食，补充能量。

**7. 幼体变态**

青虾刚孵出的幼体是蚤状 I 期幼体，它的形态习性与仔虾不同。早期的蚤状幼体有集群性，以后逐渐散群。蚤状幼体经过 9～12 次蜕皮，体长增长，形态变化，最后发育成外形、体色与习性上和成虾相似的幼虾，这就是青虾的幼体发育。幼体变态阶段对环境条件变化很敏感，特别是孵化后进行第三次蜕皮时极易死亡，死亡原因可能与食性转变有关。

青虾幼体发育变态可划分为 9 期幼体和后期幼体（仔虾），见图 3-3。

第 I 期幼体，体长 2.1～2.3mm。幼体在水中活动的姿态是头部向下，尾部向上，做倒退运动。具有趋光性，喜群集于水面，尤以容器的边缘处为最多。靠体内的卵黄营养，不摄食。

第 II 期幼体，体长 2.4～2.6mm。营养仍以卵黄为主，但已开始摄食少量食物。摄食的对象主要是低等藻类。摄食器官主要是大颚和小颚，颚足和步足具有辅助作用。

第 III 期幼体，体长 2.7～2.8mm。幼体的活动范围扩大了，趋光性减弱。卵黄消失，完全靠摄食营养。该阶段的营养极为重要，如果缺乏足够的适口食物，在下一次蜕皮时将造成幼体的大量死亡。

第 IV 期幼体，体长 2.9～3.1mm。

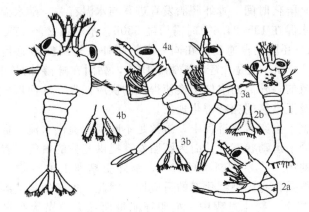

图 3-3　青虾的幼体发育

1—第Ⅱ期幼体；2a,2b—第Ⅲ期幼体；3a,3b—第Ⅳ期幼体；

4a,4b—第Ⅴ期细体；5—第Ⅵ期幼体

第Ⅴ期幼体，体长 3.3～3.6mm。

第Ⅵ期幼体，体长 4mm 左右。

第Ⅶ期幼体，体长 4.3mm 左右。

第Ⅷ期幼体，体长 4.7～5.1mm。幼体在水中活动的姿态仍是头部向下倒悬着。

第Ⅸ期幼体，体长 5.2mm 左右。

后期幼体，体长约 5.4mm，完成变态的成为仔虾。

# 第二节　罗氏沼虾的生物学特性

## 一、分类地位与种群分布

罗氏沼虾属节肢动物门、软甲纲、十足目、长臂虾科、沼虾属，是印度太平洋地区的一种热带虾类，以其个体大而闻名于世，发现的最大个体达 40cm 以上，体重达 650g 以上。罗氏沼虾具有生长快、食性杂、养殖周期短、病害少、肉味鲜嫩爽口等特点，因而深受人们喜爱，在国内国际市场上一直是比较畅销的水产品之一。

罗氏沼虾自 20 世纪 60 年代开始人工养殖以来，发展迅速，以东南亚等国家和地区最为普遍，其后美国、日本等国相继人工养殖研究，随着罗氏沼虾大批量繁殖技术获得成功之后，许多国家进行了引种移养，成为养殖业的新品种，主要养殖的国家和地区有夏威夷、洪都拉斯、毛里求斯、泰国和我国台湾省，其次是哥斯达黎加、印度尼西亚、以色列、马来西亚、墨西哥、菲律宾、津巴布韦等。我国于1976年由广东省水产研究所从日本开始引进，经过多年试验研究及推广，现已在我国近二十个省、市、自治区大规模养殖，已形成一个集育苗、养殖、加工相结合的较为完整的产业体系，人工养殖产量迅速提升，加工产品远销欧美等国，发展前景十分广阔。

## 二、形态特征

### 1. 外部形态

罗氏沼虾的体色呈青蓝色，间有棕黄斑纹，也常常随着水色的不同而变化。罗氏沼虾体表包裹着一层几丁质的外骨骼，保护内部柔软机体，各体节之间以薄而坚韧的膜相连，促使体节自由活动。全身分为头胸部和腹部两大部分（图3-4和彩图1-2）。

（1）**头胸部**　头胸部粗大，在头胸甲前端中央延伸出一锐利的

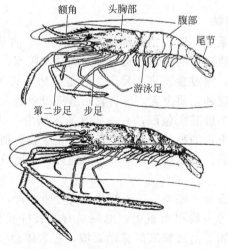

图3-4　罗氏沼虾外形图（上图为雌虾，下图为雄虾）

额角，额角基部有一鸡冠状隆起，上缘末端有一光裸部，上有11～14个齿，在额剑的下缘有8～14个齿，头胸甲两侧各有2个刺。在头胸甲前端、触角刺上方、额剑基部两侧有复眼1对，横接于眼柄末端，可自由活动。

（2）**腹部** 腹部自前向后逐步变小，末端尖细，腹部第二腹节的侧甲前后缘覆盖在第1和第3腹甲上，尾节呈三角形，末端尖细，有2对活动刺和数根羽状毛。

（3）**体节** 罗氏沼虾的整个身体由20个体节组成，头部5节，胸部8节，头部和胸部的体节愈合在一起构成头胸部，腹部有7节。

（4）**附肢** 罗氏沼虾的20节体节中，除腹部第7节外，每个体节各有1对附肢。头部5对附肢依次为：第一触角、第二触角、大颚、第一小颚和第二小颚。胸部有8对附肢，前3对为颚足，后5对为步足。颚足为双肢型，步足为单肢型，第1、第2步足为螯状，其余3对步足为单爪型。雄性个体第二步足特别发达，多呈蔚蓝色。腹部附肢6对均为双肢型的游泳足，其中前5对扁平呈桨状，有游泳、跳跃、抱卵功能。第6腹节的附肢最为强大宽阔，向后延伸和尾节组成尾扇，能控制虾在水中的平衡、升降以及向后退缩等运动。

**2. 内部结构**

（1）**消化系统** 罗氏沼虾的消化系统由口、食道、胃、中肠、后肠和肛门构成直形的管道，贯穿于头胸部和腹部。食物由口器切断和撕碎之后，通过食道进入胃部。食道很短，胃为囊状，较大，胃里具有角质膜和角质突起，能将食物磨细以后送入中肠。中肠为短管状，两侧为肝脏所包围，有一胆管通入肠内，并带进消化液。中肠内有一层上皮细胞，食物在中肠被消化吸收。剩下的食物残渣经过细长的后肠，由肛门排出体外。肛门开口于尾节腹面与第六腹节相邻处。

（2）**呼吸系统** 鳃是罗氏沼虾的主要呼吸器官，位于头胸部两侧的鳃腔里，为头胸甲所覆盖。鳃腔里有8枝叶状薄片所构成的鳃，鳃片里充满着由血窦来的流动血液，有入鳃血管和出鳃血管。鳃腔里的水，由于第二小颚的不断摆动，使水流不停，有助于提高水中溶解氧量。这样，水中的氧气就与鳃血液里的二氧化碳进行交换，完成呼吸作用。

（3）**循环系统** 罗氏沼虾的循环系统与体腔相通，为开放式循环系统，由心脏、血管和血窦所组成。血窦就是内部组织器官之间的体腔，里面有血液流动。血液由血浆和变形虫状的血球所组成，无色。心脏是心肌构成的囊状器官，位于头胸部背面的围心窦中，进行有节奏的搏动，使血液由围心窦通过心孔进入心脏，再通过血管分送到身体各部分。经过身体各部分成静脉血，最后汇入一些血窦内，经入鳃血管流入鳃，进行呼吸作用，氧化的血液，经出鳃血管流回围心窦，又入心脏，进行新的循环，周而复始，血液不停地流动。

（4）**神经系统** 罗氏沼虾的神经系统主要包括位于头胸部的脑神经节（简称为脑）、围绕着食道的神经环和纵走于腹面的腹神经索。腹神经索在每个体节中各有一对膨大的神经节。脑及各神经节都有传入和传出神经，与皮肤、肌肉和感觉器官相通，能够准确地感觉到外界环境条件的变化和完成一定的反射动作，实现罗氏沼虾与外界环境条件的统一。

（5）**生殖系统** 罗氏沼虾为雌、雄异体。雄罗氏沼虾有一精巢，位于胃的后方、心脏的前下方、肝脏的上方，乳白色，表面多皱纹，呈长梭形，两侧各引出一条输精管，长而迂曲，最后分别开口于第五步足基部内侧，即为生殖孔。雌性罗氏沼虾有一卵巢，所在部位与精巢相同，并占据较大的位置，呈粗梭形，两头较小，中间膨大，前中部合并，后部分成相连的两叶，中部两侧各引出一条短而稍粗的输卵管，分别开口于第三步足基部内侧，即为生殖孔。

# 三、生态习性

## 1. 盐度需求和栖息环境

罗氏沼虾生活于各种类型的淡水或咸湖水域中，它们在淡水中生长、发育成熟，然后群集于河口半咸水区域进行交配、产卵。幼体发育阶段，必须在盐度为 8‰～22‰ 的咸淡水中发育生长，幼体营浮游生活，整个身体呈倒置的向后行浮游运动，有较强的趋光性，常密集于水体上层。

幼体变态成幼虾后，仔虾开始溯河洄游入淡水区域并转向底栖生活，多分布在水域边缘，喜攀附于水草、树枝等物上，有时也在水中缓慢游泳。白天多隐蔽，活动较少，夜晚则活动与摄食频繁。从幼虾一直到成虾和抱卵亲虾对盐度无限制，可在淡水中生活，也能在低盐度的半咸水中生活，特别喜欢在受到潮汐影响的河流下游以及与之相通的湖泊、水渠、水田等水域生活。

**2. 不耐缺氧**

罗氏沼虾的幼体变态过程需要有较高的溶解氧量，一般要求水体溶解氧在 5mg/L 以上。成虾的窒息点为 0.7mg/L，水中溶解氧低于 1mg/L 时，即会缺氧浮头。浮头时，虾群集在塘边，反应迟钝，继之窒息死亡。

青虾和罗氏沼虾的窒息点几乎比大多数池塘养殖的鲤科鱼类高，也就是在池塘养鱼过程中池水一旦缺氧，虾类首先浮头死亡的原因。渔农常把鱼池中虾类的浮头搁滩现象作为判断鱼类浮头的先兆，及时采取补氧措施。由此可知，养虾池或鱼虾混养池的水质溶解氧要求比单养鱼的池塘要求更高。尤其是高产池，更应该加强增氧换水措施。

**3. 不耐低温**

罗氏沼虾是热带虾类，可生存的水温为 14～38℃，生长最适水温为 25～30℃。14℃ 以下即会被冻死，18～22℃ 生长受阻，且易患突发性肌肉坏死病，20℃ 以下活动力差，很少摄食，在我国大部分地区不能自然越冬。罗氏沼虾的产卵水温为 25℃ 以上。幼体发育需 26℃ 以上水温，在 24℃ 时幼体停止发育变态。

## 四、摄食习性

罗氏沼虾属杂食性，喜食动物性饵料，贪食。刚孵出的蚤状幼体至第一次蜕壳前，以自身的卵黄为营养物质。经第一次蜕壳之后，虽然还残留有部分卵黄，但开始摄食小型浮游动物，在人工养殖情况下，主要投喂丰年虫无节幼体。经 4～5 次蜕壳后，个体逐渐长大，可摄食煮熟的鱼肉碎片、鱼卵、蛋黄、豆渣及其他适口的动物性饵料等。淡化后的幼虾则变为杂食性，主要是以水生昆虫幼体、小型甲壳类、水生蠕虫以及有机碎屑、藻类、幼嫩水草等为食物。到了成虾阶段，食物更杂，包括水生昆虫幼体、寡毛类、软体动物、小鱼、小虾以及藻类、鲜嫩的水生植物的茎叶和种子等，一般喜食动物性饵料。在饵料缺乏造成饥饿的状态下，常以刚蜕壳而活动能力弱的虾为食，出现同类蚕食的现象。

在人工养殖下，淡化处理后的幼虾可摄食罗氏沼虾专用配合饲料，成虾以投喂商品饵料为主，天然饵料为辅。在条件好的地方，特别是在高密度养殖情况下，常用多种饲料混合加工成大小适口、营养配比合理的颗粒饵料。

罗氏沼虾的摄食强度有明显的季节变化，主要受水温的影响，水温 20～30℃时摄食旺盛，当水温降至 18℃以下时，则进入越冬期。这时要采取一定的保温措施，以保护其安全越冬。

## 五、蜕壳和生长

### 1. 蜕壳

与青虾蜕壳生长一样，罗氏沼虾的幼体发育、幼虾和成虾生长、附肢再生以及亲虾产卵繁殖等都是通过不断的蜕壳，实现体格长大，体重增加。因此，幼体的蜕皮和成体的蜕壳不仅是罗氏沼虾发育变态的一个标志，也是个体生长的一个必要过程，几乎是贯穿于整个生命过程之中。

蜕壳可分生长蜕壳、再生蜕壳和生殖蜕壳三种。生长蜕壳是生长的标志，幼体每蜕皮 1 次，就进入一个新的发育时期，幼虾或成虾每蜕壳 1 次，体躯随之增长。一般幼虾蜕壳较频繁，每蜕壳 1 次，体重可增加 20％～30％，随着个体长大，其蜕壳的间隔时间延长。再生蜕壳只是附肢再生复原，这种蜕壳，体重不会有多大的增长。生殖蜕壳是雌虾在交配产卵前所进行的一种蜕壳，蜕壳后腹肢基部出现着卵刚毛，这种蜕壳体重并没有增加。

蜕壳多在夜间进行，蜕壳整个过程仅需数分钟。蜕壳时，第 2 胸足附近呈轻度的纵形裂缝，头胸甲与腹甲的接合处裂开，虾体便从此裂缝处挣脱出来，整个过程历时仅数分钟，刚脱壳的虾，身体柔软，容易遭受敌害或同类的残害，仅过半日左右新壳即变得坚硬。

罗氏沼虾在不同的发育生长阶段，两次蜕壳的相隔时间不同。

在水温 26～28℃时，幼体只需 2～3d，而幼虾需 4～6d，成虾需 7～10d，性成熟后的亲虾两次蜕壳时间相隔 20d 左右。蜕壳还与水温密切相关，水温在 20℃ 以上时，全年都可蜕壳生活，一旦水温降到 20℃ 以下时，其蜕壳中止，生长也随之停滞。

**2. 生长**

罗氏沼虾以其生长快、个体大而引起人们的兴趣，在适温条件下生长比青虾快。罗氏沼虾刚孵出的幼体体长仅 1.7～2.0mm，营浮游生活，经过 24～35d 的培育，经蜕皮 11 次后，变态成为稚虾，体长可达 7～9mm，转为淡水底栖生活，经 4～5 个月的饲养，一般可捕捞上市，体长平均在 9～12cm，体重可达 20～30g。

在人工养殖条件下，当年虾苗经 5 个月的养殖，平均体长达 8～9cm，平均体重 20～35g。若将越冬后的幼虾（体长 5～6cm）在春天放养，养到年底，雌虾体长可达 13～14cm，体重 60～70g，雄虾体长可达 17～18cm，体重达 200g。

罗氏沼虾的生长存在着十分明显的个体差异，最后出池的商品规格很不整齐，大的个体超过 40g，小的不足 5g。雌虾的生长速度比较一致，所以商品规格较整齐。生长速度差异大的主要是雄虾，在同一群体中大的雄虾八十多克，小的只有几克。

罗氏沼虾性成熟的雄性群体中存在着 3 种个体大小、形态、生理习性上都有明显差别的个体群。第一种是个体最大的蓝螯雄虾，也叫大雄虾，具有强大的呈蓝色的第二对螯足，生性凶残好斗；第二种是黄螯雄虾，个体较蓝螯雄虾小，螯足呈橙黄色，性情较温和；第三种是个体最小的小雄虾，螯足细弱，呈透明或粉红色。

# 六、繁殖习性

**1. 雌、雄虾的鉴别**

罗氏沼虾与青虾一样，为雌雄异体，体外受精。性成熟的雌、雄虾在外形上有不同的特征，可用肉眼区别开来，鉴别方法可参考青虾。性成熟的雄虾第 2 对步足特别发达，粗而长，呈蔚蓝色，生殖孔开口于第 5 步足基部；性成熟的雌虾第 2 步足较小，呈浅蓝色，腹部较发达，侧甲延伸形成抱卵腔，用以附着卵，生殖孔开口在第 3 步足基部。

**2. 成熟期和产卵期**

在自然条件下，一冬龄的罗氏沼虾性腺基本发育成熟，而在人工养殖条件下，淡化虾苗一般经 4～5 月的饲养就可达到性成熟。成熟个体最小者，雌性为体长 8cm、体重 12g；雄性为体长 10cm、体重 25g。

**(1) 成熟雄虾** 雄虾是否成熟，可从其第二性征及活动加以确定。一般第二步足长而强壮、有追逐雌虾的行为可确定雄虾已发育成熟。如雄虾的精壶中有精子，也可确定为雄虾已成熟。根据雄虾第二步足颜色及个体生长率，雄虾可分为小雄虾（生长率低）、棕黄色螯雄虾及蔚蓝色螯雄虾三个类型。小雄虾和蔚蓝色螯雄虾有较强的交配能力，而棕黄色螯雄虾交配能力较差，但比前两者生长快。

**(2) 成熟雌虾** 雌虾成熟程度可根据卵母细胞发育程度、性腺大小和颜色等来判别。分为以下五期。

第Ⅰ期：卵巢很小，位于头胸部后端 1/5 处。卵细胞排列紧密，呈多边形，细胞核圆而大，原生质少，并且透明。

第Ⅱ期：卵巢外观体积扩大，前端已伸展到头胸部 1/4～1/3 处。卵细胞排列仍很紧密，只是在卵巢周边卵细胞有所增大，排列较疏松。

第Ⅲ期：卵细胞呈圆形或椭圆形，在皮质中出现黏液泡并逐渐增多，外观呈棕黄色，其前端伸展到头胸甲的 1/2 处，肉眼可分辨出卵母细胞。

第Ⅳ期：卵细胞内已充满卵黄，核位于细胞中央，卵巢呈棕黄色，前端已伸展到额角基部、胃上刺下方，预计在 1～2d 内产卵。

第Ⅴ期：成熟的卵细胞已排出，卵巢内有时仍有第Ⅱ期卵细胞。透过头胸甲，肉眼已不能清晰地看到卵巢的轮廓。

**(3) 产卵期** 罗氏沼虾产卵期的长短与气温、水温的高低密切相关，只要水温在 25℃ 以上的适宜条件下，罗氏沼虾可以全年交配产卵。在我国大部分地区因罗氏沼虾不能自然越冬，生产上多进行人工控温产卵、孵化及苗种培育。而在人工控温的情况下，可使罗氏沼虾提前产卵，只要将水温控制在 25℃ 左右，给予较好的饲养管理条件，是完全可以进行常年产卵、孵化繁殖的。

### 3. 交配与产卵受精

（1）**交配**  罗氏沼虾在雌虾临近产卵前才进行交配。交配前，雄虾主动接近雌虾，守护在雌虾身旁以两螯在雌虾面前摆弄，不让其他虾靠近，此时雌虾行动迟缓，不久开始进行产卵前的生殖蜕壳，雄虾趁雌虾壳未硬化之前，用第二对步足将雌虾翻转并抱住雌虾，腹部紧紧相贴，然后雄虾横转与雌虾成 90°交叉，侧卧水底进行交配。交配时雄虾排出的精荚黏附在雌虾第 4、5 对步足基部之间，交配在极短的时间内完成。

（2）**产卵**  交配后经 5～6h，最迟 24h 内雌虾便产卵。产出的卵与精荚放出的精子相遇，完成受精过程，产出的卵黏附在第 1～4 对游泳足的刚毛上，呈葡萄状，直到孵出蚤状幼体，未受精的卵一星期内便会自行脱落。

产卵多在夜间进行，产卵时雌虾的腹部紧紧地卷曲，卵从生殖孔排出，由刚毛引导通过精索进行体外受精。抱卵的雌虾其游泳足摆动形成水流，使受精卵得到充足的氧气，同时用步足剔除死卵和异物。未交配过的雌虾同样也会排卵，但这种卵在几天后即脱落。一般 1 尾亲虾 1 年可以进行多次交配、产卵，产卵的数量和质量与亲虾个体大小、卵巢发育好坏有关。一般 2 次产卵间隔时间为 30～40d。刚产出的卵为橘黄色，呈椭圆形，长径 0.6～0.7mm，短径 0.5～0.6mm。初次抱卵平均每克卵重 1000～1500 粒；12～13cm 的雌虾，可产卵 1 万～2 万粒；16～17cm 的雌虾，可产卵 6 万～7 万粒；20cm 以上的雌虾，产卵量可达 10 万粒以上。

### 4. 胚胎发育

罗氏沼虾的卵为中黄卵，卵粒大，卵黄多，故孵化时间较其他淡水虾长。罗氏沼虾的胚胎发育与水温有关，在 27～28℃时，胚胎发育到第 19～20 天时，蚤状幼体破膜而出，结束整个胚胎发育过程。

### 5. 幼体发育

罗氏沼虾刚孵出来的幼体称为蚤状幼体，它的形态和行为与仔虾完全不同。罗氏沼虾的幼体发育期是它整个生命周期中唯一在咸淡水中度过的生活阶段。在一定的盐度、温度、溶解氧量和饵料等适宜的生活条件下，蚤状幼体历时 30d 左右，经过 11 次蜕壳变态成为外形和行为与成虾相似的仔虾。罗氏沼虾的幼体发育过程，可分为11期（图3-5）。

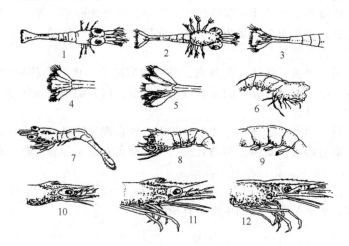

图 3-5　罗氏沼虾各期幼体形态特征

1—第Ⅰ期幼体；2—第Ⅱ期幼体；3—第Ⅲ期幼体尾部特征；4—第Ⅳ期幼体尾部特征；

5—第Ⅴ期幼体尾部特征；6—第Ⅵ期幼体腹肢芽；7—第Ⅶ期幼体；

8—第Ⅷ期幼体腹肢特征；9—第Ⅸ期幼体腹肢特征；10—第Ⅹ期幼体额角；

11—第Ⅺ期幼体额角；12—后期幼体（仔虾）头部特征

　　第Ⅰ期蚤状幼体：无眼柄，尾柄与第六腹节未分开，步足3对，触角鞭不分节。营浮游生活，有明显的集群和趋光现象。不摄食，以自身卵黄为营养。

　　第Ⅱ期蚤状幼体：有眼柄，尾节与第六腹节有分离的痕迹，步足5对。自身卵黄大减，开始摄食。

　　第Ⅲ期蚤状幼体：额角背齿1个，尾节与第六腹节分开，触角鞭2节，卵黄消失，大量摄食。

　　第Ⅳ期蚤状幼体：额角背齿2个，触角鞭3节，集群和趋光现象有所减弱。

　　第Ⅴ期蚤状幼体：食量增加，除摄食卤虫无节幼体外，并喜食鱼肉碎片。

　　第Ⅵ期蚤状幼体：个体差异明显，大量摄食，分散浮游。

　　第Ⅶ期蚤状幼体：腹肢芽延长，并分成内、外肢，无刚毛，触角鞭 6 节，并长于触角片。与前期蚤状幼体基本相似，但个体差异不如前期明显。

第Ⅷ期蚤状幼体：腹肢外肢有刚毛，内肢无刚毛，第一、第二步足有不完整的螯，触角鞭 7 节。向后倒退呈直线运动，集群现象明显，喜弹跳。

第Ⅸ期蚤状幼体：腹肢内、外肢均有刚毛，内肢有棒状附肢，第一、第二步足有完整的螯，触角鞭 9 节。向后倒退呈直线运动更加明显，喜弹跳。

第Ⅹ期蚤状幼体：个体差异较大，争食现象明显，趋光性强。

第Ⅺ期蚤状幼体：额角背齿 2 个，额角背缘全部有齿刻，触角鞭 14～15 节。出现垂直旋转运动。

仔虾：额角背齿 11 个，额角下缘齿 3～5 个，触角鞭 32 节或更多。水平游泳，底栖生活，具杂食性。

# 第四章

## 淡水虾的人工繁殖技术

淡水虾人工繁殖育苗具有苗种纯正、大小整齐、无伤害等优点，能够极大的提高虾苗成活率，更重要的是摆脱自然条件的束缚和限制，按照生产和市场需要做到有计划地育苗，还可以在人工控制温度等条件下促使亲虾提早产卵孵化，延长虾类的生长时间，有利于提升产能和经济效益。

### ➡ 第一节　人工繁育场地及设施

#### 一、繁育场地

繁育场地直接关系到繁育产量、效果和经济效益，因此要比养殖场地的选择标准要严格。选择时总体要求是水源、运输、电力、土质、植被、饵料等各方面的具体条件，既要满足繁殖生产的要求，还要综合考虑投资成本及回收期。

罗氏沼虾繁育场一定要选择海、淡水水量充足、水质良好的水源，远离污染源，水质指标一定要符合渔业水质标准。

利用原有渔场现改为养虾，或者是在养虾场增设繁殖区及设备，繁殖场地要选在养殖场内部比较安静和接近水源的地方。

#### 二、繁育设施

青虾的孵化繁育设施要求比较简单，罗氏沼虾的繁育设施要求复杂一些，主要设施有孵化池、育苗池、单胞藻类培养池、卤虫孵化设备。北方地区还要有亲虾越冬池、产卵池以及供气、供热、供水系统。

### 1. 普通繁育设施

(1) **孵化育苗室** 育苗室的主要作用是保温防雨和调光。其结构设计和材料要有利于透光、保温和抗风，一般采用土木和金属构架，可根据实际要求选用白色、乳白色或浅绿色玻璃或玻璃钢增加透光度。如用玻璃天窗要考虑设置手动或电动布帘以调节光线。育苗室内人行道宜在 1m 左右，既要方便操作管理，又要充分利用空间（彩图 4-1）。

(2) **孵化池与育苗池** 根据进水和排水等工作的条件，孵化池与育苗池有座式、半埋式或埋式等几种类型。室内育苗池以长方形为宜，这样无论是孵化还是育苗都操作方便。池体一般采用水泥结构或硬性塑质结构，如果池壁为钢筋混凝土结构或砖石水泥构成，池深 1.5m 左右为好，这样可以灵活调节水深，提高使用率。育苗池应有大有小，以便适应亲虾来源数量的变化，也有利于调节亲虾产卵量和虾苗的生产量，当某种亲虾数量少时，也可以用做其他育种。

(3) **饵料培育池** 有单胞藻类、轮虫培养池、卤虫孵化池等。育苗中可以使用一定的饵料组合，如可以利用卤虫幼体为主、人工饵料为辅的育苗，也可以采用投喂纯种单胞藻类和轮虫结合的育苗方式。饵料池水面一般为育苗池水面的 2 倍以上。

单胞藻的生产性培养多采用外敷瓷砖的水泥池或玻璃钢池。每池一般为 $3\sim10m^2$，池深 1m，水深 $0.6\sim0.8m$，池底或近池底处设排水孔。光照强度要控制在 $(10\sim20)\times10^4lx$，以保证单胞藻类的生长。

轮虫培养池可用玻璃钢水槽、水泥池或其他水体，在室内时要能够进行控温、充气培育。

丰年虫孵化池可用各类玻璃钢孵化槽、PVC 孵化容器或其他小型的水体。在底部设排水孔，便于排污及收集丰年虫无节幼体。孵化槽要保证孵化过程中可进行充气和电热棒加温，做到有计划地控制孵化时间和孵化数量。

(4) **配套池** 需要亲虾越冬的情况下，可以根据本地区的具体情况，准备室外越冬池或室内越冬池。室外越冬在池上加盖大棚，减少不良环境的影响。室内越冬时要保证室内光线达到 5000lx 左右。越冬池面积 10~50m²，池深 1.2~1.5m。池内需配备暖气管道、热水管道或电热器等增温设施。

（5）**供水系统** 包括蓄水池、沉淀池、高位水塔、沙滤池、水泵、进排水管道和各类控制阀门等。特别是需要海水育苗的情况，育苗用水最好抽取海区清净的新鲜海水或打海水井。一般情况下，海水经 24~48h 沉淀后即可使用，所以纳潮式蓄水池、沉淀池都可以作为暂存海水的有效方法。蓄水量应稍多于总的育苗水体，并且沉淀池要建两个，以便轮换供水。培养饵料生物及亲虾产卵孵化用水必须经过沙滤，由大小不同的卵石、粗沙、细沙分层组成，除去敌害生物和海水中的混浊物。沙滤池一般建于高处，便于利用水位差供水。

（6）**增氧设施与控温设备** 有效的增氧设备和控温设备是提早育苗的关键。小型增氧常用的是空气压缩机，大规模生产多采用罗茨鼓风机，它具有压力稳、风量大、气体不含油质和省电等优点。工作时一般每分钟内应有大于水体 1‰ 的气量注入水内。使用时要注意鼓风机的风压与水深有关，水深 1.2m 以上的育苗池，应选用风压为 0.4kg/cm² 左右的鼓风机，水深 1m 以内的池水可用风压为 0.2~0.3kg/cm² 的鼓风机。送气管主管连接鼓风机，常用 10cm 以上口径的硬质塑料管，连接主管的分管口径适当缩小，到末级管时用软塑料管接散气石。

控温设备中主要是增温设施。北方育苗多用锅炉加热，热气或热水通过池内的管道使池水提高温度。加热管呈环形或直排型设置，可以集中控制热量，也可以每个池用单独设置阀门控制通气或通水量，加热管的设置要便于安装和将来的维修。

增温也可以因地制宜采用其他办法，如使用地下热源、工厂余热、太阳能、暖气装置。各类电加热器适于小水体升温。

## 2. 工厂化繁育车间

工厂化育苗，主要体现在水质处理技术方面。工厂化育苗按其对池水的处理和利用方式，分为流水式和循环过滤式两种。

流水式工厂化车间主要是利用天然水位差，形成由高水位向低水位的流动，从而保证优良的水质和溶解氧条件。这种方式需要有大量的优质水源，耗水量较大。

循环过滤式车间为节水型，要有较好的水质处理设备和增氧、控温设备，是进行高品质虾类的大批量苗种繁育的有力保障，也是名优虾类育苗的主要方式。

循环过滤式工厂化育苗是以小水体、高密度育苗为特点，养殖水体中虾排污量很大，水质净化设备就成为关键设备，养殖水的必须通过水处理设施去除各种有害物质，采用增氧、控温等设备调节水质，循环反复应用。在循环过滤式工厂化育苗方式中，水温和氧气可以是自动控制的。通过电子计算机，将检测设备连接在各个单元水体，同时通过特定程序控制给氧及加温设备。自动或人工控制所有流程，使所孵化和养殖达到理想状态，增加虾类的能量转化效果，增加单位水体的生物负载量，使虾苗及成虾在短期内达到预定规格，保证了稳产和高产。

**(1) 保温车间**（彩图 4-2） 亲虾越冬、幼体培育、卤虫卵孵化都在保温车间里进行。保温车间一般有 3 种。

① 双层或复合聚乙烯薄膜大棚。

② 四周砖墙，屋顶是玻璃钢或玻璃。

③ 四周砖墙，上面瓦屋顶，并留有一定面积的玻璃天窗采光。

**(2) 附属厂房** 附属厂房包括锅炉房、发电机房、鼓风机房、变配电室、水化学分析及生物监测室、仓库房以及生活办公用房。

**(3) 室内水池**

① 淡水贮水池和海水贮水池各 1 个，容积均为 $50m^3$。

② 调水池 1 个，容积 $50m^3$。用于海水或人工配方海水（浓缩液）与淡水混合，稀释成盐度为 12‰～15‰ 的育苗用水。

③ 育苗池一般为长方形，容积 $15m^3$ 左右，规格通常是 $2m \times 7m \times 1m$。池底稍低于地面，池底和池壁应磨抹光滑，四角抹成弧形。

④ 亲虾越冬池，面积以 $50～100m^2$ 为宜。池水深约 1m，亲虾池总面积与育苗池总面积的比例为 2∶1。池底稍倾斜，以利排水。亲虾池数根据越冬亲虾的数量来确定。淡水、海水贮水池、调水池和育苗池在越冬期间也可用来作为亲虾越冬池，以节约成本。

⑤ 卤虫卵孵化设备 孵化桶可用水泥砌成或玻璃钢制作。

**(4) 水处理设施** 工厂化繁育车间的水处理设施包括各类生物

滤池、各种过滤器、水旋流器。多种方法的联合使用，会达到良好的水处理效果。例如，一套水质净化装置可以由板式沉淀器、塔式生物滤器、臭氧混合器和活性炭滤器组成。这就在确保水质的同时又避免了水源浪费。

（5）**加热系统**　主要是由锅炉及管道组成。目前采用的锅炉有两种：①蒸汽锅炉；②双层高效节能茶水炉。前者提供蒸汽，通过池中的金属盘管对池水加热，这种蒸汽锅炉加热速度快，但价格高，操作要求严格。后者是供应热水，通过盘管加热池水，这种锅炉价格便宜，操作简易，不需专门的锅炉工，但加热池水的速度慢。

供热管道一般为无缝钢管。锌对虾的幼体有毒，所以池内盘管禁用镀锌管。

（6）**充气系统**　包括鼓风机和输气管。鼓风机有两种：①罗茨鼓风机，可采用风压 3000～3500mmHg 的鼓风机，供气容量应为幼体培育池和卤虫卵孵化池总水体的 2％；②旋涡气泵。这种气泵价格低，占地小，不需专门的泵房，且噪声小。

输气管可用钢管或塑料管。各池输气支管需有单独阀门控制。池中散气装置可以是散气石，一般每 50m$^2$ 亲虾池设 8～10 个装有散气石的出气头，用塑胶软管与输气支管相连。也可直接在软管上钻一排直径 0.6～0.8mm 的小孔散气。各池排管钻孔的总面积不应大于出气管截面的 85％。

（7）**隐蔽物**　在亲虾池底部设置瓦片、瓦管或池壁以砖块交错垒成巢穴，或用去叶竹枝捆扎成束，或于水中悬挂聚乙烯网片，以利亲虾栖息、脱壳、交配、产卵，减少相互残害。

# ➡ 第二节　青虾人工繁殖技术

要发展青虾养殖，首要的是进行青虾的人工繁殖，解决青虾的苗种问题。青虾的繁殖包括亲虾培育、亲虾捕捞、亲虾运输、亲虾选择、虾卵孵化。

## 一、亲虾的培育

亲虾是指达到性成熟阶段可以作为繁殖后代的雌雄个体。培育数量充足、体质健壮、优质无病的成熟亲虾是青虾人工繁殖的基础。要想获得成熟合格的亲虾，必须满足亲虾生长发育的要求，采取适宜的饲养管理方法。亲虾的培育必须抓好如下工作。

**1. 亲虾培育池**

（1）**亲虾培育池的选择**　亲虾培育池是亲虾的生活环境，培育池的优劣直接影响到亲虾的生长发育和成活率。亲虾可以单养，也可鱼虾混养，因此选择条件应各有侧重。

亲虾培育池应水源充足，排灌方便，阳光充足，池水溶解氧含量高（溶解氧至少要保持在 $4mg/L$ 以上）。在池底应投放一定数量的隐蔽物，以利亲虾躲避敌害和日常栖息攀爬。亲虾池的面积以 $1000\sim3000m^2$ 为好，水深以 $1\sim1.5m$ 为宜。

鱼虾混养塘，除了要具备养鱼条件外，还要求无青虾敌害。亲虾与鲢鱼、鳙鱼、草鱼、团头鲂等混养为宜，控制杂食性鱼类的放养比例，杜绝黑鱼、鲶鱼、黄颡鱼、马口鱼等肉食性鱼类进入亲虾培育池内。

（2）**亲虾培育池的清整**　亲虾放养前，必须彻底对亲虾池进行清塘消毒，以消灭病原体，消灭亲虾的争食者和残害者并改善水质，以利于亲虾生长发育。

青虾单养塘，在放养亲虾前用生石灰或漂白粉加水兑成石灰浆或漂白粉溶液，立即全池均匀泼洒。干法清塘每 $667m^2$ 用生石灰 $100\sim150kg$ 或漂白粉 $8\sim10kg$。带水清塘的用量适当增加，以杀尽敌害为准，一般每 $667m^2$ 用生石灰 $150\sim250kg$ 或漂白粉 $10\sim20kg$。清塘后灌水时要严加过滤，防止敌害随水入塘。

鱼虾混养塘，也应彻底清塘。如已放养鱼类，应用密眼网拉网，除去野杂鱼及对青虾有害的生物。放养时，应先放虾后放鱼，以使亲虾适应本池塘环境，在池中筑穴，寻窝隐蔽，以减少鱼类对亲虾的残害。

**2. 亲虾的选择**

选择好的亲虾，是获得优良虾苗的基础。用于繁殖的亲虾，要求雄虾体长在 $4.0cm$ 以上，雌虾在 $3.0cm$ 以上，肢体完整，健康无病。

（1）**亲虾的来源**　亲虾可在养殖池塘或湖区青虾资源丰富的水

域捕捞选取。通常可在青虾繁殖季节，从捕获的青虾中选取抱卵虾进行专池养殖，以取得虾苗。也可在人工养成的商品虾中选择亲虾。应选择生长性能好、活力强、肢体完整、规格大而一致、体质健壮无病、性腺发育良好而饱满的个体作为亲虾或者种虾来进行育苗。

（2）**优良亲虾的选择标准**　个体大，性腺发育良好或抱卵量大，肢体完整，健康无病。一般选择的亲虾体长在 3cm 以上，要求雌雄虾的比例为 2：1 或 3：1。在繁殖季节只选择抱卵雌虾即可，要选受精卵颜色为青褐色的个体，这样的亲虾卵子质量好，怀卵量大。卵子易脱落的，不便运输；卵子颜色太深，为黄色的，说明胚胎发育尚需很长时间，都不宜选用。

### 3. 亲虾的放养密度

青虾的放养密度一般以每 $667m^2$ 放养体长 $3\sim5cm$ 的亲虾 1.5万～2.0 万尾为宜。雌雄亲虾的放养比例以 3：1 或 4：1 为好。单养可适当密些，与鱼类混养可适当稀些。采用亲虾和鲢、鳙亲鱼混养的效果较好，鱼虾混养还可充分利用水体中的天然饵料，挖掘池塘潜力。

### 4. 亲虾的饲养管理

青虾对外界条件的要求，因季节和生理状况的变化而有差异。因此，在饲养管理上应采取相应的措施，以满足亲虾在不同时期生长发育的需求。保持丰富的营养、充足的溶解氧、适宜的水温是亲虾培育的中心环节。

青虾繁殖时，一次所产出的卵子重量占体重的 $11.1\%\sim16.3\%$，而青虾一生中要进行许多次产卵，可见亲虾性腺发育所需的营养物质是相当多的。在池塘中，青虾的放养密度比自然水体的密度高，加上在池塘中青虾的觅食范围狭窄，单靠池塘内的天然饵料是不能获得多次产卵和较大怀卵量的。因此，必须投喂人工饵料，并要适当搭配一些动物性饲料，青虾喜食动物性饲料及花生饼等，人工饵料充足，不仅能促进青虾的生长发育，而且还能减少它们之间的互相争斗蚕食，提高亲虾成活率。投饵方法为：每天每万尾亲虾投喂 $1\sim2kg$，分上午、下午 2 次投喂，上午投喂 1/3，下午投喂 2/3。

保持池水中充足的溶解氧，是青虾养殖日常管理的关键。青虾的耗氧率和窒息点都比较高，如果管理不善，水质恶化，青虾很容易出现浮头，甚至窒息死亡。青虾的浮头征兆为：首先急速游泳、弹跳，集群漂游水面，乃至靠近岸边死亡。故亲虾培育中应经常灌注新水，以保持水质清新，并有较高的含氧量。必要时可大量换水以改善水质。

适宜的水温是青虾生长发育的必要条件。亲虾在水温18℃以下时，停止交配和产卵活动，水温30℃以上时，青虾感到不适，常在水底游爬，寻找适宜处生活。青虾在适宜水温条件下，随着水温的增高，生长发育速度加快，交配产卵间隔时间缩短。因此，青虾人工繁殖必须抓住水温适宜的有利时机，加强亲虾培育，促进生长发育，才能达到产卵早、产卵多的目的。

**5. 亲虾越冬管理**

挑选出的用于翌年繁殖的亲虾，一般在10月底下塘，进行强化培育。每年的12月至翌年3月是越冬期，可将青虾放于池塘或网箱中越冬。放养密度：静水池塘5～10尾/m²，流水或充气池15～20尾/m²。整个越冬期，只要水温在8℃以上，就要坚持定量投饲，以维持其生命和活动所需。饲料要选在晴天的上午投喂，日投喂量为亲虾体重的3%左右。饲料要少而精，不宜过多。还要坚持定期巡塘，检查青虾的越冬情况。关键是保持水质，防止敌害，并做好疾病防治、防逃等工作。严冬季节还要防止水体结冰，一旦结冰，要及时敲碎或钻洞，以防亲虾窒息而死。

## 二、青虾抱卵虾的人工孵化

青虾产卵后，其受精卵并不离开母体，而成葡萄状黏附于雌虾游泳足的刚毛上，在雌虾的直接保护下进行胚胎发育。当水温在19.5～24.5℃的情况下，整个胚胎发育需历时22～23d；在水温25～28℃的情况下，仅需14～15d就能孵出蚤状幼体。携带着受精卵的亲虾为抱卵虾（彩图4-3）。孵化期间，既要保证卵子孵化所需的温度、氧气、水质等外界条件，又要搞好抱卵青虾的饲养管理工作。如果抱卵亲虾长期处于饥饿状态，就会自相蚕食。

因为淡水和低盐度的咸淡水均可繁育虾苗，但在咸水中幼体成活率明显高于纯淡水育苗成活率。因此有海水的地区，在人工育苗中可以因地制宜地使用低盐度海水，达到提高育苗成活率的目的，这是改善青虾繁育效益的有效方法。青虾的水质要求清、新、活、高溶解氧，所以任何水体都要保证水质达到要求。

亲虾的人工孵化，可在池塘中进行，也可在水泥池或网箱中进行。一般管理方法基本同于成虾养殖，只是饲养管理更需精心。下面介绍几种主要的青虾孵化方法。

**1. 普通池塘的自繁自育**

青虾池塘自繁自育，这种育苗方式简便易行，对设备条件要求不高，适合小规模养虾生产。在亲虾来源方便、供应充足的地方，可以采用这种育苗方式。

池塘水面面积 $667\sim3330m^2$ 比较适宜，孵化池塘要求水源没有污染，进水时须用 $60\sim80$ 目双层筛绢扎好或用筛绢制成的网箱过滤，以保证水质充足清新，进、排水方便。

（1）**池塘消毒与清野**　一般在 5 月上旬至中旬进行，先干池、日晒，再用生石灰消毒，北方地区最好经过冻池再消毒。对于污泥较多的多年养鱼池塘，要采取清除污泥和清除野杂鱼等措施。如果是老塘，要检修堤埂、漏洞、进出水口等。

清除泥鳅、黄鳝、青蛙、野杂鱼等一般用生石灰或漂白粉，清除时可视池塘的具体情况而决定生石灰使用量，如果是一般池塘，污泥厚度不超过 $4cm$，清塘工作比较简单。做法是在清野消毒时留 $10\sim15cm$ 深水，每 $667m^2$ 用生石灰 $80kg$ 化浆全池泼洒。如果污泥厚度超过 $15cm$，并且底质略呈酸性，清塘工作比较复杂一些。应该先经过充分晒池，有条件的还应进行深翻底泥，然后每 $667m^2$ 用生石灰 $100\sim120kg$ 化浆全池泼洒。泼洒生石灰 $2d$ 后再放进新水，进水时一定要严格过滤，防止其他虾类或者鱼类进入池塘，起始加入池水到水深为 $1m$ 左右即可，有利于提高水温。放虾后 $15\sim20d$ 可逐渐加深到 $1.5m$ 左右。

（2）**设置隐蔽物**　青虾的隐蔽物在养殖中至关重要。放虾前，要在池塘水中移栽水草作为青虾的隐蔽场所。池塘作为孵化用池时，一定要在水面上养殖凤眼莲等浮性植物，以便虾苗附着在根系，提高虾苗的成活率。

（3）**抱卵虾放养**　繁殖池中每 $667m^2$ 水面放养抱卵虾 $500\sim$ $1500$ 尾；若放养的是未交配过的亲虾，则雌雄比为 $3:1$。池塘作为青虾自然繁殖孵化用池时，因为青虾虾苗不耐低氧，水体溶解氧一定要始终保持达到 $5mg/L$ 以上。为了保证溶解氧条件，必要时可以使用各类增氧设备。

（4）**虾苗分池**　自繁池塘要随时掌握孵苗情况，如果该塘能够继续进行成虾养殖，则留足本塘用苗，其余的虾苗要及时分塘或出售，避免数量密度过大受损。

## 2. 青虾工厂化育苗

工厂化育苗是采用流水与充气相结合，有良好的水质处理或定期换水来维持虾苗良好的生长环境，是一种有发展潜力的育苗方式，虾苗生产能力大，设备投资较大，人工控制程度高。有条件的地方可建青虾育苗厂，也可利用对虾育苗厂、河蟹育苗厂、罗氏沼虾育苗厂或鱼苗繁殖场的育苗设施改用，进行青虾的工厂化育苗生产（彩图 4-4）。

工厂化培育青虾苗虽然比较复杂、设备要求高，但整体投入产出比也相对较大。运行中能够科学地控制养殖生态环境，因此成活率高，适合大规模苗种生产的要求。

育苗场包括育苗室、亲虾暂养池、孵化育苗池、饵料培育池以及水、电、热等配套设备。水池均为水泥结构，育苗池规格 $10\sim$ $40m^2$，水深 $0.8\sim1m$，有良好的进排水管道系统。必须设滤水窗纱，底部设出水管道，上端有进水管。孵化池面积以 $4\sim16m^2$ 为宜，水深 $0.5\sim0.8m$，池的一端要设出苗口和溢水口，相对的一端设进水口和阀门，溢水口要加设防逃网。

建设时为了节省资金，水泥育苗池大小可以因地制宜，可以直接使用罗氏沼虾等的孵化育苗设备。如果是新建育苗池，要求可以比罗氏沼虾的低一些，但是排水口一定要用 $60\sim80$ 目筛绢窗阻止虾苗顺水排出。育苗池的进水口，也要用 $60\sim80$ 目的筛绢对水进行过滤。由于专用育苗场可供高密度大批量育苗的需要，所以一般在良种基地兴建，特别是针对提供大水面地区的养殖需要和北方地区的提早育苗很有好处。

辅助设备的调温设备、供氧设备特别重要。为了提早育苗，要有供暖或热水资源。在有热水资源的地方，供水管道系统要有 2 套，以便冷、热水可以同时使用。

育苗室内的各种管道可采用 PVC 制品，尤其是各种控水阀门，以用硬塑材料为好。塑管安装和架设时可以用塑料粘接或塑料焊接。

亲虾池和孵化育苗池增氧要求为空气压缩式底层增氧，可以用一般空气压缩机，也可以用罗茨鼓风机。孵化育苗池增氧，要求每平方米配备 4W 电力，水底每平方米设一个出气点，设点要均匀。亲虾池每平方米配备 $2\sim3W$ 电力，水底每 $1\sim2m^2$ 设一个出气点，设点要均匀。如果是增氧带水底增氧，要按每平方米配备 $2\sim4W$ 电力供氧，然后调节减压阀的减压程度和增氧带的长度，目测气泡到达水体表面均匀清晰为准。

### 3. 室内水泥池孵化

(1) **配置**　室内水泥池孵化青虾是采用充气结合定期换水的方法，维持虾苗良好的生态环境，并调控适宜的水温，进行较大批量孵苗的比较现代化的孵化青虾苗种方式。

这种方法特别适用于我国北方地区，因为生长期短，为了提高商品虾的出塘规格和经济效益，可以采取室内水泥池提早育苗的方式，虾苗经过一个阶段的培育，当长到适合室外放养时，就可以通过放养较大规格幼虾，达到提高青虾秋季出塘规格的目的。也可以在水泥护坡池塘上面增建塑料大棚，以提高水温和改善生态环境。如果有热水资源，可直接利用以调节池水温度提早育苗，使孵化期提前 1 个月左右。大棚一般采用钢管或毛竹弧形构架，构架搭设于池塘周围的墙体之上，四面墙壁适宜采用砖石结构，不必太高，有利于保温。对池塘的消毒、放置供虾苗用的各类隐蔽物、增氧措施等准备工作要求和普通池塘操作一样。

池上要装有进水管和出水用的过滤纱窗，纱窗用 $60\sim80$ 目的尼龙筛绢制成，用来过滤水，防止刚孵出的蚤状幼体跑逃。池底最低处安有出水管道。使用之前将孵化池洗刷干净，全池用 $2mg/L$ 的漂白粉泼洒，隔 1d 后，放尽池水，用清水刷洗、冲洗干净，再加满池水。

(2) **设置亲虾网箱**　在水泥池安置网目为 $9\sim12$ 目/$cm^2$ 的聚

乙烯网箱，规格为长 1～2m，宽 0.8～1m，高 0.7～0.8m，网箱露出水面 20cm，网箱与网箱间距为 50cm，池内需留有空间以便收集幼体（彩图 4-5）。安置网箱的目的是孵出的幼体自由游出箱便于取出亲虾，也避免亲虾捕捉吞食虾苗。

（3）**抱卵虾放养**　从亲虾培育池内捕获抱卵虾，选择卵接近孵化期的抱卵虾放入网箱内，放养密度为每箱 1～2kg。

进行网箱孵化时，可以在每个池中挂箱 3～4d，即先在一个池内进行孵化，之后再移到另外的池中继续孵化，这样可以取得每池孵苗的同步性，避免因规格相差悬殊而相互捕食，有效的提高虾苗成活率。

（4）**日常管理**　亲虾入箱后，投喂青虾专用颗粒饲料、杂鱼、螺蛳肉与蚌肉、豆饼、花生饼等，日投饵 2～4 次。投饵量一般占体重的 10%左右。

在网箱内移植水葫芦、水浮莲等漂浮植物，既可作为亲虾攀附、栖息的场所，又能遮光、清洁池水，还可做亲虾的植物性饲料，面积不超过网箱面积的 1/3。

增氧方法可采用空气压缩机。20m³ 的水泥池可投放 10～20 个散气石，充气压力以在水中形成气泡而不在水表起浪花为宜。

由于亲虾放养密度较大，加上投饵喂养，要坚持每天清除网箱内剩余的残饵和用橡皮管虹吸法除池底的污物一次，避免残渣余饵及排泄物使水质变坏。

排污后注入新水到原水位。每天早晨检查抱卵虾的孵化情况，将孵化完的亲虾及时移出。

**4. 环道孵化繁育**

环道孵化具有水体内溶解氧含量高、孵化密度和虾苗容纳量大、便于收集幼体等优点。是利用鱼用设备大规模繁殖虾苗的有效方法。

（1）**清洗环道**　在孵化之前，要刷洗干净环道，然后用 2～3mg/L 的漂白粉浸泡环道 1d，第二天放掉环道水，用 60～80 目的双层尼龙筛绢过滤水将环道冲洗干净，再将环道重新装满水待用。

（2）**抱卵虾装箱放入环道**　一般用每平方厘米 12 目的聚乙烯网布做成与环道基本等宽，长 1m 左右、高 0.7m 的长方体网箱，箱体上口具备可开关的网片罩。网箱的网目大小可变，目的是使虾苗穿过但限制亲虾游出。抱卵虾在网箱的投放数量应根据育苗设施条件而定，在溶解氧充足、水质良好的情况下，每立方米水体可投放200尾左右。网箱个数根据环道大小而定，每隔30～50cm设置一个网箱，网箱要固定好，避免网箱移动。选择抱卵虾放入网箱，网箱内最好选择卵颜色一致的抱卵虾放入，并且同一环道最好在同一天放入同一批抱卵虾，以使孵出的虾苗整齐，减少相互攻击，提高成活率。密度不必过高，每箱1kg左右即可。

放虾后即调节环道水流，以5cm/s速度流动即可。

（3）**抱卵虾的管理**　网箱中的抱卵虾每天投饵2～4次。如果是投喂2次，早上8时左右投喂1次，占日投饵量的1/3，下午6时投喂1次，占日投饵量的2/3。如果是投喂4次，分别于早上6时、9时、下午2时左右各投喂1次，3次总量占日投饵量的1/3，下午7时左右投喂1次，占日投饵量的2/3。饵料在网箱内分散投喂，投饵量为亲虾体重的6%～10%。适宜投喂标准以亲虾1～2h吃完饵料为准。投喂中，要适宜增加动物性饵料。

（4）**水质管理**　首先要不断清除残饵。亲虾吃剩的残饵留在网箱中若不及时清除，会败坏水质，因此，每天在晚上8时以后要清除残饵1次，以保持网箱干净和水质清新。每隔一段时间刷洗环道过滤窗1次，以保持水流畅通，并随时检查纱窗有无破损，发现破损后立即修补，同时要保持纱窗与环道壁贴紧，避免幼体逃走损失。

勤检查孵化状况，孵化完毕的亲虾及时取出。

（5）**收集幼体**　亲虾孵出的幼体，可自由通过网箱进入环道中，亲虾留在网箱内。环道中的幼体用80目的集苗箱收集，幼体通过计数后放入环道中继续培育。需要转入其他水体进行育苗的幼体，过数后应迅速运输至培育池或准备好的养殖塘，放入时温差不得超过3℃，如果水温差超过3℃，可以将装虾苗的尼龙袋放入水中一段时间，待袋内外水温基本一致后，把幼体在上风处缓缓放入水中。

幼体的计算采用量筒法，即量出盛放幼体水体的总体积，将幼体放入水中搅匀，然后迅速用酒盅或小量杯舀出2～3杯，迅速数清并计算出幼体的数目，再按照水体的总体积计算出虾苗总量。

（6）**环道育苗**　环道孵化后，也可以不将虾苗计数取出，而直接利用孵化环道培育青虾苗，或者从其他地方运进蚤状幼体培育。这是一种简易可行的方法，而且因为进出水量易于控制，最后捕捞育成的虾苗也比较方便。

青虾幼体在环道中进行培育时，环道流速控制在 5～10cm/s，保持微流水以保证水体溶解氧含量。要定期进行环道内和环道排出水的浮游生物定性、定量和水质常规分析，适时适量地向供水池塘投喂适量的浮游生物和冲水，每隔 4h 按每 40 万尾青虾幼体用熟鸡蛋黄 1/3 个投喂。随着幼体的变态、生长，投喂蛋黄逐渐增加到 2/3 个，在投喂时，将流速调慢，以减少饵料的流失，增加青虾幼体摄食的机会。

刚入环道培育时，青虾幼体会随水流在水的中下层活动，当变态结束成为仔虾时，都在水的中上层活动，并表现有顶水特性。青虾幼体有趋光习性，但畏惧强光，至仔虾期，对光线强弱的反应逐渐不明显。

每天用毛刷刷洗过滤纱窗三四次，以便水流畅通保持水体清洁。要随时注意水体溶解氧含量，当水中缺氧时青虾幼体云集表面，游动反常，此时应该采取增氧、冲注新水等措施，改善水质，增加溶解氧。

利用鱼用的室外孵化池也可进行孵化，应采取连续充气或微流水，以保证充足的水体溶解氧。待虾苗孵出后，将幼体分池移入育苗池中培育。根据孵化池的大小决定抱卵虾的投放数量，一般每立方米水体投放抱卵虾 50～100 尾，可出苗 10 万～20 万尾。待虾苗全部孵出后，即可移走网箱及亲虾，进行虾苗培育。

**5. 网箱孵化繁育**

（1）**单层网箱孵化繁育**　网箱结构与放置：孵化网箱由聚乙烯网片缝合而成，目前生产上常用的是采用一个或数个大网目聚乙烯网箱，规格为 2m×1m×1.2m，网目为每平方厘米 12 目，有多个孵化网箱时，摆放相距不能少于 5m。孵化网箱一般为封闭型，也可以是敞口型。敞口孵化网箱高 1.2m，入水 0.8m。将网箱直接放置在育苗池塘中，网箱中放养抱卵虾孵化，孵出的幼虾穿过网目直接进入池中。上述网箱的规格可变，应根据实际抱卵虾数量和管理方便而设计。例如，抱卵虾多时可采用长5m、宽3m、高1.5m的尺寸。网箱的框架固定在靠近进水口5m左右的池塘中，网箱露出水面40cm，离池底30～50cm。孵化完成后，亲虾可随网箱一起取出移至它处。

**（2）套箱孵化繁育**　在一个大型的育苗网箱内，配置2～3个小型的孵化网箱。亲虾放养时选择个体较大的抱卵亲虾放入孵化箱内孵化，孵出的幼体通过小网箱的网目进入育苗网箱中，靠培养的天然饵料和人工饵料进行变态发育。由于亲虾被围养在小网箱中，不会进入大网箱中吞食幼体减少了幼体的损失，当抱卵虾孵化完毕后，将网箱带同抱卵虾一起移走。

大型的育苗网箱由聚乙烯网片或密布网片制成。规格也可根据材料自定，一般长8～10m，宽4～6m，高1.5m，网目60目/cm²系敞口式。孵化网箱2～3个，规格2m×1m×0.7m，网目12目/cm²封闭式结构。

先将育苗网箱框架固定在靠近进水口3～5m池塘中，呈敞口浮动式，使网箱露出水面30～40cm，离池底30～50cm。架设好育苗网箱后，将孵化网箱放入育苗网箱内，使箱体撑开，并露出水面5～10cm，孵化网箱底距育苗网箱底保持0.3～0.5m。

要勤刷洗网箱，特别是外层的育苗大网箱因网眼密，容易堵塞，1天最少刷洗一次，每天检查一次套箱里外网箱的破损情况，一旦发现有漏洞就应立即维修。在室外，要注意清除网箱内的小野杂鱼苗，防止风浪推翻网箱，防止网箱内水质变坏。

亲虾在孵化网箱中孵化，孵出的幼虾穿过网目进入育苗网箱。当虾苗达到仔虾规格时，必须捕捞进行成虾养殖。捕捞时将网箱慢慢提起，使仔虾集中在网箱一角，用密眼捞网将其捞出计数。然后分塘饲养或出售，这一办法使虾苗数量易于掌握又便于移养，减少了出苗时的损失。

该种套箱方法，由于虾苗孵出后不进入整个池塘，池塘内可以养殖其他鱼类，特别是投放鲢、鳙夏花鱼种等，做到有效地利用水体中、上层。例如，池塘在使用前15d要按常规方法进行消毒与肥水。可以按鲢鳙鱼种（5～8）：1的比例在放入幼虾10～15d之前放入池塘养殖。放入鱼种密度为 4000 尾/667m²。

# 第三节　罗氏沼虾的人工繁殖技术

在天然水域中，罗氏沼虾经过交配、产卵、受精之后，抱卵虾便降河至海水与淡水相混合的水域中生活，以便幼体孵出之后，就能在具有一定盐度的咸水水域中进行正常的生长发育。待到幼体变成幼虾之后，又离开咸水水域，溯河游至纯淡水的河川上游，直至达到性成熟。根据罗氏沼虾这一生命活动周期规律，人们经过反复试验研究，成功地进行了罗氏沼虾的人工繁殖，能有计划地进行虾苗生产，使罗氏沼虾由野生变成了人工饲养的新品种。

## 一、亲虾的选择和运输

### 1. 亲虾的选择

选择亲虾可参考下列标准进行。

（1）**个体适中**　在养虾塘中直接挑选亲虾，所挑选的亲虾个体要适中，雌虾选择体长为 10～12cm、体重为 20～30g 的个体，这样的个体产卵量大、孵化率高、产幼体多。雄虾要选择体长为 11～13cm、体重为 30～40g 的个体；而体长超过 15cm、体重超过 50g 的个体，在越冬过程中易死亡，会造成雄虾缺少，影响繁殖。

（2）**健康无病**　选择个体体色鲜艳、无斑点、身体健壮的虾作为越冬亲虾。

（3）**附肢完整**　亲虾的附肢具感觉、摄食、防御和运动的功能，同时与交配、授精和孵卵有直接关系。因此，在选择越冬亲虾时，必须小心、细致，避免附肢脱落和受伤。

（4）**选择当年个体**　虾苗经 4～5 个月养殖就达到性成熟，再经 5～6 个月的越冬培育就可进行繁殖。生产实践证明，1 冬龄的初产雌虾产卵后，性腺发育快，成熟早，两次产卵时间间隔短，一般在产后 20～30 天经强化培育又可再次抱卵，在 3～6 月份育苗阶段可抱卵 3 次以上。同时，1 冬龄的雌虾抱卵后，在孵化过程中受精卵不易脱落，孵化率高。

**(5) 性比合理**　越冬池的雌、雄亲虾比例一定要合理，否则会产生因雌、雄亲虾比例失调而影响繁殖和受精率。根据生产实践表明，在亲虾越冬中，往往雄虾死亡率高于雌虾。所以，在越冬初期，雌、雄亲虾比以 3∶1 左右为宜，越冬后亲虾雌、雄比一般为4∶1 或 5∶1，这样能保证较高的受精率。

**2. 亲虾的运输**

亲虾应在早晨或傍晚运输，气温以 18～20℃ 为宜，运输用水要清新。下面将目前常用的几种运输方法介绍如下。

**(1) 塑料袋充氧密封运输法**　此法适用于路途较远的运输。它的优点是操作方便，运输效果好。塑料袋长为 50～60cm，袋内装水量 1/3，放亲虾 15～20 尾。为避免在运输途中亲虾的锋利额角和第二步足戳破塑料袋，可用双层袋。在运输时可将亲虾用密网或纱布包起来，也可用橡皮胶管套在亲虾的额角和第二步足上，然后充氧装箱，这样可运输 8～10h 以上。

**(2) 橡皮袋充氧运输法**　此法同塑料袋运输。它的优点是有一层较厚的橡皮层不易被戳破，亲虾不需做人工处理。近年来常用此法运输，效果很好。

**(3) 帆布袋或木桶装载运输法**　将帆布袋置于各种车辆进行运输。运输密度根据路途远近而定。袋中水深 40～50cm，每平方米水体装亲虾 150～300 尾。要有充氧设备（氧气或打气筒），每平方米水体放一个气泡石。

**(4) 木盘运输法**　木盘（60cm×80cm×20cm）底部为筛网（0.1cm），一层层垒叠浸没在水箱（80cm×100cm×120cm）中，每层木盘放亲虾 20kg，4 层共放养亲虾 80kg。水箱底部充气，气泡和水流从底层木盘向上流动，故各层木盘中的亲虾不会缺氧。此法可大量运输且成活率高。

**(5) 湿法运输法**　将湿的木屑或水草放在通气的箱子内，装法是一层湿木屑（或水草）一层亲虾，箱内一般放 5 层。1 个长 1m、宽 0.5m、高 0.5m 的箱子可放养亲虾 5kg。湿木屑能保持虾体潮湿，鳃进行正常呼吸，又不易挤压，可安全运输 4～5h。如果用水草运输，先在箩筐底或草席上铺一层水草，将亲虾平放在上面，再用水草密盖在虾体上，每隔 15min 淋水 1 次，可运输 2～3h。在日常运输中只装一层虾，每平方米放亲虾 2～3kg。

亲虾运输操作要小心，避免亲虾受伤，运输前做好一切准备工作，尽量缩短运输时间。

## 二、亲虾的越冬

亲虾越冬是罗氏沼虾繁殖过程中的一个重要环节，越冬好坏直接影响下一年虾苗的数量与质量。目前罗氏沼虾亲虾越冬方法一般有如下几种。

### 1. 塑料薄膜保温越冬法

覆盖用的塑料薄膜采用无毒性的聚乙烯材料。为提高效能，也可采用双层塑料薄膜覆盖。水池位置应向阳背风，北面高向南低下，北面走道，南面排水，周墙有调节空气的排气窗（图 4-1）。

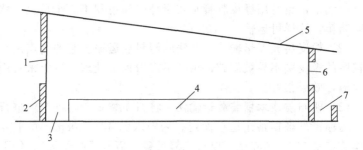

图 4-1  塑料薄膜越冬棚（剖面图）

1—窗；2—墙；3—走道；4—水池；5—塑料薄膜；6—窗；7—排水沟

在我国南方广东、广西、海南等地可以自然越冬，无需加温，水温控制在 18℃ 以上；而在福建、浙江等地则要加温。要配备增氧设备（空压机、鼓风机或车轮增氧机等）。水池面积一般为 $50m^2$，水深 1m 左右。我国南方普遍采用此法，效果很好，且造价便宜。缺点是塑料薄膜易老化，每年要更换，成本较高。

### 2. 玻璃钢大棚保温越冬法

修建大棚，上面覆盖玻璃钢瓦。在玻璃钢大棚顶吊一层塑料薄膜（图 4-2）。此法优点为长年使用，无须每年更换塑料薄膜，抗风雨及保温性能好。如在玻璃钢瓦上面覆盖一层稻草，更能增加保温效果。

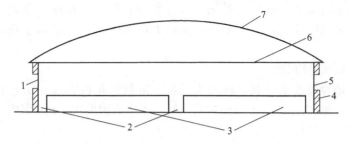

图 4-2　玻璃钢越冬大棚（剖面图）

1—窗；2—走道；3—水池；4—砖墙；5—窗；6—塑料薄膜；7—玻璃钢瓦

### 3. 利用工厂温排水越冬法

利用工厂温排水应注意的是：一是采用无毒、无污染的电机冷却的排放水；二是温排水的水温随季节变动，一般在固定的地段，水温变动不大。

### 4. 温泉水（地热）越冬法

在有温泉水的地方建立越冬池，引入温泉水，进行罗氏沼虾越冬，投资少，管理也方便，是行之有效的越冬方法。温泉水水质必须清新，水温稳定，但应注意，含硫化物和氟化物的温泉水不宜利用。在放养之前一定要进行水质分析或先做放养试验，证明温泉水无毒、无害后才能放养。

## 三、亲虾培育

### 1. 亲虾培育池条件

培育池是亲虾的栖息场所，培育池条件好坏直接影响亲虾的性腺发育。所以培育池的位置、面积、水深、水质、底质等一定要选择合适的。

培育池应建在水质良好、水源充足、排灌方便、阳光充足的地方。亲虾培育池一般分为两种类型：一种规格较小，面积在 $10m^2$ 左右，主要用作产卵期间亲虾培育，这种培育池捕捞方便，可随时检查亲虾的成熟度，也可用于越冬期的亲虾培育；另一种面积可达 $50m^2$，主要用作越冬期间亲虾培育，池水深 0.8～1m，以长方形为好，长宽比 4∶1。池底以泥沙底为好，底面平坦，以 1% 的坡度向排水口倾斜。池底设竹箔、旧瓦片等隐蔽物。这种池有效水体大，水质较稳定，亲虾的活动范围大，能提高越冬期间亲虾的成活率。

**2. 培育用水**

培育池的水质要求清新无污染。溶解氧保持在 4～5mg/L 以上，水温要恒定，以 23～30℃ 为好，水体透明度大，pH 值应保持在 7～8 为宜。

**3. 亲虾培育池的清整**

做好培育池在放养前的清整工作，是改善亲虾生活环境、提高亲虾越冬成活率的一项重要措施。通过清整，加固虾池，改良水质，消除病虫害。

培育池清整首先将池水放干，清除污物，然后用药物消毒。土池培育池做好防漏、防逃等检查后，再用 100mg/L 生石灰进行消毒。经消毒后的土池，先放干水，再放入清水浸数日，方可使用。水泥池培育池，用 5mg/L 高锰酸钾及 50mg/L 漂白粉浸泡 1 天，然后将池壁洗刷干净，再将水放干，再用清水洗刷干净、池无异味后，用少量虾试水正常后，方可将大量亲虾放入池中进行培育。

**4. 亲虾的放养密度**

亲虾的放养数量要适中，放养密度过大或过小均会对生产造成影响。放养密度过大，易发生虾体相互碰撞而生病。放养密度过小，虽然成活率高，但总体数量少，造成人力、物力的浪费。根据生产实践，水温低、水体大、亲虾个体稍小和非产卵期，放养密度可大些，一般水深为 0.7～0.8m，每平方米放 30～35 尾；水温高、水体小、亲虾个体较大和产卵期，放养密度要小些，一般水深为 0.7～0.8m，每平方米放 20～25 尾（表 4-1）。

表 4-1　亲虾越冬培育池放养密度表

| 培育期 | 水温/℃ | 放养密度/(尾/m²) | 备注 |
|---|---|---|---|
| 亲虾培育初期（亲虾入池至育苗前 30d） | 21～23 | 30～35 | 保持亲虾正常生存 |
| 亲虾强化培育期（育苗前 30d 至育苗结束） | 26～28 | 20～25 | 促亲虾性腺成熟 |
| 抱卵虾培育期（抱卵虾集中培育） | 28～29 | 30～40 | 培育优质抱卵虾 |

**5. 饲养管理**

亲虾越冬管理包括亲虾越冬培育和亲虾产卵期培育，也就是亲虾早期培育的饲养管理和后期培育的饲养管理工作。这两期的管理技术关键是要具有营养丰富的饲料、充足的溶解氧及适宜的水温。

亲虾越冬期的时间为 10～12 月份至翌年 1～2 月份，产卵期的时间为 3～6 月份。

**(1) 饲料** 饲料为亲虾性腺发育的物质基础。在人工养殖情况下，培育池的天然饵料极少，完全不能维持亲虾生存和生长发育的营养需求，只能依靠人工投喂的配合饲料。虾的配合饲料蛋白质含量要比鱼类高，一般在 35% 左右。

早期培育：每天投喂颗粒饲料量为虾体重的 3%～4%；投喂时间为上午 8 时，下午 5 时；日投喂量为上午投 2/5，下午投 3/5。

后期培育：每天投颗粒饲料量为虾体重的 5%～6%；投饲时间为上午 8 时，下午 5 时，晚上 10 时。每次各投 1/3。

在产卵期需对亲虾加强营养，在饲料中还应增加动物性饲料，如鱼肉、蚯蚓、螺蛳、蚕蛹、贝类等，以促进性腺发育，减少互相蚕食争斗。在早期培育阶段，可每 3～4d 投鱼肉 1 次，每次投量为虾体重的 6%～7%，宜在傍晚投喂。到了后期培育，可 1～2 天投喂 1 次动物性饲料，投喂量为虾体重的 7%～8%，要每天仔细观察亲虾的吃食情况，适当增减投饲量。

**(2) 水温** 水温高低对亲虾生长发育及性腺成熟有明显的影响。当水温在 25～26℃时，经 15～20d 培育，亲虾性腺发育成熟，很快出现抱卵虾。如果水温过高，虽然亲虾性腺发育快，抱卵早，但亲虾活动过于频繁，耗氧量大，水质易恶化。当水温在 20～22℃时，亲虾的活动减弱，性腺发育缓慢。如果水温过低，摄食减少，性腺尚未发育成熟，这样就拖延了产卵时间，影响幼体生长。另外水温低也易使亲虾患病，影响幼体的数量和质量。因此，一般越冬前期，池水水温应维持在 20℃左右；而到后期，水温可逐步提高到 24～26℃。

**(3) 水质和溶解氧** 亲虾培育阶段要经常换水，注入新水，经常清除污物、残饵，保持水质清新。在早期培育阶段，池水溶解氧应保持在 5mg/L 左右。后期培育阶段，池水水温高，亲虾活动量大，耗氧量也大，尤其亲虾即将产卵耗氧量会更大。这时需通过换水、微流水和充气来达到增氧的目的，使亲虾能正常摄食，正常的新陈代谢。同时，氧气充足能氧化水中过多有机物或腐殖质，防止水中产生过多的氨氮，保持良好的水质，增强亲虾的食欲，促进性腺发育成熟。

在日常管理工作中，应做好水温、溶解氧、pH值、氨态氮及其他水化离子的测定记录工作。同时，注意观察亲虾的活动情况、性腺发育状况。如果发现卵巢颜色变为橘黄色并占据了头胸部的背部，说明雌虾性腺已发育成熟即将产卵，要及时将抱卵亲虾小心捕出，并单独饲养。

## 四、抱卵虾孵化

### 1. 受精卵孵化的环境条件

性成熟的亲虾在适宜的水温条件下，开始进行自然交配、产卵受精和孵化。亲虾交配产卵后，其受精卵成葡萄状黏附于雌虾腹足的刚毛上，这种携带着卵子的亲虾称为抱卵虾（彩图4-6）。从卵受精到幼体孵出，这一段时间称为孵化期。孵化期间，既要搞好抱卵亲虾的饲养管理，又要保证虾卵孵化所需的水温、盐度、溶解氧量以及饵料要求等条件。

（1）**水温** 受精卵孵化适宜的水温为24～30℃，最适水温为26～28℃。在适温范围内，随水温升高孵化速度加快。早春季节水温较低，且日温变化也大，孵化时要进行人工加温。

（2）**盐度** 当受精卵由黄色变成灰色时（一般为产卵后16d），每天加入少量海水，使孵化池水盐度逐步达到出膜时的12‰～14‰。这样，幼体一孵出，就在适宜的盐度中生活，这不仅对刚孵出的幼体有好处，而且能加快孵化速度。如果不采取逐步加入海水的办法，而是直接将抱卵虾移入盐度为12‰～14‰的咸水中，效果会差一些。

（3）**溶解氧量** 抱卵亲虾耗氧量大，通常比非抱卵虾高50%左右。因此，在孵化期间，要连续不断地充气，使水中溶解氧量处于接近饱和状态，以满足亲虾和胚胎发育所需的充足氧气。

此外，要保持环境安静，尽量避免捕捉。确需移动时，应细心操作，以防卵粒脱落。培育池要防止阳光直射和雨淋，否则，温度、盐度等变动过大，会影响虾卵的胚胎发育。

## 2. 罗氏沼虾的孵化设备

### （1）孵化厂房

① 简易大棚 对于越冬期较短的地区和冬季温度不十分寒冷的地区，或有热水资源的地区，可以建大棚式简易厂房、温室式简易厂房。对于临时性的繁育设施，厂房的改造要求简单一些，但如果是永久性育苗场，要注意结构等方面的要求和设计，并注意采用合适的建筑材料，做到既保证质量又方便于各项操作。

大棚式简易厂房的优点是造价低、建造容易，厂房内亲虾池每单元20m左右，水深1～1.5m，底部适当放置隐蔽物，严冬时加温可用天然热水或人工热水。如果采取透明式采光设计，就能利用太阳光作为辅助的一种加热能源。大棚式简易温室所用材料简单，小跨度的骨架可以用竹枝、木杆等制作，大跨度的骨架可以采用金属焊制或搭接。可以用拱形上架，也可用活动厂房式的预制板，或用纤维防水布围建。日光型设计时，棚顶可以用半透明的塑料保温透光两用温室专用板，也可以用单层或双层普通农用塑料薄膜覆盖，选材的原则主要是透光性好和保温性好。

一般来说，这种简易式温室不要建得太高。只要能满足操作，建低一些有利于保温和减少水体散热。当内部温度太高或水汽太大时，可以设计出几处窗口以便于通风（图4-3）。

② 农用温室 在冬季气温比较低的地区，可以利用类似于农村蔬菜温室式设计。这种温室一般采用土石建筑，比较坚固耐用，

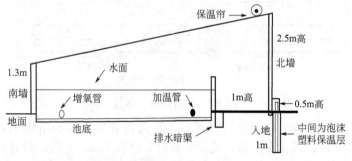

图4-3 墙体建有保温层的罗氏沼虾育苗温室

在向阳的南面设有玻璃或农膜采光，跨度适中，可以外设活动保温帘，保温效果较好。内部可以建筑数十平方米水面的各种规格的水池，适用于罗氏沼虾成虾越冬，如果有必要的升温措施或热水资源，这种投资不大的温室也可以承担孵化育苗工作。

③ 中型厂房　面积不宜过小，跨度也不应该过小，以利于育苗操作和控制各方面情况。过小会形成易变的生态环境，从最佳经济效益考虑，每栋厂房面积以 200～600m² 为佳。建造面积大有利于各种水池的分布，育苗时的连续操作也比较方便。在条件有限的地方，也可以减小面积，但要尽可能保持大跨度。

主体采用金属构架全镶有机玻璃结构或砖瓦式建筑结构，顶架采用钢架支撑透明板材。砖瓦式建筑保温效果更好一些，为了保温，北墙一般不必设窗，采光以南墙窗和顶窗为主。400m² 的厂房设计为：内部南北宽 10m，东西长 40m，墙厚 35～38cm，高 2.5m 左右（图 4-4 和彩图 4-1、彩图 4-2）。

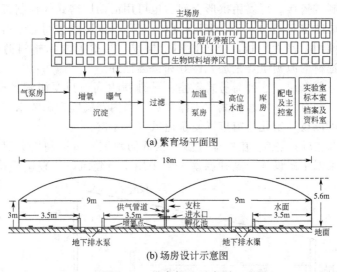

(a) 繁育场平面图

(b) 场房设计示意图

图 4-4　繁育场地示意图

400m² 以上面积的厂房可以在厂房内宽度允许的范围内设计一排或两排孵化育苗池，设计一排时，池长 7.6m 左右，设计成两排时，池长 3.5m 左右。池宽均为 1.5m。如果繁育规模要求有更大面积的厂房设计，里面可以设计成 2～4 排孵化育苗池。这种长方形的育苗池的特点是可以作为不同功能的虾池使用，布局整齐，操作起来也方便。

**(2) 孵化育苗的主要设备配置**

① 孵化育苗池配置　孵化育苗要充分考虑所用材料的耐盐性和容易清洗性，选用白色或淡色瓷砖贴在水泥池表面以增加水体透明度，因为刚孵出的虾苗极小而不容易观察，白色水池容易观察和分辨水中各种物质，加之瓷砖表面光滑，不容易附着污物，有利于洗刷。面积以 $3～8m^2$ 为宜，不应该太大。水深 $0.8～1m$（彩图4-2、彩图 4-4）。

孵化育苗池增氧要求为每平方米配备 $3～4W$，水底每 $0.6m^2$ 左右设一个气石出气点，设点要均匀。由于水深程度会影响曝气效果，所以实际使用时要根据具体水深对曝气石的大小、通气塑料管的管径及长度加以调整，达到气泡数量多而且均匀，在水面上出现大片微气泡区为适宜。

各类管道设计采用架空方式以做到整体美观和便于日常操作，在架空出口处采用分送氧软管接曝气石在孵化育苗池底部增氧，当出苗时，可方便地取出曝气石放好备用。

育苗池采用南北走向、成对建筑方式，便于缩小池与池之间的操作距离和采光。从预混池预混之后的海水才能加入育苗池。淡水加水管进水方式采取多孔横管出水，以便淡化时进水缓匀。工厂化育苗应同时建有淡水、海水两套进水管道和相应设备。育苗池在最低处设排水管，便于出苗使用。排水管内设控制阀门，平时需要排水加设活动网罩。出水管外设置出苗池，出苗池深 $50cm$，边长 $80cm$，便于放置收苗网箱。

出苗池不用时要用顶盖盖好，出苗池出水口要设在最低点。如图 4-5 所示。

近十几年的实践证明，如果有充足的热水资源，加上人工海水配方合理适用，内陆地区基本可以做到人工海水的育苗效果和天然海水所差无几，而且没有污染。如果是处于内陆地区的工厂化育苗，人工海水将是重要的选择对象。

② 饵料培育池的配置　饵料生物培养池有多种类型，例如普

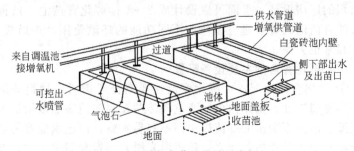

图 4-5　孵化育苗池设计示意图

通水泥池、玻璃钢水槽、水族箱或塑料槽等，面积 2～10m²，水深 1m，只要水体温度、肥度等达到规定的要求，都可以作为轮虫和单胞藻的培养用池。丰年虫无节幼体培养池体积要更小一些，例如可以使用孵化桶进行。铁皮等类金属鱼用孵化桶原来是底下进水，用作浮游生物培养不必长流水，因而可以代用。孵化桶分为有机玻璃、塑料、金属制造等类型，水体容量不等，自制时可以根据丰年虫需要量和操作方便性决定规格。遮光可用黑布按大小制作缸罩配套使用。充氧可用从外部向孵化缸水底部引进充气管及曝气石，将曝气石置于底部大量放气充氧。因丰年虫孵化缸较小，加温可用手动调定温度点的电热器进行，也置于下部水体之中（图 4-6）。

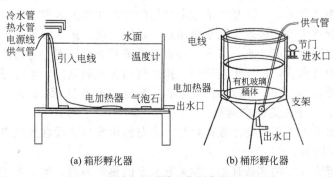

图 4-6　浮游生物孵化器

③ 调水池配置　包括人工海水配制池和蓄水预混池。在用天然海水的养殖单位，海水贮存池用室外一般池塘即可，但预混池可以用室外池也可以用室内水泥池。人工海水配制池总体面积视繁育

规模大小而定。每个水泥池面积 30m² 左右。必须采用 PVC 等抗海水腐蚀材料的管道和阀门，以防将来被海水腐蚀损坏。如果是应用循环水进行育苗，要建普通过滤池或生物滤池。滤池面积和提水电泵功率可以根据孵化规模决定。

**(3) 辅助设备配置**

① 调配海水设备　调配海水浓度时，盐度计要用数显高精度盐度计，不可用盐场用的悬浮式盐度计。如果用比重计，精确度要达到 1‰ 或 0.1‰ 才可使用。如果是天然海水，要经过 100 目绢网的过滤处理再进入蓄水池或调水池。

人工配制海水时，如果使用有盐的配方，一定要用海水盐场生产的粗盐，不可用加工后的精盐或湖盐。人工海水在使用时要经过 60～80 目绢网过滤，以滤去一些含在粗盐中的杂质。

② 预备性充气设备　充气增氧设备应配备有预备性机器，防止当出现机械故障或其他意外情况时氧气供应发生不足。预备性机器单机充气功率不必很大，以 200～300W 为宜。如果使用同台增氧机供气，曝气石或微孔气管和输气管道的长度、管径一定要调节好，避免水压大于气压造成有的曝气石水被反灌，不能发挥增氧作用。

③ 增温设备　在我国大部分地区，罗氏沼虾的越冬期保种和培育都需要给以人工增温。在温度要求不太严格的保种等工作中，可以使用日光温室、地下热水、工厂余热水等。在温度要求严格的罗氏沼虾工厂化孵化育苗、丰年虫孵化等工作中，使用锅炉加热和电加热比较适宜。

④ 网箱设备　分为两种。一种是供抱卵虾孵化用的网箱，网目在 0.5cm 左右，虾苗可以自由离开孵化网箱，当虾苗孵出后可以很方便地做到将雌亲虾和网箱一起移走，这时的孵化池就成为育苗池。网箱可根据孵化育苗池的宽度设计。另外一种网箱是供收取淡化苗用的网箱，网孔要小一些，以 30～40 目网布制作，上框要有扶手，便于操作。每边的边长 50～60cm 为适宜，主要是能方便放入出苗池中使用。

⑤ 隐蔽物的设置　罗氏沼虾比较怕强光，在不影响排除污物的情况下，成虾养殖池池底要设置适量的隐蔽物提供避光场所和增

加栖息面积,池面上放置占水面 1/3 的风眼莲或其他水生植物,以净化水质和作为隐蔽栖息用。

**3. 罗氏沼虾的孵化繁育方式**

(1) **室外池塘繁育**  室外的培育池大小可根据实际设备和池塘情况而定。

在将亲虾放入孵化育苗池后,要不断细心观察孵化情况,因为孵化出第二天的虾苗就开口摄食,但最好从发现虾苗孵出时就要投给一定量的丰年虫无节幼体或轮虫作为开口饵料。如果出苗密度很高,此点特别重要。每天投喂 4~6 次。按水体内每毫升 5 只无节幼体左右的饵料量投喂。当虾苗数量增多,饵料投喂量也要相应增加。可以投喂 4 次,分别为早晨 6 时、上午 10 时、下午 3 时、晚上 7 时。从第三天开始,就要给以辅助饵料,每立方米水体给以 1/2 个经过 100 目筛绢过滤的熟鸡蛋黄加少量豆浆。水体较大的话可按 5 万只苗 1 个蛋黄投喂,同时豆浆按每公顷 15kg 的量经过滤后投喂,1d 投喂 4 次。水体的生物饵料量在排苗前已达一定数量,因此,实际投喂人工饵料应视蚤状幼体的期数、苗量、水质、水色而有所变化。7~10d 后蛋黄停止投喂,改为投喂不过滤的豆浆、豆腐、麦粉、鱼糜等。

幼体发育到第 V 期以后,要投喂占总饵料量 10% 的螺、鱼、蚌肉精细粉碎物。按防病要求的数量在幼体后期加入少量的土霉素,连续 2d。有条件的可以加维生素 C、脱壳素等。幼体经过 4 周左右变成幼虾,可以拉网过数饲养。

使用室外水泥池育苗时,每天要在早晨排污 1 次,采取的方法以虹吸排污法为好,排污时要注意池中情况,观察幼体的活动情况和变化。

投喂时可把曝气石放于一处,先观察幼苗群所在,再行投饲。喂料后再恢复充气。

在长江以南,5 月中下旬气温较高,要早晚加换新水,阴雨天要注意泛池。透明度保持在 30cm 左右,水位加深到 90~110cm。育苗池要注意养殖浮水植物或悬挂棕片作为虾巢,调节温度和调节水质。

(2) **室内水泥池的繁育**

① 一般繁育　室内的水泥池在使用前要用 40mg/L 的漂白粉溶液洗刷并浸泡 2h，以杀灭有害细菌和微生物，然后用清水洗刷干净，放入新水浸泡 2d，再清洗干净使用。对于旧的鱼、虾用孵化水泥池或环道等，可以用浓度 0.5mg/L 的高锰酸钾浸泡 0.5d，清水刷净，半个月后使用。

室内水泥孵化池及育苗池大小以 10～20m² 为宜，水深 0.5～0.8m。池的一端设有排污孔、出苗孔和溢水孔，另一端设进水口。所有进排水口均用 150 目的筛绢包紧。室内培育池的水温以 22～29℃ 为宜，水体氨氮应控制在 0.1mg/L 以下，溶解氧要保持在 7mg/L 以上，水深 0.5～0.8m。

虾苗培育密度也要根据育苗设备条件及管理水平而定，并随着幼体的发育长大而逐步分池稀养。采用微流水并充气育苗时，刚孵出幼体的放养密度一般为 300 尾/L，幼体发育到第 V 期后，密度应降为 150 尾/L。发育到第 Ⅷ 期后，密度应稀疏到 5～10 尾/L。

从孵化后第二天起，就可投喂丰年虫无节幼体，投放密度为 1 万只/L 左右。也可以从池塘中捞取轮虫、枝角类和桡足类等浮游生物，使育苗池中每升水含 1 万～2 万个浮游生物，观察虾苗的摄食情况，进而调整浮游生物数量。每天投喂 4 次。随着幼体的长大，不断增加活饵投喂量，并投喂人工饵料补充。例如，蛋黄、鱼粉等。蛋黄按每立方米水体 5g 均匀泼洒入池。

室内由于温度高，繁育池的孵化较早，密度也较高，必须做到精心管理。幼体的变态快慢、体型大小和温度、氧气和食物供应有很大关系。青虾幼体发育的第 Ⅲ 期前后最容易发生死亡。此时的水质各项指标必须严格控制，保持稳定的温度和高溶解氧，一定要投喂充足的适口饵料，免得虾苗互相蚕食。要不断观察幼体的发育，幼体发育到第 V 期后，要增喂新鲜人工饵料，将鱼、螺、蚌肉或黄豆粉蒸煮后用筛绢滤出。投饵量以量少次多为原则。坚持每天早晨排污，防止水体变质，只要保持良好的生态环境就能有较高的成活率。

② 海水繁育　如果采用低浓度海水育苗，可以采用天然海水或盐场的浓缩海水稀释后使用。使用之前经过 60 目绢网过滤，然后进入配水池配成 5‰ 海水进行育苗。

早期幼体有集群性，常在水面活动，1周后开始渐渐分散活动。之后活动区域开始向中、下层水域转移，这个阶段应特别注意水体溶解氧和温度等条件必须满足要求。

如果使用低浓度海水育苗，罗氏沼虾的蚤状幼体发育到幼虾期才能进入淡化。淡化时间 3～4h，盐度降到 1‰ 以下即停止淡化。

**(3) 网箱孵化**　网箱内水体溶解氧要高于 5mg/L。培养轮虫等浮游生物要在外部水体进行，有利于网箱内的水质，提高亲虾孵化安全性（彩图 4-5）。

孵化网箱规格以长 2～3m、宽 1～2m、高 0.8～1.2m 为宜，也可以采用外套大规格的育苗网箱，其规格为 10m×5m×1.5m。

对于较大池塘，孵化网箱固定架设于离堤岸 3～8m 处，网箱入水 1m，孵化网箱用尼龙绳固定系于育苗网箱中心区。如果是套箱，根据育苗网箱的大小情况可以在内放置 1 或 2 个孵化网箱，孵化网箱用浮子定好水位，下沉入水 0.8m，敞口型孵化网箱水面以上的防逃网片和水下部分都要用毛竹撑直。

孵化网箱规格为 2m×1m×1.2m，可在箱内放养同步抱卵亲虾 2～3kg。投喂以动物性饵料为主，辅以轮虫和鸡蛋黄，轮虫和鸡蛋黄主要是为新孵出的虾苗备用，蛋黄同时还有肥水的作用。待孵化完毕，将孵化网箱和亲虾一同取出，同时增加虾苗饵料，以轮虫、豆浆、鸡蛋黄滤粉调节投喂虾苗，中间也可以穿插投喂部分鱼粉。

10d 以后，增加投喂的鱼粉和麦麸量，以此驯化和培养以后对人工配合饲料的利用。虾苗养殖中，每隔 4d 用勺舀取虾苗观察发育情况和数量情况，调整好投饵量。当培育至 25～30d 时，如检查虾苗已经完成变态，应及时分塘或放养到成虾养殖水体中养殖。

育苗过程中，一旦发现水体中溶解氧低于 5mg/L，要采取相应的增氧措施。如果是在室内，可以在育苗网箱中用沙粒曝气石底部供气增氧，增氧机可以用电磁式空气压缩机或其他类空气压缩机。

**4. 孵化过程的关键管理技术**

**(1) 孵化育苗池的清整**　育苗池的内外和管道，在使用前用 40mg/L 的漂白粉溶液或者 0.4‰ 的高锰酸钾溶液洗刷，然后浸泡

5～12h，以彻底杀灭有害细菌和微生物，接着用清水洗刷干净，放入新水浸泡3d，再清洗干净使用。对于新建瓷砖水泥池，应使用药液浸泡半天后刷洗干净，放入新水10d后使用。

**（2）准备海水** 育苗池所用海水，可以采用天然海水过滤后使用，也可以使用盐场的浓缩海水稀释配制成育苗用水。当无法采用天然海水时，也可采用人工配制的海水，因为罗氏沼虾蚤状幼体需要在半咸水中才能生长发育好，所以育苗池海水配制浓度为14‰，低于这个浓度或高于这个浓度，育苗效果都要差一些。配制时要在配水池中进行。如果使用盐场的浓缩海水稀释配制，虽然浓度一般大于30‰，但一些虫卵在此盐度下生活很好，所以一定要用80目左右的绢纱过滤之后再进行配制。可用高精度盐度计随时观察调整。如果使用天然海水，此海水也必须在使用其前经过60～80目绢网过滤，才能进入配水池。

人工海水配方如下：氯化钠14kg，一定要用粗海盐，这是最关键的原料之一，用其他盐类会导致蚤状幼体后期死亡加剧；氯化钙（2份结晶水）360g，分析纯或化学纯；氯化镁2.5kg；碳酸氢钠70g；氯化锶（1份结晶水）7g；磷酸二氢钠（1份结晶水）7.5g；铝酸钠（2份结晶水）0.4g；溴化钾20g；硫酸镁（6份结晶水）3kg；氯化钾190g；硼酸120g；硫酸锌（7份结晶水）0.3g；硫酸锰（1份结晶水）1.4g；氯化锂（1份结晶水）0.4g；硫代硫酸钠（5份结晶水）0.4g；硫酸铝0.2g；硫酸铜（5份结晶水）0.2g；无余氯的自来水1000kg。

上述人工海水配方效果较好，各种原料都可以采购工业用盐，以降低成本，分析纯或化学纯的也可用，但原料价格要高5～7倍。如果买不到全部原料，可以买其中的最主要的几种进行配制，这几种主要原料是：粗海盐、氯化钙、氯化镁、氯化钾、硫酸镁、硼酸、溴化钾。在1t孵化用水中所加的各原料重量和比例不变。

配制人工海水时，要先将各种原料放入配水池，用计算好的定量的清水溶解好原料，经过充分搅拌，防止底部浓度高而上部浓度低，搅拌后用盐度计测量，然后进行所需要的盐度调整，调到14‰，调整好后经过过滤和曝气才能加到育苗池中使用。

**（3）培养好虾苗开口饵料** 罗氏沼虾蚤状幼体需要以丰年虫无

节幼体为主要开口饵料，辅助开口饵料也有很多种，如轮虫、小球藻、四鞭藻、扁胞藻等单细胞藻（图4-7）。开口饵料的培育方法参见第五章的活饵料培育。

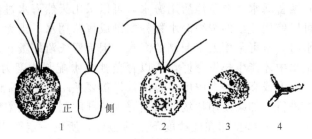

图 4-7　几种淡水单胞藻
1—扁胞藻；2—四鞭藻；3—小球藻；4—三角褐指藻

在第Ⅱ期蚤状幼体后，还可以用蛋羹过滤颗粒、豆浆和鱼粉、细鱼糜等作为补充饵料。

**（4）做好孵化的分级管理**　孵化过程中的分级管理是孵化管理中的最重要工作之一。不进行分级管理，各规格虾苗之间相互蚕食，会造成虾苗的巨大损失。孵化的分级管理包括三部分。

① 抱卵虾分级管理　抱卵虾腹部的抱卵腔之卵，根据发育期的不同很容易观察到颜色分为黄色、鲜橙色、浅褐色、灰黑色等。如果将抱不同颜色卵的亲虾分在不同的网箱饲养，也就是一个网箱或者孵化池内养殖相同颜色卵的亲虾，则日后在同一水体内可得到较为同期孵出的幼苗，培育过程中也可作统一投喂与管理，减少幼苗互相蚕食的机会。待幼体全部孵出后，将亲虾移出，留下幼体培育。

当抱卵虾按不同的胚胎发育期分别放于小型孵化育苗池或孵化网箱中繁育时，孵出稚虾后的亲虾也应按照分级管理的原则及时与虾苗分开，以便进行排污等项管理。

② 蚤状幼体孵出时的分级管理　就抱同种颜色卵的亲虾来说，孵出幼体的时间不尽一致，甚至就同一只亲虾所抱之卵，蚤状幼体也不是同时孵出。解决的办法是，当同一批虾的网箱孵出幼体后，每一天都将卵未全部孵出的抱卵虾移到另一育苗池饲养，一直到全部孵化完为止。同时也要控制孵化育苗池的蚤状幼体数量，每立方

米水体培育 10 万～15 万尾的蚤状幼体为宜。

③ 幼苗期分级收集管理　此方法适用于各期蚤状幼体混于同池饲养的情况。分级时采取每天一次的办法，最好选在晚间进行，首先准备好放蚤状幼体的育苗池和各种移苗用具，然后，在混养蚤状幼体池的一角或一边，悬挂红色电灯，利用幼苗趋红光的习性聚集同日孵出的蚤状幼体，然后用小抄网捞起带原水移往新育苗池，在新的育苗池达到同级饲养的目的。要注意的是，新的育苗池在水温、溶解氧、饵料、盐度、水质等各方面都要和原池一样，否则，即使操作再细心，也容易造成所移幼体的死伤。

**(5) 蚤状幼体培育管理**

① 密度的控制　在将亲虾放入孵化育苗池进行孵化后，要不断细心观察孵化的密度情况，避免密度过高而造成不必要的损失。在普通砂粒曝气石增氧，溶解氧未超过 7mg/L 的情况下，蚤状幼体密度不能超过 10 万尾/m³；而当用 PVC 增氧带增氧，水体溶解氧超过 7mg/L 的情况下，蚤状幼体密度可以在 10 万～17 万尾/m³。除了密度之外，同一育苗池中的蚤状幼体最好为同一日龄，如果是由于育苗池数量所限，日龄相差也不能超过 2d，避免因规格不一，小的幼体被大的幼体吃掉的危险。

② 水温控制　罗氏沼虾孵化时对温度很敏感，雌虾抱的卵遇到低温，会使受精卵得不到正常发育，延长孵化时间，虾苗品质受影响。有时由于阳光的强烈照射，抱卵虾孵化池水温超出孵化要求，也会使受精卵得不到很好发育，一定要随时检查温度，特别是中午 12 时到下午 1 时的高温，清晨 4～6 时的低温。温度要控制在 26～28℃范围内，此时的盐度要保证在 14‰，此条件下的孵化情况较好，成活率较高。

如果出现高温或低温，在有已经准备好的适宜温度海水的情况下，可以采用部分换水的方法，如果没有适宜的海水，情况又紧急，可以采用一种在实践中有效而简便的塑料管加温和降温的方法，特别是在具备地热水或热电厂等有热水资源的地方。

加温方法是：将塑料管通入热水，盘于孵化育苗水池底部，需要加温的程度多少只要调节所盘塑料管的圈数即可。

降温方法是：将塑料管通入地下冷水或自来水，盘于孵化育苗水池底部，通过调节所盘在育苗池底部的塑料管的圈数来掌控降温的程度，这种方法既安全可靠，又便于调整，当调好温度后，就可以拿出塑料管。

此方法也可以用于长期控制其他小水体水温，是一种经济实用的措施。盘管时一定要使水管先流水自如，然后再向水池底部盘进。切忌先盘管道后通管内水，这时会由于水位和空气阻隔原因造成水流不通或通后自行断流。

培育幼苗的水体温度低时，幼苗变态所需日数增加，在高温则能缩短变态时间，如平均水温在 23℃ 时需 60d 左右完成变态，但 32℃ 时则仅需 21d 左右即变态为后期幼苗。但是温度高时幼苗体质较差，因此水温一般不要过高。

③ 满足溶解氧　高溶解氧是罗氏沼虾亲虾、虾卵和蚤状幼体发育的重要条件，也是蚤状幼体的开口饵料丰年虫等发育的重要条件。当水体溶解氧低于标准时，卵的生长发育就要受到影响，在孵出蚤状幼体后，由于密度较大，稍微缺氧就会引起不适，严重缺氧会造成群体在短期内成批死亡。尤其是在闷热的高温天和阴雨天气，要特别注意使用增氧机来增加水体溶解氧。

④ 预防病害　通常蚤状幼体期比较容易遭受真菌类的侵害，在容易发病的地区，要以预防为主，否则发病后难于控制。较为有效的药剂为高锰酸钾。孵化育苗池必须做好预防工作。可在孵化育苗池加入海水和放入亲虾之前进行，用 50mg/L 的漂白粉溶液浸泡 12h，用清水洗刷干净后加入海水准备使用。一旦早期发病，要尽快治疗，使用的高锰酸钾浓度为 0.5mg/L，全池药浴 15min，之后缓慢换水，将药液换掉，加入新水。

⑤ 清除污物　清除污物可以有效地控制水中氨氮，有利于抱卵虾和虾苗的防病，提高虾苗成活率。水体清洁，即使有少量病原体，也不见得发病；污物积存，病原体即使不多，也可能发生突然增殖引起发病，并且发病后很难控制。特别是孵化育苗池的水温一般较高，适于病原体发育和繁殖，水体极容易受到氨氮、亚硝酸盐、硫化氢等有毒物质的影响而变坏，所以必须不断地将排泄物和残饵排出或用虹吸的方法吸出，吸出后添入等量等盐度的新海水补充。排污工作要安排在每天早晨，采取以虹吸排污法和循环水污物

带出法比较好，排污要看具体情况进行，当蚤状幼体开始在底部活动，也就是到了第 X 期的时候，需在排污口加绢网，到了第 XI 期的时候停止排污，并且做好虾苗淡化准备。

⑥ 饵料投喂　蚤状幼体孵出第一天，蚤状幼体靠卵黄营养，不需投喂饵料。第二天开始必须做好饵料投喂工作，每天要给予足量的丰年虫无节幼体、轮虫、微细的豆浆滤出物、单胞藻等，要以丰年虫无节幼体为主。从第三天起，可以附加以蒸蛋羹，蛋羹要用 60～80 目绢网进行挤滤后再投喂。这几种饵料的混合使用，比只用一种饲料喂养效果要好得多，虾苗生长迅速，体质较强。饲料的选择，应注意其是否适宜，是否合乎经济原则等。投饲原则要采取少量多餐，每天投喂 6 次，分别于早上 6：00 时、上午 9：00 时、11：00 时、下午 3：00 时、下午 5：00 时、晚上 9：00 时投喂。投喂时要暂停充气，使幼苗浮上聚集后给予饵料，喂料后再给予充气。使用大池育苗时，先观察幼苗群所在，再行投饲。

每天要在早晨排污一次，排污时要注意池中情况，观察幼体的活动和数量。如采取流水或循环过滤系统可减少排污次数。

⑦ 水体环境控制　育苗池的 pH 值以 7.2～7.8 为宜。一般来说，育苗采用孵化槽，把产过卵的母虾和网箱一起移走就成为育苗池。这种方法对亲虾和虾苗最有利。但是有的地方限于池少和设备有限，亲虾孵化后和蚤状幼体在一起，要用红色光聚集幼苗再将其捞走并移入育苗池。幼苗各阶段均为浮游性，喜趋弱光，但忌直射日光，所以光线太强时，应设置黑色纤维布等作为遮阳设备，使光线强度降低至 4000lx 以下为宜，但亦忌太暗。200lx 或更低时则有碍于摄食，应在晚上摄食时加适当灯光照明。

育苗池水体氨氮应控制在 0.1mg/L 以下，溶解氧量应高于 6mg/L。罗氏沼虾孵化过程和培养蚤状幼体时的管理，必须坚持严格操作、细心管理。发现异常情况时要马上采取措施。每天早晨和黄昏各测一次水底层水温和溶解氧，要做到尽量稳定栖息环境，使上述各种水质指标稳定在要求之内。

(6) 虾苗淡化技术　蚤状幼体由第 XI 期即将变为后期幼苗这一段为虾苗培育的关键时期。应特别留意水质及饲料，饲料一定要保证供应，以防止存活率下降。此时的蚤状幼体，体躯不像前几期那样弯曲，已接近伸直状态，体色也不再呈全身红棕色而变淡变透明，到此阶段，一夜之间就能脱壳而变态为后期幼苗，必须随时观察，后期幼苗几乎透明。至于游泳姿态大致与成虾相同，并且喜欢底层活动，也被称作仔虾。当池中有90%以上的蚤状幼体变态成后期幼苗，就可以进行淡化工作了。

为了避免未变态成后期幼苗的蚤状幼体在淡化中受到伤害，可将这些蚤状幼体捞到同期的育苗池中继续发育完成变态。虾苗淡化时，淡水水温最好要和育苗池原有水温保持一致，如果有些差别，也不要超过3℃。

淡化操作技术关系到幼苗的成活率。操作过急，幼苗在将来的几天内可能出现大量死亡。比较稳妥的做法是在10~12h完成淡化工作，不过12h后不要使盐度低于1‰。淡化时可以采用一边放出原水一边加入新淡水的办法，也可以采用每隔0.5h定时先放一点旧水，再加入等量的新淡水的办法。排水口处必须放好阻挡幼虾外出的50目绢纱制的网笼，表面积要大于600cm$^2$，以便网目处形成缓慢水流，而不至于使幼虾因水抽力在出水口处压伤。当采用一边放出原来海水一边加入新淡水的办法时，加水的一端用一段塑料软管控制微流进水量，而水池的另一端作为出水端，出水一端可以用铁丝将塑料软管出水口扎成U形，不是出水口的一端伸到育苗池中，U形管的出水口就是育苗池的水平面。开始排水时，要把U形处浸满水再堵住出水口拿到池外，放开出水口造成水流。用此方法能够保持育苗池的水位，不会造成突然性的盐度变化，用管不能过粗，要计算好刚好在10~12h完成淡化工作，即在10h完成原池水1.5倍左右的排水量，用盐度计测量池水的盐度，盐度在1‰~2‰时就可停止淡化，如果没有达到要求，可以继续换水淡化（图4-8）。

经过淡化后的幼苗要在原育苗池继续养殖3~4d，在此期间继续淡化，如果原池温度为25℃以上，可逐渐降温至25℃左右，此过程也就使育苗池水温同室内或室外养殖池水温尽量达到一致，这时就可以做淡化幼苗的出苗工作了。

（7）出苗　淡化后的罗氏沼虾幼苗（彩图4-7）生长要求的最适水温为25℃左右，但是降温幅度要以幼虾养殖水体为准，出苗时达到直接放入幼虾培育池，温度不要相差太大。一般来说出苗时

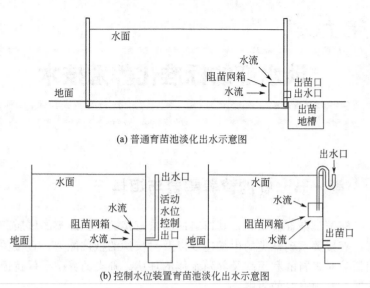

(a) 普通育苗池淡化出水示意图

(b) 控制水位装置育苗池淡化出水示意图

图 4-8　几种淡化出水方式示意图

如果是有出苗池等设备，出苗就比较方便，不会出现大的损失。出苗时有两种可能：一种是本场本地使用，路途近，大多数养殖单位还要安排幼苗配育期；另一种是向外地出售淡化苗，路途比较远。在第一种情况，出苗后可直接带水运到幼苗配育池。

# 第五章

## 淡水虾的标准化养殖技术

### → 第一节　虾的营养需要与饵料

虾类是杂食性动物，其饵料的质量直接关系到虾类的体质和健康，直接关系到虾类的生长速度以及对疾病的抵抗能力，直接关系到虾类对饵料的利用率及养殖水体的环境。虾类的养殖要保持健康发展，必须有好的饵料。

## 一、虾类的营养需要

### 1. 蛋白质

从虾类的平均整体营养需要量来看，要比一般杂食性鱼类标准高些，尤其是饲料蛋白质的含量要达到较高的比例。饲料中没有足够的蛋白质，虾类就无法正常发育，会引起营养不良，或发生疾病而引起死亡，特别是幼虾阶段更是如此。一般来说，对于一些需要海水孵化的虾类，又比纯淡水虾类蛋白质要求高些，例如斑节对虾、中国对虾等，仔虾、幼虾时期要求饲料蛋白质含量在 $52\% \sim 57\%$，刀额新对虾、罗氏沼虾、海南沼虾的仔虾、幼虾时期要求饲料蛋白质含量在 $40\% \sim 50\%$。形成这些差别的原因是这些生物的氨基酸组成比例有所差别。需要的饵料蛋白质成分也要和自身的氨基酸组成相似，才能提供合适的营养。也就是说，饲料中的必需氨基酸也要以虾的必需氨基酸的多少出现，才能够适宜虾的需要。必需氨基酸包括蛋氨酸、组氨酸、精氨酸、苏氨酸、赖氨酸、色氨酸、缬氨酸、异亮氨酸等。在这些氨基酸中，比较主要的平衡是赖氨酸、蛋氨酸＋胱氨酸、苏氨酸、色氨酸之比。它们之间的比例，对于海水孵化、淡水养殖的虾类饲料，大约要维持在1：0.68：0.68：0.14。要选取的饲料蛋白源，除了必需氨基酸外，还有一些主要氨基酸的平衡和含量问题，这些必需氨基酸和主要氨基酸在饲料蛋白质中的含量为精氨酸2.3％～5.8％，组氨酸0.6％～2.1％，异亮氨酸1.3％～3.5％，亮氨酸2.0％～5.4％，赖氨酸2.2％～5.3％，蛋氨酸0.5％～2.4％，苯丙氨酸1.3％～4.0％，苏氨酸1.1％～3.6％，色氨酸0.1％～0.8％，缬氨酸1.4％～4.0％，胱氨酸0.3％～3.6％。其中含量比例的差别，主要由虾类品种和虾的生长期决定。

在虾类的饲料中，应包含所有的必需氨基酸，也要包括非必需氨基酸，虾类需要与其自身组成氨基酸相似的蛋白质，只有在必需氨基酸满足的情况下，虾类才能将各类氨基酸同化成自身的蛋白质，选择饲料时首先要考虑饲料中必需氨基酸和主要氨基酸的含量，必需氨基酸的总量应占饵料蛋白质的30％左右，其余70％左右为其他氨基酸。

**2. 脂肪**

脂肪是虾类的有效能源。脂肪酸是虾类身体的结构成分，这些成分包括在磷脂化合物和细胞膜的结构组成之中，对虾类完成生理机能至关重要。有些脂类成分，还参与虾体分泌激素类物质的组成，为此，必须在饲料中人为地提供合适的脂类。例如，亚麻酸和亚油酸是保持虾类生长率和饲料转化效率的重要物质，饲料中一定要做到保证含量和合理配比。

对于虾的生长来说，胆固醇是相当重要的成分。无论是生长过程，还是新陈代谢和蜕壳过程，胆固醇都直接或间接起到了很大的作用。然而由于虾类在自身的生理活动中，不能合成类固醇环，这就要求在饲料中提供一定量的油脂，达到虾的营养要求。这些油脂包括各种原料中所含的油脂和人工加入的油脂两部分。在考虑和设计虾类饲料配方中，尽量要做到鱼类油和富含不饱和脂肪酸的植物油搭配使用，以增强营养效果。

**3. 碳水化合物**

虾类对植物性饲料中的碳水化合物的利用，以含有一定量蔗糖的作物效果最好，以淀粉类的效果次之，对葡萄糖的利用效果最差。因此，虾类饲料要尽量采用含蔗糖高的糖源。淀粉不仅是糖类的重要来源，淀粉糊化后还有利于饲料的黏结和制粒，但糊化不能在制粒之前进行，含量也不能太高，太高会使粒质变松、使蛋白质的含量降低。从原料的来源和成本等方面以及效果上整体考虑，大多以淀粉和谷类为主要原料。

### 4. 维生素和矿物质

各种维生素和矿物质是虾类饲料中不可缺少的部分。维生素不是能量物质，不构成虾体的任何组成成分，但作为许多辅酶的组成部分，会参与三羧酸循环等许多新陈代谢过程，如果添加量不足，会患维生素缺乏症，轻则体质下降，生长缓慢；重则引起死亡，所以在虾饲料中不能缺少。至于各种矿物质，有的参加能量转换过程，有的作为辅酶的成分，尤其是钙和磷，是形成虾壳的主体矿物质。虾类的蜕壳是重要的生理行为，通过蜕壳，虾体才能够完成生长，有的虾类必须经过蜕壳才能进行生殖活动，而蜕壳过程中，要有大量的钙、磷和其他矿物质供应，以形成新的外骨骼。这些矿物质的供应，完全要靠平时从各类饵料中和水体中吸收与积累，为了保证矿物质的供应，饲料中多用含钙、磷的成分加上矿物质添加剂来调节整体平衡。

总的说来，人工全价颗粒饲料不仅要有合适的蛋白质含量，还要有足够的能量含量和其他各类营养物质的合理含量。

在实际喂养中，除了人工全价颗粒饲料，还要在喂养中努力供应天然动物性饵料和植物性饵料。在自然状况下，天然的动物性和植物性饵料本来是各类虾的主要营养来源，但是在人工养殖条件下，特别是高密度养殖下，配合饲料成了主体。养殖经验证明，虾类在人工养殖情况下，照样可以以天然动植物饵料作为辅料。这就可以在一定程度上降低养殖成本，达到低投入高产出，也有效地利用了地方性原材料资源。人工饲料和天然饵料结合喂养的虾，不仅营养全面、生长快，而且体质强健、抗病力强。

## 二、虾的基础饵料

虾饵料一般可分为天然饵料和人工饲料两大类。凡属在水中生长的鲜活动植物食料，称为天然饵料，如浮游动物、水生植物、水生昆虫、小型甲壳类、水生蠕虫、动植物碎屑、幼嫩植物碎屑、茎叶等。凡属经过人工采集、加工投喂的食料一般称为人工饲料。如谷实类、饼粕糠麸类、动物性饲料以及配合饲料等。

根据虾类的基础饵料又可分为动物性饵料、植物性饵料、微生物饵料三大类。人工饲料则是在这三大类基础饵料上经过加工而成。这三类的存在形式上并不是截然分开的，例如部分微生物、低等藻类和一些离散氨基酸就可能和水体中的腐屑共同成团粒状存在，成为虾类的辅助饵料来源。如果就动物性饵料和植物性饵料对比而言，动物性饵料优于植物性饵料，是所有虾类偏爱的饵料。水生动物性饵料又优于陆生动物性饵料。动物性饵料中，活饵的效果又最适于虾的生长，养殖效果最好。

**1. 动物性饵料**

动物性饵料包括在虾塘中自然生长的种类和人工投喂的种类。虾塘中自然生长的种类有微小浮游动物、桡足类、枝角类、线虫类、螺类、蚌、蚯蚓等，近海池塘一般还生长有丰年虫、蛤类、钩虾、沙蚕等。人工投喂的包括小杂鱼粗加工品、鱼粉、虾粉、螺粉、蚕蛹和各类动物性饵料。

从鲜活饵料来讲，螺蛳（彩图 5-1）、蛤类是虾类很喜食的动物，螺蛳的含肉率为 $22\% \sim 25\%$，蚬类的含肉率为 $20\%$ 左右，是虾类喜欢食用的动物性饵料。这些动物可以在池塘培养直接供虾类捕食，也可以人工投喂，饲喂效果良好。

鱼粉、蚕蛹是优秀的动物性干性蛋白源，特别是鱼粉，产量大，来源渠道广，是各类虾人工饲料中不可缺少的主要成分。从氨基酸组成成分来说，虾粉还要优于鱼粉，是最好的干性蛋白源。蚕蛹是传统的虾类饲料。据测定，鲜蚕蛹含蛋白质 $17.1\%$、脂肪 $9.2\%$，营养价值很高。

动物性油脂，由于含有大量脂溶性维生素，也是虾类生长和生殖中重要的饵料。

浮游生物是幼虾期的重要饵料，有关种类和内容，可看"浮游生物"一节。单胞藻类、丰年虫和轮虫等，是虾类苗期重要的开口饵料。

## 2. 植物性饵料

植物性饵料包括浮游植物、水生植物的幼嫩部分、浮萍、谷类、豆饼、米糠、花生饼、豆粉、麦麸、菜饼、棉籽饼、椰子核粉、紫花苜蓿粉、植物油脂类、啤酒糟、酒精糟等。

面粉加工副产品一直是配合饲料中的主要成分之一。由于麦芽中含有大量的维生素，对虾类的生长十分有利。维生素 E 对促进虾类的性腺发育有一定的作用。

在植物性饵料中，豆类是优秀的植物蛋白源，特别是大豆，粗蛋白质含量高达干物质的 38%～48%，豆饼中的可消化蛋白质含量也达到 40% 左右。大豆可作为虾类的优秀植物蛋白源，不仅是因为其蛋白质含量高，来源易取，更重要的是因为其氨基酸组成和虾体的氨基酸组成比较接近。由于大豆粕含有胰蛋白酶抑制因子，需要用有机溶剂和物理方法进行破坏，在目前这很容易做到，已不成为使用的障碍。对于培养虾的幼体来说，大豆所制出的豆浆是极为重要的饵料，和单胞藻类、酵母、浮游生物等配合使用，成为良好的综合性初期蛋白源。

菜饼、棉籽饼、椰子核粉、花生饼、糠类、麸类都是优良的蛋白质补充饲料，适当的配比有利于降低成本和满足虾类的生理要求。

一些植物含有纤维素，由于大部分虾类消化道内具有纤维素酶，能够利用纤维素，所以虾类可以有效取食消化一些天然植物的可食部分，并对生理机能产生促进作用。特别是很多水生植物干物质中含有丰富的蛋白质、B 族维生素、维生素 C、维生素 E、维生素 K、胡萝卜素、磷和钙，营养价值很高，是提高虾类生长速度的良好天然饵料。

## 3. 微生物饵料

微生物饵料可以划入动物性饵料当中，目前使用不多，主要是酵母类。由于各类酵母含有很高的蛋白质、维生素和多种虾类必需氨基酸，特别是赖氨酸、B 族维生素、维生素 D 等含量较高。可以适当的使用在配合饲料中，比较常用的是啤酒酵母等。

目前在饲料开发中日益显得重要的活菌制剂，是由一种或几种有益微生物为主制成的饲料添加剂。可以在养殖对象体内产生或促进产生多种消化酶、维生素、生物活性物质和营养物质，有的制剂能够抑制病原微生物，维持消化道中的微生物动态平衡，是一类有价值的新型饲料源。

## 三、活饵料的培育方法

### 1. 丰年虫无节幼体的培养

丰年虫又名卤虫，是一种小型的甲壳动物，没有头胸甲，属于鳃足亚纲的无甲目。丰年虫为雌雄异体，有明显的世代交替。成熟的雌体，其第一、第二腹节的腹面有一个大而透明的育卵囊，雄体在该腹节的位置上具一左右对称的雄性交接器，依此可作为丰年虫区别雌雄的主要特征。雌体的第二触角较小，构造简单；雄性第二触角发达。当温度等条件正常的情况下，丰年虫以单雌生殖方式繁殖后代。卵的直径约 0.2mm，卵壳很薄。在母体育卵囊内发育为无节幼体，后孵化排于水中营自由生活。雌体的怀卵量从几十粒到百多粒不等。在环境条件不利时，则出现雄体。雌雄交配产生的受精卵，称为冬卵或休眠卵，该卵具有很厚的卵壳。由于降雨水分过多、水温的显著下降或气温的下降，是促使丰年虫产生休眠卵的主要原因。冬卵经过春季的合适温度，在适宜的水环境条件下孵出无节幼体。

（1）**丰年虫休眠卵的孵化方法**　孵化丰年虫可以用小型孵化槽，一则便于观察记数，二则有利于加温控光。一般用倒锥形的小型孵化槽，尺寸没有限制，都可以使用。渔用孵化桶，也可以改成丰年虫孵化槽。集约化育苗时因为丰年虫无节幼体需求量大，可用大型孵化器。图 5-1 所示的是一种采取大型玻璃钢养殖设备代用的孵化器，效果也很好。

丰年虫休眠卵的孵化必须用海水进行。孵化中最主要的因子是海水浓度和温度。为了提高孵化率，海水最好不要使用盐度 25‰以上的浓海水，可以用浓度在 10‰~25‰的海水进行孵化，一般用 14‰~15‰的海水。孵化器中水体温度要求控制在 26~28℃，这时的孵化效果较好。恒温控制时最好在孵化器水体下层手动调定温度点的电加热器，以精确保证水温，使丰年虫卵达到高孵化率。实践证明，在上述条件下，第一天晚 6 时所放入的丰年虫卵，第二

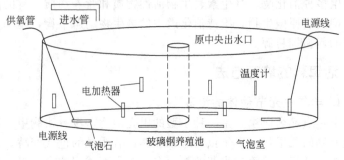

供氧管　进水管　　　　　　　　　　　　　　　　　　電源線

原中央出水口

温度計

電加熱器

電源線　气泡石　　玻璃钢养殖池　　气泡室

图 5-1　丰年虫用孵化器示意图

天上午就可孵化出无节幼体，中间仅需 15h 左右，国产优质丰年虫卵孵化率平均达 90％以上。所放丰年虫卵密度以每升海水 4～5g（密封低温保存的卵）为宜。孵化前，应该将丰年虫卵先放置于容器中用清水浸泡 2～4h，然后再放入孵化器的海水中孵化。在孵化中，水体溶解氧量要保证在 7mg/L 以上的高溶解氧才有更好的孵化效率，因为曝气石放于孵化器水底部增氧，同时有搅动丰年虫卵的作用。

在丰年虫无节幼体孵出后，拿出曝气石，没有孵化的少数卵沉于底部，这时就可将丰年虫无节幼体带水接出使用，没有孵化的少数卵可以放在下一批中孵化。孵化出的丰年虫无节幼体如果过多，准备第二天投喂，可以将其放置于冷藏柜，以控制其生长速度，然后带海水贮存。

**（2）丰年虫休眠卵孵化的影响因素**

① 卵的质量　质量好的、经过消毒等项处理的罐装商品丰年虫卵，可以直接按照要求进行孵化。但对于存在有较大比例的杂质和空壳的商品丰年虫卵和自采卵，就要经过反复淘洗和处理才能孵化。每克干卵计数有 25 万～30 万粒。孵化消毒处理方法是将丰年虫卵装入 100 目左右的筛绢网袋内淘洗，然后移入 100～150mg/L 的福尔马林溶液中浸泡 20～30min 进行消毒。也可用有效氯含量为 10％的次氯酸钠溶液（浓度为 300mg/L）浸泡淘洗，但浸泡后要用大苏打中和余氯。消毒后的丰年虫卵每升海水放入 1.5～2.5g 进行孵化，孵化后将孵出的无节幼体与未孵出的死卵和水上层的卵

壳分开。孵化经过的时间一般在24h左右，时间的长短和孵化质量，受到水体的盐度、温度、氧气状况、水体pH值和加工技术水平等条件的影响。孵化率的高低，是决定育苗生产经济效益的主要因素。

② pH值　丰年虫卵孵化用水的pH值要求在$7.5\sim8.3$，最适pH值和海水的盐度有关，只要盐度为$14\text{‰}\sim15\text{‰}$的海水，一般来说都可以保证pH值的要求。

③ 温度　温度影响到孵化率，也影响孵化速度和孵化出的无节幼虫成长速度。适宜的孵化温度为$26\sim30℃$，最适温度是$28℃$。当温度低时，丰年虫的胚胎发育缓慢，孵化率降低。当温度高时，丰年虫的胚胎发育过快，容易出现死卵，孵化率也会降低。

④ 溶解氧和水体活动情况　在孵化中，必须充分、均匀地充气以搅动水。要保证充气不至于过猛过缓，实际充气时以水面出现小范围的微气泡区为准。要避免充气不足使孵化器中存在死角影响该部分卵的孵化。充气过量，会因水体翻滚剧烈而引起部分卵和幼体上挂壁死亡。要求水体溶解氧量在$4\sim8mg/L$，以保证卵和幼体的孵化和生活。

⑤ 光照　丰年虫卵孵化过程应该避免强光照，如果孵化槽在阳光能射到的地方，应遮光进行孵化。但是弱光可以有利于孵化，因为丰年虫幼体具有正趋光性，弱光照也有利于丰年虫的胚胎发育和破膜行为，孵化水面的表面处光照在$1\sim2.5klx$为宜。

**2. 单胞藻类的培养**

单胞藻类是虾类的重要开口饵料，又是培养繁殖轮虫或其他浮游动物的饵料。培养单胞藻类，对虾类幼体成长、增加水体溶解氧含量、净化水质和调节池内光线有着重大意义。培养方法如下。

**(1) 设施消毒**　单胞藻类培养使用的海水和用具一定要经过严格消毒。藻种培养的少量用水可加热至$80\sim90℃$，冷却待用，当用水较多时，可经沙滤滤水待用。培养藻类用的工具要高温灭菌。金属或玻璃小工具可进行煮沸或直接消灭病菌，塑料容器可用70%酒精擦洗或在$200mg/L$的漂白粉溶液或$5mg/L$高锰酸钾溶液中浸泡10min，然后再用消毒后的海水冲洗$3\sim5$次。

**(2) 培养液的配制**　培养液由洁净的海水加入营养盐配制而

成。营养盐有无机肥（化肥）和有机肥。常用的无机氮肥有硝酸钠、硝酸钾、硫酸铵、硝酸铵。磷肥有磷酸二氢钾。铁肥有柠檬酸铁等。培养硅藻类，水体中应有氮、磷、铁、硅等元素，培养绿藻和金藻则不必加硅元素或仅需要微量硅元素。

使用低浓度培养液，藻类早期生长繁殖效果好，但持续时间短，培养过程中需多次追肥，一般每3天一次。高浓度培养液对藻类早期生长有一定的抑制作用，但肥效期长，对藻类后期生长也有促进作用，常用于保种培养。中浓度培养液介于两者之间，常用于藻种培养。

一般的培养液浓度（以氮元素浓度为标准）含氮量为 5～100mg/L。

（3）引接藻种和藻种培养　藻种培养可在小容器如各类烧瓶中进行，瓶口可堵以消毒棉花，以防止污染。应选择色泽鲜艳（硅藻类为亮黄褐色，绿藻类为鲜绿色）、无沉淀或无明显附壁的藻液接种。藻种培养可按常规方法进行。在培养过程中，要保持正常温度，避免强光直射，注意观察藻类生长状况，如果需要分离，须适时接种到新的培养液中，以保证藻类正常发育。

进水后要及时施肥，肥效可维持3d左右，但每次施肥不宜过多，应保持勤施肥。每日早晨施肥1次效果较好。施肥后就可将已培养到一定密度的藻种接种到培养水体内。接种量因种而异，一般需保持高浓度。三角褐指藻一般要达到100万个/L以上，角毛藻一般要达到50万个/L以上，扁藻一般要达到10万个/L以上。

单胞藻培养要坚持2～3h搅拌1次，搅拌时用力不要过猛，要充分使下层藻类上浮，增加光合作用强度，充分接触利用气体和吸取水体中的营养。

单胞藻类通常在水温适宜、光照和通风良好、营养充足、盐度等水质条件正常的情况下，接种1周左右，就能大量繁殖起来。当密度达到较高水平时，要及时取出投喂。一般情况下，骨条藻300万个/L、褐指藻300万个/L、角毛藻200万个/L、扁藻40万个/L就达到了取出密度，取上、中层藻液用筛绢滤去杂物，向育苗池内泼洒投喂。

也可以在育苗水体内施肥，直接培养单胞藻类，省去了培养液的配制。育苗水体内培养一般单胞藻施肥常用的化肥为硝酸钾 $2mg/L$、磷酸氢二钾 $0.2mg/L$，培养硅藻类的单胞藻加施硅酸钾 $0.1mg/L$。每天施肥 1 次，视水色和藻类密度调整施肥量。当藻类密度过高超出需要值时，应停止施肥，并将一部分原水换走，补进同量新水，换水多少看保持在原池水体中的藻类密度而定。如果是观察水色，一般蚤状幼体期水色以浅茶褐色为宜。

### 3. 轮虫培养

轮虫是一种小型多细胞动物，营浮游生活，具有生长快、繁殖力强的特点，是蚤状幼体和糠虾幼体优良的饵料之一。最常用的是臂尾轮虫，刚孵出的幼虫体长约 $100\mu m$，成虫体长一般在 $250\mu m$ 左右。轮虫以细菌、单胞藻类以及微小有机碎屑为食。寿命只有 $6\sim10d$，所以在孵出后要及时取出投喂，但一次不要取净，注意留存足够量的轮虫在培养新轮虫的同时持续供给投喂。

轮虫平常营单雌生殖。卵为圆形，薄壳，透明状，直径 $70\sim80\mu m$。当水温下降和处于饥饿状态时，水体中便出现雄体，雌雄交配后产生冬卵，冬卵较大，椭圆形，长径 $80\sim130\mu m$，在环境条件转好后可重新孵出雌体。所以，冬卵的产生是轮虫度过不良环境、延续其种族的一种适应方式。

培养轮虫可用水泥池或小面积土池。先做准备工作——繁殖藻类和接种轮虫。由于轮虫的饵料有扁藻、小球藻和各种硅藻，培养时要以这些藻类为主。每 $2\sim3d$ 施氮、磷和钾肥 1 次。待藻类密度达到 20 万个/mL 以上时，再按照 1 个轮虫（或冬卵）/10mL 的比例接种轮虫入池培养。

轮虫培养要求的最适水温为 $25\sim30℃$，并要有中等的光照条件和氧气条件，一般 $5\sim10d$ 轮虫即可大量繁殖。当密度达 100 个/ml 以上时，可用 150 目尼龙筛绢网采集，捞出后就可按照需要量投喂。

培养轮虫时，一般施用有机肥，虽然有机肥肥效高，但处理不当容易败坏水质，引起原生动物等大量繁衍。因此，要注意有机肥的发酵，在扩大培养期内最好不用。在投放化肥时应注意程序，原则上一种肥料溶解完毕后再投第二种、第三种，每种都要溶解后再投另外一种，直至施完。

# 四、虾类饵料的选择

## 1. 青虾饵料的选择

青虾是杂食性动物，其在不同生长发育阶段，食物组成亦不同。刚孵出的Ⅰ期蚤状幼体至第一次蜕皮之前，是以自身残留的卵黄为营养物质；第一次蜕皮后，开始摄食浮游植物及小型枝角类的无节幼体等浮游动物。人工养殖情况下，主要投喂丰年虫无节幼体或煮熟的鸡、鸭蛋黄颗粒；经4～5次蜕皮之后，个体逐渐长大，可投喂蛋黄颗粒，小虾也能抱啃小型枝角类和桡足类；幼体变态结束，则逐渐变成杂食性，主要以水生昆虫幼体、小型甲壳类、水生蠕虫、其他动物尸体以及碎屑、幼嫩植物碎屑等为食；成虾阶段食性更杂，它所食的动物性饵料包括软体动物、蚯蚓、小鱼、小虾及各种动物尸体等，所食的植物性饵料包括鲜嫩的水生植物、着生藻类、谷类、豆类及草籽等。

在人工条件下，青虾的食物组成以人工投喂的商品饵料为主，天然饵料为辅。常用的动物性饲料有鱼、螺、蛹、蚯蚓、陆生昆虫、肉食品加工下脚料等；常用的植物性饲料有豆渣、豆饼、花生饼、麸皮、米糠、酒糟以及浮萍、水草等，可因地制宜选用。

近几年来，随着青虾产业的迅速发展，养殖规模日趋扩大，人工配合饲料得到广泛应用。配合饲料是根据青虾不同生长阶段的营养需求，结合饲料营养成分，拟定出系列配方，按照科学配方，将能量饲料、蛋白质饲料和无机盐饲料等，通过机械加工搅拌均匀，然后制成所需形态配合饵料（彩图5-2）。这种饵料所含营养成分齐全、平衡，不需要再加其他饵料，即可满足青虾生长需要，饲养效果好，深受广大养殖户欢迎。

## 2. 罗氏沼虾饵料的选择

罗氏沼虾的饵料，在育苗阶段一般以丰年虫为主，早期辅以蛋黄，后期辅以鸡蛋及配合饲料。在幼虾和成虾阶段，最好以优质全价配合饲料为主，辅以蚯蚓、螺丝（彩图5-1）、蚕蛹和小杂鱼等动物性饲料。

目前，成虾养殖以优质全价颗粒饲料为主，养殖效果良好。

## 五、人工饲料的投喂

饲料投喂是实现饲料价值的重要环节。在投喂中要做到适量、搭配及对口可食，减少浪费，提高饲料效益。

### 1. 注意饵料的适口性

虾类的饲料除了人工全价颗粒饲料外，还有天然动物性饵料和植物性饵料。尤其是幼苗期的开口阶段饵料，不能使用颗粒饲料，而只能投喂以浮游生物为主的高蛋白动物性饵料。这是由幼体期虾的活动力强、捕食力强、吞噬口径特点、对饵料要求的特异性所决定的。在多样性饵料混合投喂中，要做到配合饲料和鲜活饵料并用的方法。一般情况下，要先投人工配合饲料，后投鲜活饵料。鲜活饵料如果是螺肉、蚌肉、小杂鱼等，要按照投喂对象的具体情况加以适当粉碎，粉碎后立即使用，避免出现质量变化。

开口饵料还有多样性的问题。一方面是由于多样性可以使虾得到的营养更全面，另一方面多样性也可以使投喂的浮游生物在多种饵料中得到自己的营养来源，利于浮游生物生长供虾苗捕食。辅助开口饵料多种投喂，对水质的净化也有一定作用。

虾苗、幼虾、成虾各阶段杂食性依次增加，特别要注意所投喂饵料的针对性，主要是从粒径、动植物分类性、营养需求性等方面考虑。在选料时，不能单看蛋白质含量一项指标，也要看具体虾的生理习性和食性要求。蛋白质含量是首要的饲料品质指标，但是饲料的效价实现不能单靠蛋白质的多少来决定。总体来看，多样性饵料混喂就比单投喂一种饲料更能使虾达到快速生长。这是和虾类的杂食性特点相适应的。

### 2. 注意水体环境和天气

饲料的投喂效果和环境之间存在着依赖和制约关系。浮游生物量较适合的水体，因为有补充饵料，投喂饲料效果就好。阴雨天及气压较低的天气、高温闷热的天气都会影响饲料的投喂效率，水温的高低和投喂的位置区域也对投饲有很大影响。这些都是可变因素，都应该在具体操作中适时处理。一般来说，勤喂但每次量少饲料效益较好；晚间最后一次的投喂量加多效果较好；按照活动区域的规律性和栖息地的习惯性投喂效果较好。

池塘水质好坏，特别是溶解氧等状况容易影响到鱼类的摄食、消化和生长。池塘水质中的含氧量对饲料系数的影响较大。其他水质因子和 pH 值等，也对鱼的摄食、生长有影响，从而影响到饲料系数。

### 3. 注意投食数量和方法

要随时注意调整投饲的数量和方法，投饲料时必须均匀、适量，避免忽多忽少，以致虾吃食不均，影响消化和生长。应根据天气、水质和虾的吃食情况掌握适当的投食量，避免投食过多，虾吃不完造成饲料浪费，使饲料系数升高。经过实践证明，一次多量投喂的方法比适当少量多次投喂时，饲料系数要大。

每天投喂量是很主要的一项指标。日饵量要根据天气、水质、虾的进食情况进行不断调整。在围绕水面有定点投喂的地方，可以查看投喂点的饵料残留情况确定和推算投喂量，没有定点投喂的地方，可以定期抽样检查虾的消化道充盈度和食性，推算投喂量和食性种类。一般白天在深水区多投一些，夜晚在浅水区多投一些。每周调整一次日饵量。

对于虾类生长的各主要阶段，投喂量占体重的百分比有所不同。幼体阶段占的比例大，根据水体的浮游生物的丰盈度增减，一般日投喂量占幼体总体重的 15%～35%。但是由于幼体大小差别很大，总体重很难具体计算，所以一般为了保证成活率，投喂量都较大。至幼虾时，一般日投喂量占总体重的 10%～15%，由于虾类在晚间有活动觅食性增强的习性，幼虾每天最后一次投喂要占全天量的 40%～50%。以后逐渐变化比例。至成虾时，日投喂量为存塘虾总体重的 5%～8%。每天最后一次投喂要占全天量的 60%以上。

虾类和其他水产生物混合养殖时，饲料投喂应以主养生物饲料为主。例如，以草鱼等吃食鱼类的混养为主、以虾为辅的养殖中，要投喂鱼饲料，把虾作为增殖对象进行低投入养殖。因为虾饲料价格较贵，投喂给鱼得不偿失。在以虾为主的养殖中，就要尽量避开混养吃食性鱼类，主要应投喂虾饲料，各项其他管理也应以养虾操作方案进行。

值得注意的是，在投喂动物性饵料时，凡是具有强烈传染性质的动物性肉质和下脚料不能作为饲料源使用，例如患疯病动物、鼠疫动物等。这些动物也不能粉碎后作为添加成分使用。

## 第二节　青虾的标准化健康养殖技术

### 一、苗种培育

**1. 土池育苗**

土池繁育虾苗的准备工作一般在 5 月上中旬进行。

**(1) 育苗池条件**　青虾育苗池面积以 $1000 \sim 3000m^2$ 为宜，水深 1.5m，淤泥少，进排水方便，水质清新，无污染，阳光充足（彩图 2-2）。育苗水源可以是湖水、池水、井水、低盐度海水、盐卤配制的咸淡水等。育苗用水要求溶解氧在 5mg/L 以上，pH 值 $7.2 \sim 8.0$，氨氮小于 0.2mg/L。在盐度不低于 2% 时有利于提高育苗成活率，所以育苗用水要有一定的盐度，才能提高育苗的产量和质量。

**(2) 池塘清整消毒**　青虾苗幼弱易遭受残害，应严格进行育虾苗池的清塘除野工作，这与育苗成败、产量多少密切相关。

冬季结合收获干塘，除去过多淤泥，晒塘至池底出现裂缝。池中央或周围挖宽约 0.5m 集虾沟，排水口处建大小适当的集虾坑，池底向排水口略倾斜，使水能排干。池周集虾沟离滩脚 2m 左右。虾苗培育前约半个月用生石灰全池消毒，每 $667m^2$ 施基肥 600kg，有机粪肥需预先腐熟发酵，新开塘肥料用量相应提高，老塘则适当减少。一周后进水 50cm 左右，进排水都必须密网过滤（双层 80目）。进水后再用茶籽饼，按每 $667m^2$ 用量 $40 \sim 50kg$ 清池除野，或用漂白粉全池泼洒。最好两种清塘消毒药物结合使用，效果更好（清整消毒方法见本书亲虾暂养部分）。

**(3) 基础饵料及其培育**　孵出不久的青虾幼体以浮游藻类、原生动物及水中悬浮颗粒为食，如池塘中的活饵料单细胞藻类、轮虫、丰年虫或卤虫幼体等，人工制作的饵料包括豆浆、蛋黄、蛋羹等。其中人工培养丰年虫成本较高，只是在工厂化育苗时，根据具体情况考虑专门培养。人工制作饵料，悬浮性较差，使用不当容易污染底质和水质，利用率不高。而浮游生物体型很小，活动能力差，漂浮在各水层，是池塘中的活饵料，虾苗喜食也容易被利用，同时浮游生物繁殖生长时利用水中养分，也有利于水质改良。因此虾苗培育时，一般预先施肥培育浮游生物作为基础饵料。

① 适口饵料的培养　从浮游生物世代时间看，大约向池塘施肥 7d 后，就会形成浮游生物高峰。这时，青虾苗下塘可获得丰富的适口饵料，对提高成活率和促进生长有利。因此，一般清塘后，估计虾苗孵出前 7～10d，注水并立即施放有机肥料比较适当。施基肥的种类和数量可因地制宜，一般每 667m² 施粪肥 300～400kg 或绿肥 400～500kg，或混合有机肥 600kg。为了促进肥水可兼施无机肥，如氨水 5～10kg 或硫酸铵、碳酸氢铵各 4kg，加过磷酸钙 3～4kg。粪肥可采用全池泼洒或塘角堆施，堆施后要间隔数天用耙翻动，泄放毒气，加速腐烂分解。绿肥也用塘角堆施，或将豆科等扎成束固定沉放在池周。无机肥则采用加水溶解，全池泼洒。池塘施肥后各类浮游动物高峰期的出现顺序，要与虾苗从小到大的生长顺序相吻合。施肥过早，虾苗下塘时轮虫高峰期已过，大型枝角类繁殖，难以成为初期虾苗饵料，而且消耗水中氧并摄食藻类、细菌、有机碎屑等，会抑制轮虫繁殖；施肥过晚，轮虫繁殖高峰尚未出现。因此要做到因地制宜，适时施肥。

施肥时间应视天气、水温、肥料种类而定。青虾繁殖季节天气正常，可在虾苗下塘前 5～6d 施肥，施绿肥需要有腐烂分解的过程，所以时间应提前 1～3d，腐熟粪肥或混合堆肥则可缩短 1～2d。

轮虫是虾苗初期饵料，轮虫繁殖数量和达到高峰的时间与轮虫休眠卵数量及水温密切相关。要是塘底淤泥较厚，保水力强，并大量追施有机肥料，淤泥中轮虫休眠卵就多。另外，轮虫休眠卵广泛分布于不同深度的淤泥层中，由表及底逐渐减少。一般表层 5cm 左右淤泥中最多，而完全在泥表的却很少，只有完全暴露在泥表面或漂浮于水层中的休眠卵才能萌发。所以在清塘之后用铁耙搅动表层淤泥，将休眠卵翻动到泥表或水层中，可以促进其萌发。在一定温度范围内，轮虫休眠卵萌发时间随温度升高而缩短。水温 25℃ 时，池塘清整后约 5d 轮虫数量可达高峰期。但有时生石灰清塘，使部分泥面被石灰覆盖而会影响到休眠卵的全面萌发而推迟峰期的出现。所以清塘后用铁耙搅动可以使石灰浆和淤泥充分混合以提高生石灰的清塘效果，同时也可以将休眠卵翻到泥表，有利于轮虫萌发和提前达到高峰期。

轮虫繁殖的高峰期通常能持续 3～5d，之后会因食物减少，枝角类等侵袭而迅速下降，这时可适当追施肥料，针对虾苗加喂人工饲料。轮虫数量可用玻璃杯取池水来粗略估计，杯子对着阳光观察，要是每毫升含 10 个小白点（即为轮虫），表明每升水约含轮虫1 万个。

② 施肥的方法和投饵的时间　培育基础饲料，既要保证当虾苗孵出后有足够的适口饵料，同时又要避免因施肥过度使水质、底质恶化。原来池塘较肥，应适当减少或推迟施肥投饵的时间。所以施肥方法、投饵时间要根据各地不同情况灵活掌握方能达到最佳效果。荣长宽等（1994）根据对虾养殖的经验提出在虾池中培养基础生物饵料和施肥投饵与以往不同的方法。其提出的改进方法是预先不施基肥，要是水质过瘦，需尽快把生物饵料培养起来，可提前进水，将发酵好的有机粪肥粉碎、过筛，加水混合成粪水浆再全池泼洒，防止施肥不均。使用速效无机肥，要兑水溶解后全池均匀泼洒，以减少肥料分解时的耗氧，防止过多肥料颗粒沉入池底与底泥结合成胶体物质。施肥选择晴天下午 2 点左右进行，此时浮游植物光合作用最强，水中溶解氧处在饱和与过饱和状态，能使肥效发挥快、效果好。为保持池水中的浮游生物量，应采用勤施少施的方法，不等到水色变浅就及时追肥，使水色始终保持黄褐色或黄绿色，使水质肥而爽，池内生物量始终保持高峰状态且推迟了池底"黑化"、池塘"老化"的时间。

根据虾体不同生长阶段的需要量来确定施肥投饵，是降低成本、增加产量、减少污染的有效方法。

**(4) 幼体习性**　青虾幼体孵出后经多次蜕皮变态生长，最后发育成外形、体色与习性上和成虾相似的幼虾。

幼体阶段是在池塘水面浮游，所以此时应用粉末状饲料满池泼洒。变态成仔虾阶段后，虾便从浮游生活转化成底栖、攀附生活，此时摄食粒状饲料，所以应将粒状饲料在塘滩或攀附物四周投喂。

**(5) 虾苗培育**　刚孵出的第 I 期蚤状幼体以自身卵黄营养，尚不摄食，约 3d 后变态为第Ⅱ期幼体，开始摄食。幼体初期饵料是单细胞藻类、枝角类、桡足类无节幼体等浮游生物，由于缺饵会引起蚤状幼体大量饿死，所以必须经常检查幼体发育、摄食状况以及池中饵料生物密度。开始 3～5d，可加喂蛋黄、泼洒豆浆或喂豆浆加鱼粉。用量按每 10 万尾蚤状幼体 1 个蛋黄计，每 667m² 喂蛋黄 5～10 个以及 0.5kg 黄豆的豆浆。投喂蛋黄的方法是：将煮熟的蛋黄，用筛绢口袋在盆里清水中捏挤成悬浮蛋黄汁，必要时过滤，全池均匀泼洒。蛋黄易沉淀，所以泼洒时要洒开，分次且慢。泼洒豆浆如同鱼苗发塘，每天日出、日落后各喂一半量，并根据虾苗生长加量，7：00～8：00、17：00～18：00、20：00～21：00 各投一次，每次投喂量分别占全天总投喂量的 30%、40%、30%。虾苗摄食能力很强，能游到水面上直接摄食，投喂后几分钟便可看到其头胸部出现摄食后的白点。

在虾苗培育过程中水质管理很重要，应保持水体透明度在 30cm 以上。根据水质情况，每隔 3～5d，每 667m² 可追施腐熟粪肥约 100kg，施肥后即加注新水 7～10cm。必要时每隔 10d 可按每 667m² 水面 5～8kg 生石灰水全池泼洒。施肥最好选择晴天下午 2：00～3：00 进行，也可使用适量的鸡粪。

一般经 30d 左右培育，虾苗长成约 1cm 时，便可起捕、过数进行分养，进入成虾养殖阶段。

**2. 水泥池育苗**

水泥池育苗的优点是管理方便，敌害少，水流、水质、密度、投饵等容易控制；缺点是水体缓冲能力弱，水质容易败坏，换水要求较高，不易直接在水泥池内培养天然饵料，所以一般不单独采用水泥池育苗。

首先应在水质良好、水源方便处建池。每口池面积 20～100m² 均可，水深 0.6m。排水处设 1m×1m×0.5m 集虾坑，坑底埋一大口径集虾水管，池底向排水口略倾斜，使水能排尽。新建水泥池要充分浸泡换水，洗刷干净后再使用。进排水应先过滤。育苗时一般和网箱配套。用大网目网箱暂养抱卵虾，孵出幼体穿出网孔，自然落入水泥池，虾苗在水泥池中培育。水泥池中的网箱安排不宜过密，以免影响操作。在 1m×0.5m×0.6m 网箱中一般放养抱卵虾

100～200 只。

室内水泥池和室外土池相结合可培育大规格虾苗。利用土池培育基础饵料不断供给水泥池，提高育苗成活率。当虾苗培育到仔虾阶段，再以光诱捕捞，转入土池中培育，放养密度为每 $667m^2$ 40万～50 万尾。虾苗在土池中长成 1.5～2cm 的幼虾后，起捕过数分养，转入成虾池进行商品虾养殖。

用水泥池育苗时，水质管理、池底清污工作尤为重要，最好具有微流水条件，也可架设简易塑料棚自然增温，但要避免昼夜温差过大。当然与室外土池相配套，可解决天然饵料、水质生态净化等问题。

**3. 流水槽育苗**

流水槽育苗是一种小水体、高密度的育苗方式。一般水槽容积 0.2～0.3m³，幼体培育密度 200 尾/L 以上。用水采用低盐度海水，也就是把去氯后的自来水掺入天然海水，使比重降低，盐度调节到 6～8，并通过生物滤池流入水槽，使水得到净化。由于幼体密度大，水质、水流需人工控制，并投喂人工饲料。人工饲料种类较多，如轮虫、卤虫幼体、蛋羹、鱼糜等，在幼体发育不同阶段应选择不同饲料。由于卤虫是活饵料，适于在高密度条件下投喂，能减少对小水体的污染，是目前比较理想的虾、蟹活饵料。

将抱卵虾放到流水槽中孵幼。幼体孵出后第一天开始投喂卤虫幼体或去壳卤虫卵。幼体变态至第 V 期后，增加用鱼肉做成的蛋羹等人工饲料，每日 5～6 次，少投勤喂。流水速度随幼体发育进程而加快。但发育前期，幼体经不起水流冲击，流速应严格控制。发育后期，在水槽中加设悬于水中的网片，以利幼体附着栖息，每天定时排污和添加新水。在形成仔虾阶段应逐步淡化，使之适应淡水生活，使虾苗运输到达目的地时能直接放养到淡水水域。在水温 29.0℃±0.5℃时，经 18～19d 培育，幼体将完成变态成为仔虾。

**4. 工厂化育苗**

这是一种比较现代化、高密度的育苗方式，人工控制程度较高，能提供大量苗种。但设备投资较大，有条件的地方可以采用。

**（1）育苗用水** 湖水、池水、井水、低盐度海水及盐卤配制的咸淡水。

水质要求：溶解氧 5mg/L 以上，pH 值 7.2～8.0。光照 1000～3000lx，氨氮量小于 0.2mg/L。育苗用水盐度不低于 2‰。亲虾产卵孵化期间水温 26～28℃，幼体培育期间水温 28～30℃。

**(2) 幼体饵料**　光合细菌、单细胞藻类、轮虫、卤虫（丰年虫）幼体（无节幼虫）和人工饵料包括豆浆、蛋黄、鱼肉、蛋羹等。大量培育虾苗时，应专辟池塘，用"发塘"方法培养浮游动物。先排干池水，清除野杂鱼，暴晒 1 周后施基肥。每 667m² 施猪粪或牛粪 500kg，进水约 1m；向池中加些从其他池中收集来的枝角类、桡足类生物。7～10d 后便可形成生物量高峰，用大型浮游生物网过滤收集投喂。也可预先捕捞上来冷冻、冷藏保存，需要时投喂。

**(3) 育苗设施**　室内建有亲虾暂养池、交配产卵池、孵化池、育苗池、供水系统、供气系统，必要时附设供热系统及应急发电设施等。为了防止重金属离子危害，管道均采用塑料制品。采取流水、充气相结合，定期换水。这种比较现代化的育苗方式，能供应大量苗种。另外，也可利用鱼类人工繁殖产卵池、孵化环道、鱼苗暂养水池等进行繁殖育苗，如在这些设施上搭建荫棚，效果更好。

**(4) 亲虾暂养**　池塘面积以 667m² 为宜。产卵前，将成熟度相近的亲虾以雌雄 4:1 的比例，每 667m² 放养 50kg。池中设置虾巢、栖息物等，建立一个接近自然的环境条件，暂养期间投喂适量蚌、螺、鱼肉。

**(5) 受精卵孵化**　交配产卵时要定期检查，当发现受精卵从橘黄色变为灰褐色时，将抱卵虾捉进孵化网箱，每立方米放体长 5cm 的抱卵虾 50 尾左右，可出苗约 10 万尾。如直接在孵化池中孵化，则每立方米放抱卵虾 150～200 尾。这时孵化池应连续充气或微流水，孵化完毕，按每立方米水体 5 万～10 万尾虾苗移到育苗池中。

**(6) 虾苗培育**　孵出第 3 天的虾苗（蚤状幼体）开始摄食，这时可投喂轮虫、枝角类、桡足类等浮游动物，使每升水含 1000～2000 个浮游动物，每天上午、下午各投喂一次。随虾苗长大，增加投喂次数（每天 5～6 次）以及投喂量。

孵出第 5 天，增喂熟鸡蛋黄，蛋黄需经 100 目筛绢网袋挤滤分散，投喂要匀而慢，避免大量沉底。

孵出培育第 10 天，虾苗体长为 5～6mm，应增喂鱼粉和黄豆粉，每日 4 次，投喂量为 $5g/m^2$。经 1 个月左右，虾苗已变态为仔虾，营底栖生活。此时可起捕计数，进行分养，培育成虾。起捕前，先彻底清排污物，降低水位，用密网拉捕，最后在排水口集苗池里装网箱，排干池水收集虾苗。起捕的仔虾要立即放养到清水网箱中，保持箱内连续充气增氧、微流水，并在捕完后立即分养。

在育苗过程中，应不断换水或连续充气增氧，充气量应使水面初期呈微波直至仔虾期如沸腾状，但也不能过度充气影响虾苗摄食。每天换水率初期为 30%，中期为 60%～100%，后期为 450%～300%。每天排污一次，一般用直径 2.5cm 橡胶管作虹吸管排污。管径过大会将虾苗带出。将吸出污水装入网箱，收集可能吸出的虾苗。吸污时，用竹竿套牢吸污管一头在池底按顺序移动，尽量将污物吸尽。排污与换水结合进行，先排污后换水。换水也可采用虹吸法，将 5cm 直径橡胶管一端插于 150 目筛绢网箱中以防虾苗和生物饵料随水换走。

育苗过程应经常观察巡池，检查虾苗的生长、摄食、活动情况，以及饵料密度、虾胃饱食度、是否有病害等。可将一个 100mL 广口瓶缚在竹竿上采样观察，先用肉眼观察，再镜检饱胃程度。有条件的可定期测定池水理化性质，主要指标如溶解氧、氨氮、氨、硝酸铵、亚硝酸铵、pH 值、水温等并做记录，便于总结和发现问题。

如要培育大规格虾苗，可以和室外塑料大棚土池或一般土池相配合，进行中间培育。土池需先行清池施肥，培育饵料生物，中间培育密度一般为每 $667m^2$ 40 万～60 万尾。当虾苗长到 2cm 左右时，再起捕计数分塘，进行成虾养殖。

**5. 集约化育苗中应注意的几个问题**

（1）**控制繁殖温度**  水温高可早出苗，变态快，但在孵化、育苗过程中温度过高、温差过大将适得其反。所以要尽量控制在青虾自然环境下繁殖的温度，或略高于这个温度，切忌高温育苗。同时，温度尽量保持恒定，需要调温也要缓慢升降。例如在换水或虾苗出池时，应提前两天逐级降温，换水则要预先将水加温后再换。

（2）**防止污染**  在育苗过程中，污染是影响育苗成败最重要的原因之一。污染源主要有无机物、有机物和病原体，如排泄物、尸体、残饵等。防止有机物污染最简单有效的办法是换水和吸污。充气可使有机物凝聚而附在池壁上，减少水中的有机物量。当池底严重污染时，应及时采取换池的办法。人工饵料要勤投少喂，同时保持池内一定数量的单胞藻，既能减少污染又可利用池内氮素并产生氧气，使池水保持良好的小生态环境。

（3）**防止泛池** 育苗池内会经常出现许多絮状物，有时会黏住幼体造成死亡。絮状物由幼体粪便、有机物颗粒及细菌组成，主要是有机物过多、细菌大量繁衍所致。有时排水过多、充气增大也会把池底污物冲起，这时应停止充气20～30min，待絮状物沉底后再继续充气。向池内施用有益微生物制剂可防止上述现象发生。另外向池中撒一层沙也很有效。

（4）**换水方法** 幼体早期活动力差，容易贴网死亡，所以要尽量采用加水方法改善水质。培育到中、后期，池水污染加重，换水量要增加。但在实践中往往操作不慎，方法不当会造成幼体死亡或流失。常用的排水方法是虹吸法，就是让换水网箱漂在水面上，用虹吸管排水。一般80cm²网箱中放一条直径5cm虹吸管。第二种办法是用压力式排水网，排水时将网箱放置在水中自动排水，网箱吊起排水停止。第三种方法为自流换水法，池内设滤水筒，排水管接在水位线排水口，超过水位线，水自动排出。第四种方法为联通控位换水法，槽中心底部排水口上连接一个滤水网，排水管接一个可转动的水位控制管或橡胶软管，该法既可自流换水又可定时换水（图5-2）。滤水网目应随幼体生长由小变大，换水网应经常更换、清洗和消毒，避免多池混用。

（5）**充气** 充气可通过散气石或多孔管道来实施，通常每平方米设一个散气石。产卵孵化阶段充气量要小，使水面形成微波，随幼体生长充气量逐渐增大，仔虾期最大，使池水呈翻腾状。一般掌握每分钟供气量约达育苗水体的1‰～2‰。如是散气石，要注意不断调整位置使充气均匀。

（6）**光照均匀** 避免光照集中，避免因幼体趋光性而局部集聚，尽量使光照均匀、漫射。

（7）**饵料和投喂** 青虾幼体饵料分活体饵料和非活体饵料。活

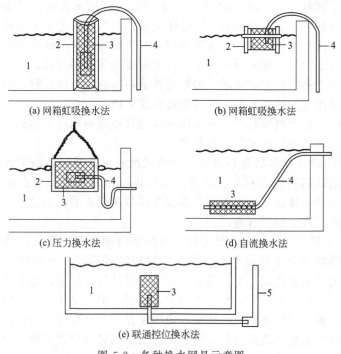

(a) 网箱虹吸换水法              (b) 网箱虹吸换水法

(c) 压力换水法                 (d) 自流换水法

(e) 联通控位换水法

图 5-2　各种换水网具示意图

1—池水；2—网框；3—滤水网；4—水管；5—控水位旋转管

体饵料包括天然水域中或人工培育起来的浮游植物、浮游动物和微生物。这种饵料不污染水质、营养全面并具某些生理活性物质，是青虾理想的食物。但由于需要人工培育，会增加设施和劳动力，所以往往要加喂非活体饵料，也称代用饵料。代用饵料包括自制的和商品的两种。自制饵料简单，成本低，但营养成分往往不能满足青虾幼体需要。商品饵料是根据幼体营养需求而研制的，称做人工浮游生物饲料，例如微粒、微胶囊和微型被膜三种类型的饲料，使用方便，效果好，但价格较贵。

活体饵料中的光合细菌是一群在厌氧条件下进行不放氧光合作用的自养细菌，它除具净化水质的作用外，本身富含营养物质和生理活性物质，是青虾幼体优良的开口饵料。另外单胞藻类、轮虫、酵母菌（常用的有鲜面包酵母、啤酒酵母、活性干面包酵母、食母生、干酵母等），虽然各有优点，但难以全程用来投喂，只能在蚤状幼体初期依靠这些饵料，随体生长其数量便满足不了摄食生长需要。卤虫幼体、去壳卤虫卵虽好，但价格较贵。所以必须加喂非活体人工饵料。在实际生产中，既要考虑水体生态环境，又要满足幼体营养和摄食量的需求，最好是育苗初期利用活体饵料，中、后期逐步添加非活体饵料，多种饵料搭配使用。

**(8) 检查幼体状况** 育苗期间应经常检查和熟悉幼体的生活情况，以便及时发现问题，及早解决。

① 青虾幼体摄食与水质、健康状况有关 在显微镜下可清楚判定幼体肠胃饱满程度。另外，幼体排泄口常会有一条粪便称拖便，如果幼体患病、水质有问题或是饵料密度不够、质量差，便会不饱胃，较少或没有拖便。

② 根据幼体活力情况可判定水质和健康情况 正常的蚤状幼体附肢摆动频率慢而有力，在水中呈蹿跃式行进。有问题时则相反，附肢频繁拨动，力量微弱，在水中移动速度缓慢。健康幼体在静水中多游至上层水，而患病的多在底层。健康幼体趋光性强，采样瓶置窗口或灯光处时幼体会很快游向光区。反应有三种：强趋光性的游到上层光线入射处，弱趋光性的游到杯底反光点处，而无趋光性的在杯瓶中间，这多为患病垂死个体。

③ 幼体体色反映健康状况 正常个体体色透明呈浅黄色。镜检眼柄、神经索及尾肢上有红、黄、蓝色素体。不正常幼体色素会发生明显变化，或是黑色素增加，或是红色素增加，有的则成为浅红体色，仔虾期时甚至腹部会出现深红色。体色有时白浊，这是肌坏死或微生物感染所致。

正常幼体1～2d便蜕皮一次，身体一般不会挂脏。一旦受到感染、营养不良或水质有问题，就会使幼体不能按时蜕皮而挂脏。

# 二、池塘养殖成虾

## 1. 池塘条件

青虾是底栖动物，不同于一般养殖鱼类，其特点是不耐缺氧，对水质要求较高，不能在水中长久游动，靠蜕壳生长，繁殖力强，生长快，成熟早。所以养殖准备工作应针对这些特点展开（彩图5-3）。

**（1）场地选择和改造** 青虾生活的水域要求透明度高，水质清新，水草丰富，所以一般高产鱼塘不适合青虾生存。而一些清瘦低产鱼池、低洼稻田、草滩荒塘等，略经改造便可适于青虾养殖。所以养殖青虾首先要选择自然水域，其次利用在养殖或种植不合算的低洼、荒滩上开挖建池，水域面积不宜过小。坡比 1：(2.5～3)，具较大的浅水滩脚。养虾池应紧靠水源，进排水方便，水质良好，上游不能有农药等污染。养鱼老塘、老化池塘、酸性池塘，必须预先改造更新，这与养虾成败密切相关，必须认真做好此项工作。

① 老化池塘的更新 池塘老化包括进排水闸破损，堤坝塌陷，池底老化。前两项涉及土建工程，应及时修复，而池底老化则往往被忽视。

经几年养殖的池塘，特别是精养高产塘，池底淤积一层较厚的有机物，由排泄物、尸体、残饵等沉积而成。这些有机物在缺氧的池底泥层中无氧分解，尤其蛋白质形成有毒的中间产物如尸胺、组胺、腐胺等，含硫化合物厌氧分解成硫化氢也具毒性，如不彻底除去，会影响青虾的养殖。整治方法分暴晒、清淤和浸泡三种。

暴晒：仅适用于污染较轻的池塘。排干水后，在烈日下暴晒10～20d，表层淤泥由黑色氧化为黄色后翻耕一次，将未氧化的黑泥翻到表层继续氧化。必要时多翻耕几次，让有机物彻底分解。

清淤：是把池底淤积层彻底搬出池外，可人工搬运、用推土机推以及用泥浆泵抽吸等。无论哪种方法，都应把淤泥移出池外，切忌将淤泥推到坝坡上，否则灌水时或雨水会再次把淤泥冲回池中，池底淤泥应≤15cm。

一般情况下，暴晒不能让有机物充分分解，因为在干燥无水情况下有机物很难分解，尤其在泥块里的有机物更是不易，一旦灌水后泥层里仍会出现黑泥。而浸池能促进泥中的有机物分解并溶入水中，且反复冲洗可获较好效果，因此最好将晒池和浸池结合起来运用。先晒数日杀死表层各种病原体，而后灌入较浅水，以浸遍池底为度。浸泡数日后排出池水再晒再浸，反复多次，直到池底无黑泥为止。

② 酸性池塘的治理 在这种土质上建池要经较长时间的暴晒、浸泡、冲刷，以减少表层酸性物质。再用一层中性黏土覆盖堤坝和

池底。这种方法虽有效但成本较大。另一种方法是经充分暴晒、冲洗后再加农用石灰（碳酸钙粉）均匀掺和到土壤中去。pH 值为 5 的土壤每公顷约需加碳酸钙 3 吨，也可使用生石灰，但用量减半。还可预先测定底土样品的 pH 值，计算出碳酸钙用量。

③ 有害生物的清除 有害藻类和有害动物的清除详见本书亲虾暂养中的池塘清整部分内容。青苔、湖淀多的池塘可每 $667m^2$ 用 0.5kg 硫酸铜化水泼洒。

（2）**隐蔽物和虾巢的设置** 池周浅水区设置一行宽 1m 的水草带，供青虾栖息、隐蔽和提供天然饵料。面积较大的应在池中间栽几片水草区。水草面积应占水面的 10%～20%。

养虾水域中增设攀附物、隐蔽物能提高青虾成活率，促进其摄食生长。攀附隐蔽物有生物和非生物两大类。生物类主要为各种水生植物，包括挺水植物如茭草，漂浮植物如水葫芦，沉水植物如轮叶黑藻等。它们在水中上、下贯通，网联而形成青虾攀附隐蔽、蜕壳栖息的良好生存环境，提高了水体空间的利用率，可吸引水生昆虫繁衍生长，为青虾增加活饵料。同时，水生植物对改良水质、增加溶解氧、消除有害物质也起重要作用。浮性水草也为成虾捕捉提供了方便条件。但水生植物不能生长过密，以免造成夜间缺氧。夏季水草过度生长时应适当清除。非生物类可用许多材料制作，只要是不影响水质的多枝、多纤维物质都可利用，如竹竿、树枝、棕丝片、旧网片、多层竹帘等，将其扎捆成束、成层，设置在池周水生植物之下，形成虾巢带；网片布置成片，设在池周水面向中央水下倾斜。

水草对青虾繁殖生长极其重要，如江苏省淡水水产研究所在滆湖生态渔业研究中证明，通过恢复水草覆盖率，保护水草资源，同时采取保护措施增加网围残饵，对青虾增殖效果非常明显。1992～1994 年平均比 1990 年净增青虾 $3.45 \times 10^5$ kg，增幅达 48.5%。生产实践经验也告诉我们"水草盛，青虾旺"，"养好青虾，先要养塘草"。我国常见的青虾喜欢攀附的水草有水蕹菜、水葫芦、水浮莲、水花生、苦草、轮叶黑藻、马来眼子菜等，各地养殖青虾时可依据实际情况选用。

（3）**青虾饲料** 青虾饲料一般包括以下几大类。

① 浮游生物 一般浮游生物在养殖青虾池塘中培养，也可从其他池中捞捕。取后冷冻保存供需要时使用。具体介绍见亲虾的繁殖中基础饵料及其培育部分。

② 水生植物 青虾喜欢攀附水生植物和取食其嫩根、嫩芽。水生植物也能改良水域生态环境，吸引水生昆虫等。

③ 其他植物性饵料 黄豆、豆饼、豆渣、麦麸、米糠、花生饼、玉米粉等。

④ 其他动物性饵料 螺、砚、河蚌、蚕蛹、蝇蛆、畜禽下脚料、蚯蚓、野杂鱼等。

⑤ 配合饲料 要求粗蛋白质含量不低于45%。

**(4) 增氧设施配置** 高产池按照每 $667m^2$ $0.3 \sim 0.5kW$ 配置动力增氧设备。

**2. 青虾池塘养殖技术**

池塘养殖有单季养殖和双季养殖，放养方式有虾苗直接放养和经中间培育后再放养，但准备工作与管理有共同特点。

**(1) 池塘准备**

① 集虾沟、塘开挖、进排水系改造 池塘面积 $3300 \sim 6600m^2$，长宽比 $(2.5 \sim 3):1$。池内有设中央沟和环沟的，也有只设中央沟或不设沟的。设沟集虾方便，盛夏青虾可入沟躲避高温，沟宽 $4 \sim 5m$，深为 $0.2 \sim 0.4m$。大面积框围提水养殖池应在排水口设一个集虾塘，可大可小，深约 $0.5m$。集虾沟、塘相通，可作为强化培育池，待虾苗长大，然后加水放养到全池。总之，沟、塘大小应根据养殖面积而定。

塘埂松动，洞隙处可用石灰拌泥堵塞。进水口可建小塘坑，用卵石或碎石设置成滤水小坝。小坝以成对的竹、木桩编插成排固定，水从小坝滤出，经进水口再经滤水网过滤。滤水网为竹篱和40目、60目双层网片围成的弧状过滤层，进水口弧面朝外，出水口弧面朝池里。出水口过滤网50目，防止虾苗逃逸和野杂鱼进塘。池塘清整消毒方法见前述关于有害生物清除内容。

② 虾巢和隐蔽物的设置 池中种植、放养水草，下面设虾巢、隐蔽物。水草、虾巢用绳、竹等相对固定，形成绕池周水草虾巢带。也可在池周间隔地插竹或木桩，以绳将水草盘成圈，套在桩

上。水草覆盖面积一般为池面积的 1/4～1/3。放水前，移植水草如藠菜，位于水位线以下。水草从外水域引入前预先用 10mg/L 漂白粉浸洗，以避免带进青虾敌害。池周设置水下斜向池中的网片。

③ 进水　初期虾苗规格一般都小，气温也不高，为提高水温和底质温度以利于基础饵料的繁育，进水不必太深。之后随虾苗生长，逐步冲进新水，调节水质。

④ 二次清塘　早春尚无有害鱼产卵，一般用 40～60 目网过滤进水，到后期容易混进敌害鱼卵，进水后部分残留敌害生物可能从泥中复出，所以必须进行带水清塘。

**(2) 虾苗放养**　为充分利用水体生产能力，往往在池塘中虾、鱼混养。以鱼为主时，管理上针对鱼进行，虾苗成活率低，一般为 30％左右。每 667m$^2$ 放养虾苗 5 万～6 万尾，产量为 10～20kg。以虾为主时，管理针对虾进行，虾苗成活率高。一般先放养虾苗，经 2 周后虾苗长成 2cm 以上，再放养少量鱼。用这种方式，虾苗放养密度为每 667m$^2$ 约 10 万尾，产量可达 50～100kg。虾池培育鱼种时，在虾苗放养 2 周后，每 667m$^2$ 放鲢、鳙夏花 4000 尾或草、团头鲂夏花 2000 尾。若青虾和成鱼混养，应控制鱼产量在每 667m$^2$ 200kg，可按体长 15cm 的鲢 200 尾、鳙 50 尾，5cm 的白鲫 200 尾，9cm 的团头鲂 100 尾的量放养。通常 667m$^2$ 可获成鱼 150kg，若增放 250g/尾二龄草鱼 50 尾，每 667m$^2$ 池塘产量可增至 200kg 以上。但若移植水草则不宜混放草鱼。养虾池不宜放养乌鱼、鲶鱼、黄颡鱼、鲤鱼、青鱼等。

大规格虾苗可提前在年底至春节前放养，每 667m$^2$ 水面放 2000 尾/kg 规格的虾苗 10～20kg。6 月底前开始捕捞上市，空塘后抓紧放养当年孵化的虾苗，年底又能收获一茬商品虾。

专池孵化培育的虾苗，长江流域一般在 6～7 月放养，最迟不超过 8 月上旬。放养选择晴天上午 9 点之前无风或小风天气进行，坚持带水操作，同一池塘一次放足虾苗，且规格一致。

**(3) 投喂**　投喂饲料要做到荤素搭配，商品饲料与鲜活饲料搭配。一般按动物性饲料 30％～40％、植物性饲料 60％～70％搅和在一起使用。用商品饲料的话，初期 20 天可用罗氏沼虾 4 号料，按 0.2kg/万尾投喂，以后按虾重 3％的量投喂。每天分 4 次投喂，投喂时间分别为 6：00～8：00、13：00、17：00～18：00、21：00。前两次占总量的 40％，后两次占总量的 60％。9 月份后 13：00 这次改成 15：00 进行，喂轧碎壳的螺蛳。10 月份后每日喂 3 次。具体投喂量根据青虾摄食量、气候、温度等增减，一般以 2h 吃完为度。冲水能促进青虾摄食。仔虾期之前，投喂方法以全池泼洒和"浇滩"相结合，保证普遍获食，减少自残。池中可分点设虾罾作为食台，以便观察青虾摄食情况。浮萍长出后可投少量入池，以满足青虾不同摄食之需。

鱼、虾混养时，先投喂草食性鱼类的配合饵料，1h 后再投喂青虾饲料。投饵不宜一次量过大，以免底质恶化，发生青虾中毒死亡。

**(4) 管理**

① 水质管理　每天加水 10cm 左右，每周换去部分底层水，换水量占总量的 30％～40％。平时根据天气、青虾蜕皮、水质等情况冲换新水。若发现青虾到池边侧卧，或到水草面上跳滩，这是缺氧表现，应立即冲水增氧。另外，每隔半月按每 667m$^2$15～20kg 生石灰水全池泼洒。

换水需恰当，只有在水源、水质良好，池塘内浮游植物过剩，水体透明度低于 30cm 时；或因原生动物、浮游动物大量繁殖使池水透明度大于 60cm 时；或池水白浊，底质恶化，青虾有浮头迹象时，才进行换水。换水不能过多过急，以免青虾发生应激反应而死亡。如果池水情况良好时，用增氧方法反而对青虾生长更有效。

体长 2cm 前，青虾以浮游生物为主要饵料。腐熟发酵后的有机追肥对繁育浮游生物效果较好，所以适度肥水和透明度 30cm 左右对青虾生长有利，对水生植物生长也有利，还可防止青苔等有害藻类生长。施肥后要冲新水，同时增加增氧机开机时间。

有条件的，每 2000～3335m$^2$ 配 1.5kW 水车式增氧机一台，也可用普通水泵增氧。增氧机开机可按以下原则实施：晴天中午开，阴天清晨开，连绵阴雨半夜开，傍晚不开浮头开，无风多开有风少开，高温多开低温少开或不开。

② 底质的调控　水质和底质是相互制约和相互影响的。水中

悬浮有机物沉积池底，在池底缺氧分解，其分解产物溶解于水中又影响水质，而水中的化学因子又影响底质中的化学变化，形成不断循环。这个循环在环境允许的情况下属良性循环，否则将形成恶性循环，对生产具有破坏性作用。所以不能孤立地只重视一个方面的改善，在改善水质的同时应重视底质的改良。

青虾是底栖动物，在水底活动、摄食，还需在危险时潜入泥中或休息。底质好坏与青虾摄食、生长及体质都密切相关。在好的场所，青虾摄食旺盛、休息充分、生长发育顺利。在污染严重的底质中，青虾不仅歇不好、吃不足、影响生长，而且很易生病死亡。生产实践中有时到养殖后期，即使是供给充足的优质饵料，虾的生长也很缓慢，这种情况与后期池底条件恶化有直接关系。

判断池底情况，可通过直接观察，根据池塘底泥、气体和颜色进行判断。表层黄色，内层灰色，无臭味为良好池底；表层黄色，内层黑色，有臭味为中度污染池底；表层和内层均墨黑，并有恶臭味为重度污染池底。池底重度污染时青虾难以生存。

预防池底污染，首先应投饵适量，不使池内有剩余残饵；其次是促进池底有机物分解，例如晴天时用铁链或耙子搅动池底使沉积池底有机物浮于水中，利用浮游植物光合作用生成大量氧气，促进有机物分解。池底污染时用池底改良剂促进有机物分解，如定期投放过氧化钙、有益生物制剂等促进池底有机物分解，投放氧化亚铁消除硫化氢毒性等。由于土壤颗粒有吸附硫化氢的作用，在发生硫化氢危害的紧急情况下，也可向池内撒些细土以暂时消除硫化氢危害。使用增氧机也可改良底质。种植沉水性植物，吸收底泥营养，也可缓解底质污染。用特殊水底喷洒器，将过氧化氢喷入水底，可起到改良底质和消毒杀菌的作用，降低池水化学耗氧，可解救虾的急性浮头。

③ 巡塘观察　青虾耗氧率高，当水中溶解氧降到 1.5mg/L 以下，鱼还未出现浮头迹象时，青虾便开始浮头了，所以一旦鱼类缺氧浮头，青虾便已成批死亡。管理人员一定要坚持每天巡塘观察，检查青虾蜕皮、生长、摄食、活动情况，做好日志，发现问题及时解决。当发现青虾有缺氧表现，如受惊不逃、个别跳滩时，就应立即注水增氧。闷热天气、半夜、凌晨、雷雨大风更应到池边观察，

发现缺氧及时冲水，同时停止投饵、施肥。千万不能用鱼浮头作为虾池缺氧标志（表 5-1）。

表 5-1　水温与平均耗氧率的关系

| 种　类 | 水温/℃ | 平均耗氧率/[mg/(g·h)] |
|---|---|---|
| 草鱼夏花 | 22.5～23.9 | 0.345 |
| 鲢鱼夏花 | 28.5～29.6 | 0.632 |
| 鳙鱼夏花 | 28.5～29.1 | 0.412 |
| 青鱼 2 龄 | 26.0～26.6 | 0.376 |
| 草鱼 2 龄 | 27.0 | 0.238 |
| 鲢鱼 2 龄 | 22.3～28.2 | 0.210 |
| 鳙鱼 2 龄 | 26.3～27.9 | 0.191 |
| 青虾幼虾 | 27.0～29.0 | 1.429 |
| 青虾成虾(雄) | 23.5～24.6 | 0.634 |
| 抱卵虾 | 22.0～24.0 | 0.539 |
| 青虾成虾(雌) | 23.5～25.0 | 0.485 |

青虾不耐缺氧。从池水运动看，实际生产上有四种情况可作为预测池塘缺氧的参考：

a. 上半夜气温下降速度快，风力大　这种情况表层水温下降快，上、下翻匀约至半夜已完成，使上层溶解氧较快递送到下层，耗氧量增大，池塘容易缺氧；

b. 夜间气温下降慢，风力小　池水翻匀速度慢，不易造成缺氧；

c. 夜间天气闷热，无风　由于气温下降慢，到清晨最低气温仍高于上层水温或相等，而未产生密度流，上层溶解氧仍较高，这种情况一般在沿海地区较少发生；

d. 晴天傍晚雷雨天气，表层水温骤降，使上、下水层急剧对流，下层耗氧大增，往往最容易造成池塘严重缺氧。

④ 防止药物污染　青虾对许多农药特别敏感，池塘中不能随便用药，同时还要防止农田农药水流入池塘。鱼虾混养时，鱼进塘前先行消毒防病。必须用药之前应进行安全浓度测试，防止盲目

使用。

（5）**上市**

① 留小捕大均衡上市　青虾生长快，成熟周期短，当年虾苗9月份就能抱卵繁殖。当养殖密度大和池塘温度相对高时，也能促使青虾提早性成熟。但养殖后期个体间差异大，应及时将符合上市规格的青虾起捕上市，给青虾腾出生长空间，促进较小规格青虾生长。青虾寿命只有15个月，隔年青虾要及时捕出，避免无谓死亡损失。

② 排水捕捞　年底青虾停止生长，便可排水捕捞。预先将水位降到0.8m左右，清除漂浮水草，用无结网具拉网围捕数次，捕出大部分青虾，最后干池将池中余下青虾引入集虾塘后捕出。捕出的虾立即放入网箱内，用网筛按大小规格分档。3cm以下的幼虾集中暂养强化培育，或作为大规格虾苗放养。

（6）**越冬留种**　约12月份开始，选留亲虾，与幼虾分池并塘越冬。挑选体格大、强壮、健康的青虾作为亲虾，雌：雄=2：1，选留专池越冬。每667m² 放养亲虾20～30kg。幼虾每667m² 放养30～40kg，数量大的话最好分规格并塘。越冬期间要加深水位防止封冻，定期冲换新水。每周适量投喂青虾喜食的精料一次，后期水温上升阶段要抓紧投喂，使亲虾进入强化培育期。幼虾则促进生长及早上市，或作为虾种分养培育大规格商品虾。

（7）**双季养虾**　双季养虾有以下两种方法。

① 6～9月底饲养罗氏沼虾，10月至翌年5月再养一季青虾。一般前茬5月下旬购苗，或购早繁苗在大棚温室中培育。后茬青虾苗可用专池孵化培育，一般网箱暂养抱卵虾8～10kg，9月底每667m² 可获体长3cm左右青虾苗40万～60万尾，供后茬放苗之需。

② 6～9月底用当年孵出的虾苗饲养一茬青虾，10月至翌年5月用大规格青虾幼虾再养一茬青虾。前茬、后茬都放幼虾1.5万～2万尾。如青虾苗较小则加大放养量。大规格幼虾可在自然水域中收集，并在青虾养殖池干塘时选苗暂养和专池孵化育苗培育。

两季虾养殖都以放养体长3cm左右幼虾为主。前茬为罗氏沼虾，后茬为青虾，每667m² 放养罗氏沼虾苗2万～2.5万尾，或大规格虾种 1 万～1.5 万尾；后茬青虾，每 $667m^2$ 放养 1.5 万～2 万尾幼虾。

双季养虾，幼虾阶段饵料中蛋白含量为 35%～40%，成虾阶段为 30%，每天投喂 3～4 次，以后逐步改为每天 2～3 次，投喂以傍晚这次为主，占全天量的 70% 左右。白天饵料投喂在深水区，夜晚投在浅水水草丛中。具体投喂量根据水质、天气、摄食量及饵料性质而增减。罗氏沼虾月投量为存池虾重的 5%～10%，青虾为 3%～5%。7～9 月投饵多，应加满水。冬季为防封冻，应经常冲换新水。

罗氏沼虾前茬要抓"早"，后茬要抓上市规格，也就是早放养，早管理，早上市。8 月初起捕，8 月中旬结束。后茬抓水质，抓投喂。一般 10 月初开始起捕，达到 30g/只以上者投放市场，小规格的选留暂养在塑料大棚内强化培育，在春节期间上市。后茬青虾抓紧开春水温升高时强化培育，促进生长和提高抱卵量，在翌年 5～6 月起捕，同时也可选留亲虾。若抱卵虾上市，价格也高。

## 三、稻田养殖成虾

### 1. 稻田养虾的优越性

稻田养虾是在"以稻为主，以虾为辅"的原则下，充分利用稻田所提供的水、肥、饵等条件，达到稻田养虾，稻、虾互利共生，实现粮食增产、青虾丰收的目的（彩图 5-4、彩图 5-5）。其优越性主要体现在以下四个方面。

（1）**具有适宜青虾生长的环境**  一般稻田具有水层浅、水质清新、溶解氧高的特点，水稻的植株不仅为青虾创造了弱光环境，也正好被青虾作为活动、蜕壳的攀附物和隐蔽物来加以利用，客观上正适合于青虾的生态习性，为青虾的生长发育提供了良好的生态环境，是青虾生长的良好栖息场所。

（2）**具有丰富的天然饵料**  稻田中充足的肥分在浅水的环境下，可很快繁殖出大量的浮游动物，青虾可以摄食稻田中的浮游动物、水生昆虫、水稻的寄生虫及稻田中的杂草，有效地减少了稻田中肥分的流失。同时青虾的粪便也是一种高效肥料，可以促进水稻的生长。

（3）**可以减少稻田的虫害**　水稻的一些主要害虫都是青虾良好的动物性饲料。

（4）**具有简单而合理的稻田设施**　养虾的稻田设施要比稻田养蟹简单得多，除稻田提水养虾将稻田田埂加高外，一般田埂不必过于加高，也不必增添防逃设备。通常只要选择好恰当的稻田，合理地加以管理，每 667m² 稻田即可获得 20～30kg 的成虾。

发展稻田养虾，不仅扩大了淡水养殖的生产领域，增加了水产品产量，且能促进稻田增产，是种稻农民开展多种经营、勤劳致富的重要途径之一，也是开展稻虾综合种养、提升农业产业化的一项有效措施。

**2. 养虾稻田的条件**

（1）**水源水质要求**　用于发展稻田养殖青虾的田块，选用集中连片的稻田进行改造。在进行稻田养殖青虾前，应对养殖田块周围的水源进行调查，并进行水样监测，既要注意水的质量，又要保证水量充足。稻田养虾的水源水质应符合 NY 5051—2001 规定的淡水养殖用水标准。

（2）**土壤要求**　青虾养殖的田块土质以壤土为好。因为壤土保水保肥性能较好，土质也较肥沃，田埂也较厚实，易于进行水肥管理。

（3）**环境条件**　要求环境安静，交通方便，通电通水，稻田排灌自成体系，不受周围农田施肥、喷洒农药的影响。

（4）**稻田规格**　每块稻田面积的大小没有严格的要求，为建设标准化农田，稻田应实行规格化，一般以 6000～20000m² 一块为宜。

**3. 养虾稻田的工程设施**

（1）**工程建设原则**　养虾稻田工程建设必须遵循高起点、高标准建设规范化稻渔工程的原则，以生产安全稻谷和青虾食品，提高种、养殖业经济效益，切实保障人的身体健康。

（2）**工程建设内容**　稻田养殖青虾，其稻渔工程主要由开挖虾沟、排灌渠道、加固田埂三部分构成。

① 开挖虾沟　鱼沟是稻渔工程建设的主体，也是青虾赖以生存、生长的环境。通常虾沟有两种形式：一种是宽围沟，即在离田

埂 1～2m 处开挖宽 5～6m、深 1.0～1.5m、坡比 1:1.2 的围沟，田块中间不再开沟；另一种是窄围沟加田中沟，即在田埂内 1～2m 处开挖宽 1～2m、深 0.8～1m 的围沟，再根据田块大小在田块中间开挖"一"、"+"或"#"字形田中沟，沟宽 1m、深 0.6m。田中沟与围沟相通。后一种类型有时需在稻田的一角开挖一个虾苗培育沟，沟宽 3～5m、长 8～10m、深 1～1.2m，用来培育大规格虾种，然后放入大田。宽围沟类型可直接利用一段围沟做虾苗培育沟。

② 排灌渠道　通常采用高灌低排的形式，进出水口设在稻田的相对两角的田埂上。排水口一般宽 1m 左右。用水泥预制板砌牢固，并安上人行桥板或用直径 32cm 的水泥管做排水用。为防止排水时虾鱼逃逸，应在排水口内侧用双层聚乙烯密网封口。要求做到灌得进，排得出，大雨不漫埂逃鱼虾。

③ 加固田埂　利用开挖养虾沟的土加高加宽田埂，埂高 1m 左右，埂面宽 0.8m，并要捶打结实，以防大雨冲刷，塌埂逃虾鱼。

**4. 水稻栽培**

**(1) 水稻品种选择**　养虾稻田一般只种一季中稻，水稻品种要选择叶片开张角度小、抗病虫害、抗倒伏且耐肥性强的紧穗型品种。

**(2) 稻田整地**　稻田整理时，田间如存有青虾，为保证青虾不受影响，建议采用稻田免耕抛秧技术和围埝方法。

**(3) 施肥**　施足底肥，每 667m$^2$ 施用生物有机肥 40kg，严禁使用对青虾有害的化肥，如氨水和碳酸氢铵等。

**(4) 秧苗移植**　秧苗一般在 5 月中下旬开始移植，采取浅水栽插，条栽与边行密植相结合的方法，养虾稻田宜推迟 10 天左右。无论是采用抛秧法还是常规栽秧，都要充分发挥宽行稀植和边坡优势技术，移植密度以 30cm×15cm 为宜，以确保青虾生活环境通风透气性能好。

**(5) 水位控制**　稻田水位控制基本原则是：平时水沿堤，晒田水位低，虾沟为保障，确保不伤虾。3 月控制在 30cm 左右；4 月中旬以后逐渐提高至 50～60cm；越冬期前的 10～11 月份控制在

30cm左右；越冬期间适当提高水位进行保温，控制在40～50cm。

（6）**科学晒田**　晒田总体要求是轻晒或短期晒，即晒田时，使田块中间不陷脚，田边表土不裂缝和发白。田晒好后，应及时恢复原水位，尽可能不要晒得太久，以免导致环沟青虾密度因长时间过大而产生不利影响。

**5. 虾苗培育与放养**

（1）**虾苗培育**　用于稻田养殖的青虾虾苗，一般需要经过中间培育，即由0.7～0.8cm的后期仔虾育成1.5～3cm的大规格虾苗，具体培育方法如下。

① **围沟设置**　中间培育沟应以宽5～6m为好，虾苗放养前10～15d，每平方米围沟用100g生石灰或15g漂白粉兑水后进行全沟消毒，杀灭敌害生物。

② **施肥移植水草**　每667m²围沟用畜禽粪肥500kg施足基肥，施肥后进水50～60cm，进水口应用40目的筛绢滤网严格过滤。在围沟中移植马来眼子菜、轮叶藻、苦草等水生植物，以做青虾的隐蔽和栖息蜕壳场所。种植面积以占沟面的1/3为宜。

③ **后期仔虾培育**　围沟施药后10d即可进行放养。先进行试水，确认消毒药物残效消失后再放虾苗。主养青虾的田块，每667m²放虾苗2万～3万尾，也可直接放养抱卵青虾1.5～2.0kg。抱卵虾应选择颜色比较一致，呈淡黄色即将孵出幼体的抱卵虾。将抱卵虾放入网箱中，便于投饵管理和幼体孵出后青虾的回收利用；也可直接将抱卵虾放入沟中。

虾苗中间培育的具体投饵管理参看青虾育苗章节。

（2）**苗种放养**　经15～25d中间培育，虾苗体长2.0cm左右时，即可开挖埝沟，让虾苗进入大田生活，同时投放混养品种，一般每667m²放虾苗1万～2万尾，并可搭配鲢鱼鱼种50～80尾或放养大规格鲢鱼夏花150～200尾，或放养规格80～100只/kg河蟹8～10kg。放养的虾鱼、蟹种必须是体质健壮、规格整齐、无病无伤、活力较强的，以确保养殖成活率。

（3）**饲养管理**

① **饵料的投喂**　虾苗放入大田后，初期田中有较丰富的天然饵料可供虾苗食用。此时应适当投喂些植物性饲料，维持天然饵料

有较大时间再生产能力。饲料投喂量在放苗初期按虾体重的1%投喂，1个月后按虾体重的3%投喂，第3个月投喂量为虾体重的5%。八九月份为鱼虾生长高峰期，应尽可能多补充些新鲜的动物性饵料。白天多投植物性饲料给鱼吃，虾料主要在晚上投喂。每日投饵两次，上午7～8时，投全天饲料量的1/3，下午6～7时投喂余下的2/3。饲料投在围沟边的浅水处。注意在虾苗刚刚入田的一段时间，要投喂粉状饲料，一般用水浸泡搅拌成糊状后，投在虾沟和虾溜中供幼虾吃食，待虾苗生长近1个月以后，再投喂颗粒饲料。

② 水质的管理　放养虾苗时沟水深度应保持在0.6～0.8m，待秧苗栽插转青后将虾沟水加满，至田面保持10cm水深。10月中旬后逐步把虾沟水位降下来，并保持水深相对稳定，切勿忽高忽低。

夏秋季虾沟定期换水，一般10～15d换一次，每次换水1/3。每15d泼洒一次生石灰水，每667m²虾沟用量为10～15kg，调节水质。

③ 药物的使用　稻田要尽可能地避免使用农药渔药，因青虾对农药较为敏感，且耐药能力较弱。因此，水稻治虫、鱼、虾、蟹病防治，都需特别谨慎。如果必须要用农药或渔药，宜选用低毒低残留的农药、渔药，并注意安全使用浓度、施药方法以及休药期，以减少对青虾的危害。一般施农药时，宜选择在晴天的上午或下午，将药液直接喷施于水稻株植的叶面，不能采用全池泼洒的方法。晴天清晨秧叶上潮湿有露水时宜喷施粉剂，不要喷药液，一方面药液不易被秧叶吸附，另一方面药液易随露水滑落到田里。更不能在雨天喷施药物，以免农药随雨水沿茎叶流入田中。此外，在喷施药物的前一天，可在虾沟、虾溜内投喂些优质的饲料，先将青虾诱入其中，并切断水源，第二天即可喷施药物。施渔药时，要严格遵循NY 5071—2002渔用药物使用准则的规定。

④ 日常管理　平时需注意巡田观察，要及时捞除进出水口的木框纱窗上的草渣污物，发现纱窗及其周围有漏洞时要及时修复，发现田埂有漏洞时，要及时堵塞。特别是在大雨时，要防止大水漫埂和出现田埂倒塌的情况而逃虾。此外，要采取有效的方法，经常

驱赶和捕捉鸟类、水蛇、水蜈蚣、青蛙和黄鳝等敌害,并注意养虾稻田中要严禁放牧鹅、鸭等,尤其要严禁鸭子入田。

### 6. 稻田养殖青虾主要模式

(1) **稻田主养青虾**　该模式以饲养青虾为主,可适当混养一部分鲢鱼或鲫鱼,一般每 $667m^2$ 产青虾 30～60kg。

(2) **虾鱼或虾蟹混养**　虾鱼或虾蟹混养是目前稻田养殖中经济效益最好的一种养殖模式。一般每 $667m^2$ 产商品蟹 30～50kg,高的可达 80kg,每 $667m^2$ 产商品青虾 15～30kg,或产商品鱼 50～100kg,产虾 20～30kg。

(3) **双季青虾养殖**　7月上中旬放养第一茬虾苗或虾种,11月份开始收获,商品虾上市,幼虾继续集中进行养殖,至翌年5月份,再起捕上市。该模式前茬虾,每 $667m^2$ 产量可达 30～50kg,后茬 40kg 左右。

(4) **一季罗氏沼虾、一季青虾养殖**　利用夏秋高温季节,饲养罗氏沼虾,10月份开始起捕,再利用冬季和翌年春夏季养一茬青虾,这种养殖茬口和模式一般效益较好,但要求青虾苗种要配套,虾苗规格要整齐健康,饲养管理技术要求较高。

## 四、网箱养殖青虾

### 1. 网箱养虾需要的条件

网箱养殖青虾是一种很有发展前景的养虾方式,可以充分利用我国的江河湖库等大水面良好的资源优势、环境优势和种质优势,具有得天独厚的网箱养虾的养殖条件(彩图5-6)。

(1) **水环境优越**　由于大水面具有水质清新、溶解氧充足、天然饵料丰富、箱内没有残饵、粪便积聚等特点,因此青虾的生长环境良好,摄食量大,生长明显比在静水条件下要快。通常同样的面积,其产量要比池塘高 2～3 倍。

(2) **养殖管理方便**　网箱养殖青虾,虽然放养密度高出池塘,但在养殖期间,饵料均匀充足,投饵简便,易于精养细喂,易于捕捞青虾,易于控制养殖全过程。

(3) **成虾品质优良**　由于水质清新,水体交换快,箱内青虾不与淤泥接触,投喂的饵料系由人工投喂控制,因而青虾不仅生长快、个体大，而且其体色呈青绿色、肉味鲜美，是群众所喜爱的清水河虾。

**2. 网箱养虾水域的选址**

养殖水域条件好坏直接关系到青虾养殖的产量、品质和效益，应重视选址。通常设置网箱地点必须选择在水面较宽阔、水位相对稳定、来往船只少的湖湾、库汊或河口区。水深 2m 以上，水的透明度在 50cm 以上，pH 值 8.5 左右，硝酸盐和亚硝酸盐含量分别 $\leqslant 0.02mg/L$ 和 $0.01mg/L$。水质清新活爽，溶解氧丰富，水质符合 GB 11607 国家渔业水质标准，周围和上游无工业污水和大量生活用水流入，无大片漂浮水生植物。

**3. 网箱设计与安置**

养殖青虾网箱的设计要根据青虾的生态特性，结合养殖区水域状况科学地制订，设计内容包括网箱结构和网箱设置安装。

(1) **网箱结构** 网箱结构主要指网箱形状与面积、网线粗细和网目大小等。通常网箱应制成长方形，一般采用的网箱规格分 $10m \times 6.6m \times 1.3m$，或 $7m \times 4.5m \times 1.3m$，或 $5m \times 3.3m \times 1.3m$ 三种，以箱体沉入水下 0.9m，水上保持 0.4m 为宜，因为箱体沉入水层过深，会使虾的头胸甲承受压力增大，使其鳃部受压呼吸困难，防逃网过高会使网箱抗风力下降，过低又会造成青虾爬逃。

(2) **网箱设置安装** 饲养青虾的网箱采用敞口或网箱，网箱安装通常用大毛竹缚成长方形竹架作为浮子，或选用塑料桶等做浮子，其框架内径稍大于网箱。网箱四角的柱桩上各装一个铁环，并装上一简易滑轮，将网箱固定在柱桩上，通过纲绳使网箱网目张开，箱体入水 0.9m，并可随水位升降通过。滑轮加以调整网箱设置，既可单个，也可集中，通常每 5 个网箱排成一行，两行为一个网箱养殖群体，中间加跳板用于操作管理。

**4. 虾苗放养与管理**

(1) **箱内设置"栖息层"** 由于青虾属底栖习性动物，一般只在箱底和箱壁攀缘爬行摄食生活，不利于充分利用网箱的空间，这就限制了虾苗的放养量和单位水体的产量。在网箱中设置"栖息层"，可以增加网箱中的栖息面积，从而可大幅度地提高水体中的虾苗放养量和产量。"栖息层"主要有两种：一种是在箱内投入水草，包括水葫芦、小浮萍、轮叶黑藻、苦草、菹草等，其漂浮面积一般占箱体面积的1/3。另一种是悬挂网片，其网目的规格为每平方厘米29目，网片的长度与网箱的短边相等，网片的宽度一般为50cm。通常每隔1m左右悬挂一片网片，网片与网箱的短边平行排列，网片的上下两端与网箱长边的线相连，网片的上端一般高出水面5cm，下端悬空。这样设置网片，不仅增加了青虾的附着面积，同时也可防止箱内的水草和青虾聚集于网箱的一侧，使得青虾能够在网箱内均匀分布。

(2) **虾种虾苗放养**　网箱养虾一年可养两茬。第一茬可在春季放养，通常在3～4月份进行，放养越冬虾种（或捕获的天然虾种）。放养规格为0.5～1.0g、体长为2.5～3.5cm的虾种，每平方米网箱放养120～230只，相当于每667m²放8万～15万只。5～7月份分批起捕后，至7月份再进行第二批放养，此时放养当年虾苗（或捕获的天然虾苗），放养规格为1.5～2.0cm，每平方米网箱可放200～300只。放养密度除了根据当地水质、饵料、箱内附着物的多少以及养殖技术有所增减外，主要还应根据箱体大小而定。通常网箱体积越小，其相对表面积越大，箱内水体交换也越快。因此，小面积的网箱单位面积的放养密度比大网箱高得多。

放养的虾种虾苗必须规格整齐、无病无伤、活力较强、体质健康。同一规格的虾种放入同一个网箱，一次放足，虾苗虾种来源最好是利用湖区、江河抱卵亲虾进行繁殖培育或采捕天然虾苗。

(3) **科学投喂饵料**　网箱养殖青虾，主要靠人工投喂饵料。生产实践证明，饵料的数量和质量是否到位是网箱养虾的关键，饵料适口、质优、量足，青虾的自相残杀率低，成活率高。除虾苗下塘阶段采用粉状饵料外，其余阶段均应采用颗粒饵料，其粗蛋白质含量要求在35%以上。日投饵量一般掌握在箱内虾总重量的5%～8%。饵料投放后，应仔细观察青虾的吃食情况，如投饵后很快吃完，则应增加投饵次数和投饵量。投饵方法参见池塘青虾养殖。

此外，应定期增投一些动物性饵料，如野杂鱼鱼糜、切碎蚌肉、螺蛳等，以保证箱内青虾吃匀、吃足、吃好。这些饵料必须未被污染、新鲜，且经筛选、去杂，在洁净水中洗净和绞碎，以确保达到鲜活饵料质量卫生指标。

（4）**日常管理**　网箱养虾特别需要注意的是经常洗刷网衣，保持网目的通透性，维持水体正常交换，以保持中水的溶解氧充足。清除箱底残饵污物，防止水底污染。经常检查网衣有无破漏，一旦发现破洞，应及时修补。早晚都要观察虾的吃食情况，随时调整投饵量，每10d测量一次虾的体长、体重，根据虾的体重计算虾的各阶段投饵量，做到科学投饵。总之，要坚持做到勤巡箱检查、勤洗刷箱体、勤维修网箱、勤记录日志，防敌害，防青虾逃逸，防汛以及防青虾病害。

## 五、水泥池养殖青虾

水泥池养殖青虾与一般池塘养殖相类似，但也有其特点。水泥池缺乏起缓冲作用的淤土层，缓冲性能不及土池。池中水质、水温变化比土池大，残饵、排泄物容易败坏水质，因而水体容易恶化缺氧。静水时水质变化快，人工控制条件要求较高。同时水泥池往往面积较小，消毒除害比较彻底，换水较方便，容易创造微流水条件，养殖过程排污较彻底，可直接从池底排污，只要条件配套可进行工厂化养殖。不具备条件的一般不宜采用水泥池养殖。

新建水泥池必须先经充分浸泡、换水和消毒后方可使用。仔虾放养在7月下旬至8月上旬，放养量一般为$200\sim900$尾$/m^2$。池中放养水葫芦等水草以及一定数量的人工虾巢，作为青虾蜕壳、隐蔽、栖息的场所。初期在池边投放颗粒大小适当的人工饵料和鱼粉，每天2次。当虾长到2cm以上的中、后期时，应投喂蚌肉、死泥鳅等动物性饲料。饲养期间还应保持水质清新，经常排污，改良水质。一般经130d养殖，饵料系数$2.5\sim3.3$，每平方米可生产600只$/kg$左右的成虾约250g。

## 六、青虾养殖关键技术要点

因环境变迁、过度捕捞，青虾野生资源下降，青虾来源逐步转向以人工养殖为主。市场上的野生青虾，尤其是长江青虾特别受人们青睐，价格是养殖青虾的$2\sim3$倍。出现这样的价格差，其主要原因除了野生青虾自然产量低之外，更主要的是长江野生青虾的质量普遍优于养殖青虾。

通过定期分析和检测水质、药物、饲料、病害和产品，坚持改善生态环境，推行优质安全的健康养殖模式，优化青虾品质，可以生产出质量与野生青虾相近的优质青虾。优质青虾的养殖技术要点如下。

**1. 生态养殖**

青虾养殖池的水草有很多作用，如可供青虾栖息、蜕壳和隐蔽；水草的光合作用可增加水中溶解氧量；能净化水质，防止水质恶化。青虾池注水后，应随即设置隐蔽物或栽植水草，水草可以沉水植物为主，适当种植伊绿藻、枯草（苦草）等。虾池沿岸四周必须有水草带，通常以轮叶黑藻为主，深水处种聚草，浅水处种植苦草。水草量不要太多，"春养"青虾时，水草的覆盖面积一般占虾池水面的 10% 左右，间距 1～2m；"秋养"青虾时，水草的覆盖面积占水面的 20% 左右。

**2. 强化水质管理**

青虾对水质的要求较高，对低溶解氧量非常敏感，其窒息点比鱼要高。放养前要清塘消毒，养殖水体的底部淤泥要少。整个养殖期内，水质管理的核心是保持较高的溶解氧量，要始终抓住增氧环节，使 pH 值保持在 7～8，水体溶解氧量在 5mg/L 以上。养殖池一定要配备足够功率（$1kW/667m^2$）的增氧设备，保证池水溶解氧丰富。其次应保持适宜的水体肥度，将透明度控制在 30cm 左右。水体不宜太肥，也不宜太瘦，以防止青苔滋生。适时注排水，并根据季节和气温调节控制水位。池塘水位的确定原则为春浅（80cm 左右）、夏深（150cm）、秋适（120cm）、冬保（150cm）。适时有意使用微生物制剂调节水质，以能保持常年微流水为最好。

**3. 合理养殖密度**

青虾性成熟的迟早与放养密度关系密切，放养密度越大，性成熟越早。此外，青虾养殖密度大，饲料投喂得多，水质难以保证，养出的虾个体小，从而影响产品的质量。必须适当降低放养密度，以提高商品虾的规格。单养：每 $667m^2$ 放体长 1.5～2.5cm 的幼虾 3 万～5 万尾。混养：以吃食性鱼类为主的，每 $667m^2$ 放青虾 2

万～3万尾；以肥水鱼为主的，每667m$^2$放青虾1.0万～1.5万尾。两茬虾：春放或上年秋后每667m$^2$放幼虾1万～2万尾，夏放当年每667m$^2$放幼虾3万～5万尾。

**4. 科学投喂饲料**

饲料必须新鲜、不变质、无污染、无毒，营养成分能满足青虾生长发育的需要。青虾食量不大，但生长速度快，饲料报酬率很高。青虾食谱广，以植物性饵料为主，比较爱吃的有米粮、麸皮、豆饼、酒糟等，但应适当搭配粉碎的动物性饲料。受水温的影响，青虾的摄食强度存在明显的季节变化，水温降至8℃以下时则停止摄食，潜入深水区越冬。当水温升到8℃以上时开始摄食。

在水草充足的前提下，每667m$^2$每天投饲2～4kg，日投2次，早少晚多，多点分散，定时投喂。投喂饲料要适量，生长旺季每天投喂4次，使饱胃率达到70％以上，这样既可提高饲料的利用率，又可减少水质污染。

**5. 重视病害的预防**

要提高青虾的养殖效益，防止和减少疾病发生是重点。应尽可能营造良好的生态环境，实行健康养殖，减少药物的使用。放养前剔除软壳虾，加强饲养管理，提高青虾的抗病力。必须用药时，应选用绿色环保药物。秋季傍晚下雷阵雨，容易发生严重浮头，必须注水、增氧双管齐下，同时应提前预防青虾黑鳃病和红体病。此外，要注意做好防毒、防逃等日常管理工作。

**6. 改进捕捞技术**

目前青虾的捕捞方法较多，必须因地制宜地加以选择。主要方法：一是用虾笼诱捕，每667m$^2$设置虾笼2～4个；二是用虾罾在晚间诱捕；三是用手抄网在水生植物和人工虾巢下抄捕；四是用地曳网在浅水处拉捕；五是傍晚在排水口安装袖网，开闸放水捕虾；六是干塘捕捞。

根据青虾成熟周期短，虾塘中不断有小虾繁生出来，以及生长中个体差异大的特点，通常采取一次放足，多次轮捕，捕大留小的技术措施。该措施的优点：一是能减少塘内虾的密度，有利于存塘虾生长，有利于青虾规格和产量的提高；二是均衡上市，价格高，效益好。

罗氏沼虾是热带虾类，不耐低温，它的整个生命过程必须在水温高于22℃的环境中度过，幼体阶段还需要10‰以上的咸淡水环境。在我国大部分地区，罗氏沼虾的生长期只有120~180d，人工育苗的亲虾有半年左右的时间必须在室内加温条件下越冬，幼体培养也需在加温条件下进行，所以在我国大部分地区都是进行人工繁殖，苗种生产均为工厂化方式。

## 一、幼虾培育

刚孵出的第Ⅰ期蚤状幼体是以自身的卵黄作为营养，不摄食。第一次蜕皮后变成第Ⅱ期幼体。在水温28℃、盐度10.5‰的循环水条件下，孵化后28h开始出现第Ⅱ期幼体，而全部变为第Ⅱ期幼体是在孵化后47h。第一次摄食是在孵化后35~47h，孵化后61~65h全部第Ⅱ期幼体开始摄食。

幼体孵化后第二天或第三天开始投喂，幼体的成活率和变态率均高，但如在第四天、第五天才开始投喂，幼体的成活率和变态率将明显下降，而且变态成仔虾的所需天数随着第一次投饵日期的推迟而延长，因此及时投饵对苗种生产是非常重要的。

### 1. 幼体饵料制备

**(1) 卤虫卵的孵化**　卤虫无节幼体是罗氏沼虾蚤状幼体的开口饵料，也是整个幼体期的最好饵料。卤虫无节幼体是由卤虫的幼卵孵化出来的。市场上卤虫卵的品牌很多，有进口的也有国产的。进口卤虫卵都为精制罐装或桶装的，孵化率较高，一般可达70%~90%，而国产的大多是粗制品，杂质较多，孵化率低，质量较好的，孵化率也可达60%左右。所以一定要认真选购质量好的卵。

卤虫卵孵化的环境条件如下。

① 盐度　卤虫卵孵化要求水质的盐度在12‰以上，但国外有试验认为，在5‰的水中可提高卵的孵化率，而且孵出的无节幼体有较高的能量，成活率也高。从低盐度水中孵出的无节幼体能直接移入高盐度的育苗池，不会引起死亡。

② 水温　在 28～30℃ 时孵化率最高，水温超过 33～40℃ 时，胚胎即进入休眠状态，一旦水温降至 30℃ 左右，又可继续发育孵化。在 28℃ 以下孵化时，所需时间较长。

③ pH 值　水的 pH 值在 8～9 时卤虫卵的孵化酶活力最强，最有利于孵化。水的 pH 值可用碳酸钠和氧化钙（生石灰）进行调节。

④ 溶解氧　孵化水的溶解氧要高，虽然在溶解氧低至 1mg/L 仍能孵化，但孵化率低。所以必须进行充气孵化，使卤虫卵不停地在溶解氧达饱和的水中翻腾。

⑤ 孵化密度　卤虫卵的孵化密度以 3～5g/L 最为适宜。密度过大会降低孵化率。

⑥ 光照　卤虫卵孵化是需要一定光照的，在 1000lx 的照度条件下孵化率最高。黑暗中孵化率只有光照下的一半。可以将 4 只 60W 的荧光灯悬于卤虫卵孵化桶上方 20cm 处达到光照要求。

刚刚孵出的卤虫第 I 期无节幼体营养价值最高，而几小时后变成第 II 期无节幼体时体内保存的能量减少 20% 以上，所以应及时采集无节幼体，投喂罗氏沼虾幼体。

无节幼体的采集方法是先停止充气，孵化桶上覆盖黑布遮光。此时卵壳浮于水表，未孵化的卵和死卵沉于桶底，即可用虹吸管吸取中层的无节幼体。将无节幼体吸入 200 目筛绢做成的收集袋中，再倒入充气的容器中等待投喂。如果卵壳一次分离不净可进行二次分离。

**（2）蒸鸡蛋羹的制备**　鸡蛋羹是罗氏沼虾幼体培育中、后期的主要饵料。其制备方法是将整个蛋（包括蛋清和蛋黄）打入容器内，加入少量水，再添加少量奶粉，打成匀浆，放在蒸锅中蒸熟。然后将蛋羹放到筛绢袋内搓碎，直到全部蛋羹通过筛眼成细颗粒。筛绢袋有 80 目、60 目、40 目三种规格，根据幼体大小分别选用。将制成的蛋羹颗粒倒入 120 目筛绢袋中，用清水冲洗。冲洗后的蛋羹颗粒放入桶中加水搅匀后，泼入幼体池。

**（3）鱼糜的制备**　取新鲜或冰冻的淡水鱼或海水鱼，剖杀后去鳞去皮，取两侧肌肉，切成 2cm² 的小块，用绞肉机绞碎，如不够细可再绞一遍。将碎肉倒进 20 目筛绢袋在水中搓揉，滤出的悬液放入 120 目筛绢袋中过滤，冲洗后即可投喂幼体。也可将鱼糜与鸡蛋一起搅匀后蒸熟，制成混合颗粒再喂幼体。

**(4) 其他代用饵料**　国外普遍采用干的鸡血粉、成熟的鲻鱼卵和冻鳕鱼卵喂幼虾，国内有些单位用豆腐做辅助饵料，也有用桡足类、枝角类等浮游动物投喂后期罗氏沼虾的幼体。

## 2. 幼体培育操作要点

**(1) 培育池**　一般采用砖混结构，水泥批荡，池底铺白瓷砖。培育池长方形，底部倾斜 $5\%\sim6\%$，浅水端设进水管，深水端设出水口，并设置充气、加温设施。培育池面积可因地制宜，一般为 $6\sim10cm^2$，高 $0.7\sim0.8m$。各池分左右两边排列，以方便管理。幼体培育池可建于室内，也可建于室外，池的上方用透光性能较好的玻璃钢瓦或塑料薄膜搭盖，要求光线充足、保温性能好、防风防雨及防强紫外线。培育池以东西长、南北宽为好。

**(2) 培育用水**　采用天然海水或 $6\sim7°Bé$ 的浓缩海水与淡水配制成盐度为 $12‰\sim14‰$（相对密度为 $1.007\sim1.008$）的半咸水，或选用人工海水。淡水可选用池塘水、井水或自来水。

**(3) 培育幼体密度**　在蚤状幼体 I～IV 期，放养密度为 $(20\sim25)\times10^4$ 尾/$m^3$，IV～VII 期，放养密度为 $(15\sim20)\times10^4$ 尾/$m^3$，VII～VIII 期，放养密度为 $(10\sim15)\times10^4$ 尾/$m^3$。以此放养密度，正常情况下，可生产淡化虾苗 $(5\sim12)\times10^4$ 尾/$m^3$。

**(4) 水质管理**　适温范围为 $24\sim31℃$，最佳温度为 $28\sim30℃$；溶解氧在 $5mg/L$ 以上；pH 值为 $7.0\sim8.5$，加乙二胺四乙酸二钠（EDTA-2Na）溶液，使池水浓度达 $(2\sim3)\times10^{-6}$，络合沉淀水中重金属离子。每天吸污 2 次，不定期加注新水，保持水质清新。

**(5) 投饵**　蚤状幼体孵出后第二天开始投喂生物饵料，如刚孵出的卤虫；蚤状幼体发育至第 V 期后，开始增喂能透过 24 目/$cm^2$ 筛绢的煮熟鱼糜、蛋黄，日喂 $4\sim5$ 次，并在喂卤虫前 30min 投喂。投喂卤虫量以下一次投喂时稍有剩余为宜。鱼糜和蛋黄则以 90% 以上的幼体能摄食到为宜，避免投喂过量影响水质。

**(6) 病害防治**

① 育苗用水处理　育苗用水应经沉淀处理，并经 80 目/$cm^2$ 的筛绢过滤，防止敌害生物入池。然后泼洒三氯异氰尿酸使池水药

物浓度达 $0.3 \times 10^{-6}$。

② 育苗池消毒　用浓度为 $10 \times 10^{-6}$ 的三氯异氰尿酸溶液喷洒池壁及池底消毒。

③ 饵料消毒　卤虫在孵化前先用浓度为 $5 \times 10 \sim 6 \times 10^{-6}$ 的三氯异氰尿酸浴液浸泡消毒 5min，然后用自然水冲洗干净再进行孵化。

④ 罗氏沼虾幼体敏感药品及临界浓度　浓度为 $0.05 \times 10^{-6}$ 的敌百虫溶液、$1 \times 10^{-6}$ 的漂白粉溶液、$0.7 \times 10^{-6}$ 的硫酸铜溶液及 $25 \times 10^{-6}$ 的生石灰溶液。

**(7) 虾苗淡化**　90％以上蚤状幼体变态成仔虾后，即可进行淡化。在育苗池深水端取胶管用虹吸方法将池水吸出，使池水减少一半，然后在浅水端徐徐加入淡水至原水位，随即再将池水吸出，同时在浅水端加入淡水，使进出水量大体相同，直至池水全部被淡水所置换为止，此过程需 6～8h。淡化后，继续在原池培育 1 天，仔虾全部变态成虾苗便可出池，进入幼虾培育阶段。

**3. 幼体培育中应注意的一些问题**

(1) 卤虫无节幼体的投喂密度与初期沼虾幼体的成活率有直接联系。水体中的饵料生物要有相当密度才能使幼体吃饱。试验证明，卤虫无节幼体在水中的投喂密度在 5～10 个/ml 时，幼体的成活率和变态率比饵料密度为 5 个/ml 以下时高得多。因此育苗初期的投饵密度要达到 5 个/ml 以上。

(2) 由于卤虫卵在国际市场上供不应求，价格十分昂贵，一般在沼虾幼体培育的第十天开始用代用饵料，替代部分卤虫无节幼体。但育苗后期适当辅以卤虫无节幼体还是必要的，如全部用代用饵料投喂，对沼虾幼体的成活率和变态率有影响。

(3) 每一个育苗池应尽量放养同一天孵出的幼体，这样有利于变态的同步性，提高成活率。

(4) 每次投喂量以能看到每尾沼虾幼体都可抱住 1 粒饵料颗粒为准。不能过量投饵，防止残饵过多污染水质。中、后期饵料以代用饵料为主时，每天应保持投喂卤虫无节幼体 1～2 次，以确保营养全面。

(5) 温度低于 24～26℃沼虾幼体生长不良，变态时间长，

33℃以上会使幼体死亡。最佳培育水温是 28～30℃。温度的波动尽量控制在 ±1℃范围内,切忌温度突变,特别在换水时要注意预热水和池水温度的一致。

(6) 在育苗期间均应保持盐度稳定,不要有 2‰以上的变动。

(7) 育苗池的溶解氧应尽可能保持在饱和状态。在高密度育苗情况下,水中不仅有大量沼虾幼体消耗溶解氧,而且有更多的卤虫无节幼体和残饵及代谢产物在不断耗氧,所以水中溶解氧只有通过连续不断的大充气量才能保持饱和。只有在排污的短暂时间内允许停止充气。

(8) 定期排污和换水是保持水质良好的重要措施。

育苗开始的前几天由于沼虾幼体小,饵料消耗也少,一周内可不需吸污。以后可隔 2d 吸一次污,10d 后需每天吸污一次。后期如残饵过多,每天必须吸污 2 次。吸污前先停止充气几分钟,使部分残饵颗粒沉淀到池底,然后用橡胶管虹吸掉池底污物。

换水是排除水中溶解的有毒物质、降低病菌浓度的最好办法,所以应坚持每天换水。第一个 10 天每天换水量为育苗池水的 1/3;第二个 10 天每天换 1/2～2/3;第三个 10 天每天换水 2 次,每次换 1/2。每天换水时间安排在傍晚或晚上 9 时左右。这样夜间水质较好,有利于幼体蜕皮变态。

换水时宜将虹吸管进水的一头预置于育苗池的筛绢网箱中,防止吸出虾苗幼体。网箱应备 80 目和 40 目的两种规格,根据虾苗幼体大小而选用任一种。总之,既要防止吸走虾苗幼体,又要使水中悬浮颗粒能尽量吸出。

(9) 如水质明显恶化,或有异味,或虾苗幼体出现不良状况,如出现不活跃、无力逆气流游动、摄食不积极、幼体常跃出水面、贴附池壁等现象时,应彻底换水或干脆"倒池"(即换池)。换进的水必须预先加热和调好盐度,使之与育苗池水一致。

倒池是用灯光诱集虾苗幼体,再用虹吸法将幼体带水吸出收集于网箱中,最后用筛绢做的抄网捞出放到新准备的育苗池中。也可先用 120 目筛绢网将幼体从池中围捕出来,移至另一育苗池中。一般围捕 3 次,即可把大部分幼体捕出。最后再排水,用集苗网箱收集余下的幼体。

（10）幼体培育期长 4 周左右，而且又是高密度、高投饵量，水质变化大，疾病发生在所难免。一旦发生疾病，程度不同地会对生产造成损失，因此必须十分重视疾病的防治。

（11）水温 28～30℃ 条件下培育的幼体，到第 17、18 天就有少量幼体变态成仔虾，第 21 天已有 5％左右变成仔虾，第 23 天有 15％以上幼体变为仔虾，第 28 天时 90％的幼体变为仔虾。此时即可进行淡化处理，使仔虾逐步适应淡水生活和外界水温。淡化一般可在 6～12h 内完成。

淡化时先将淡水预热到与育苗池一样的水温，防止温差过大。

仔虾池在淡化前即停止加温，让池水逐步降温，使仔虾逐步适应即将放养的室外环境。淡化后的仔虾在育苗池暂养 2～3d 后，待规格大一些、体质强一些再出售或进行中间培育。

## 二、仔虾中间培育

罗氏沼虾的仔虾体长都在 0.7cm 左右，由于体质尚十分纤弱，对环境的适应性差，避敌、摄食能力均不强，若直接放养到成虾池养成，由于成虾池面积大、饵料生物密度低、饲养管理不方便等原因，易导致沼虾成活率低，产量不高。因此，国内外都提倡中间培育法，即将仔虾进行小水体高度集约精养一段时间，育成体长 1.5～3cm 大的幼虾，再放养到成虾池去养殖。另外，为了使罗氏沼虾提早养成，延长上市时间，稳定商品虾的市场价格，多用早繁苗生产。由于室外水温低，从早繁苗到室外土池养成仔虾必须先在保温条件下经过中间培育，使虾苗达到较大规格，当室外水温达到适于罗氏沼虾生长时，再放入成虾池养殖。

### 1. 培育条件

（1）**培育池**　以水泥池为宜，面积 50～100m²，水深 0.8～1.2m，水源充足，排灌设施齐备，池底排水端设一收虾槽。也可采用幼体培育池或亲虾培育池、网围等形式进行高密度强化培育，还可在养虾池塘中采用网箱培育。早春季节则在塑料大棚内进行加温培育。

（2）**培育用水**　水质应符合 GB 11607 的规定。可引自江河、水库、池塘或井水等无毒无污染的清新水源，经沉淀并用 24 孔/cm²

筛绢过滤后入池，防止敌害生物侵入。

**2. 大棚建造**

（1）**建池位置** 塑料大棚培育池的建池位置，应避风向阳；靠近水源，注排水方便；靠近养成池，交通便利。

（2）**材料选择** 大棚骨架用毛竹或木材。立柱用直径 6cm 左右的毛竹或树干。顶架用竹竿或直径 10cm 左右的毛竹劈成 4 片的竹皮，立柱间的连接用直径 2cm 的竹竿。塑料薄膜采用 8 丝透明农用塑料薄膜，最好用无滴膜。固定薄膜用 8～10 号铁丝。棚内毛竹的连接，用 10～16 号细铁丝。

（3）**骨架搭建** 大棚呈拱形，最高处距池底 2.5～3m（离水面 1.5～2m）。池中间设立柱，行距根据池子宽度而定。立柱应打入池底 50cm。两根立柱之间用细竹竿和铁丝连接。立柱纵向间距为 1～1.5m。顶架竹片弯成弧形，与立柱上端用细铁丝固定，并用塑料薄膜缠包，接头不外露，以防磨破顶棚塑料薄膜。

（4）**塑膜覆盖** 按池子长度将塑料薄膜熨烫粘接成一整片。选择无风天气，把塑料薄膜纵向覆盖于大棚顶架上，并用绳拉挺绷紧，池四周的薄膜下端埋入事先挖好的沟里，用土埋压结实。池两端均建一门。

（5）**塑膜固定** 用 8～10 号铁丝在每两行顶架间将薄膜压紧。铁丝两端固定在大棚两侧打入地下 60cm 的木桩或砖块上。

（6）**充气配备** 用罗茨鼓风机或 XGB 型旋涡气泵供气，送气主管道用直径 10cm 的塑料管，支管道用直径 2.5cm 的塑料管。主管道与支管道连接处用阀门控制。支管道平铺在离池底 30cm 高的位置，固定在大棚的立柱上。支管上每隔 1.5m 钻一个直径 1.5mm 的小孔（出气孔）。

**3. 饲养管理**

（1）**放养密度** 用室外水泥池培育，放养淡化虾苗的密度为 300～500 尾/m³，若有流水和增氧设施，可加大放养密度；用室内幼体培育池强化培育，在充气、水温 25～30℃条件下，放养淡化虾苗的密度为 8000～12000 尾/m³；在池塘网箱中培育，放养淡化虾苗的密度为 3000～5000 尾/m³；在小面积网围中培育，每 667m² 可放养淡化虾苗 $2.5×10^4～5×10^4$ 尾。

（2）**水质管理** 视水质情况不定期更换池水，使溶解氧在 4mg/L 以上。利用室内幼体培育池强化培育时，则保持经常性充气增氧，注意吸除污物残饵，防止水质恶化。

（3）**投饲技术** 花生饼、豆饼、豆渣、麦麸、鱼粉、蛋品等均是幼虾适口饲料，且以小颗粒配合饲料为好，日投喂量为总体重的 8%～10%，按 3∶3∶4 的比例分早、中、晚 3 次投喂。在幼体培育池中强化培育或网箱培育，则以投喂鱼肉、蛋品等高蛋白饲料为宜（投喂量折成干饲料计）。

（4）**设置隐蔽物** 培育池内设置瓦片、砖块、竹枝、挂网等供虾栖息隐蔽。室外水泥池可在池的一端架设竹篮遮阴或放养水浮莲等，以避免幼虾被烈日暴晒，躲避敌害。

（5）**病害防治** 放养前对水池进行清洗和药物消毒，放养期间可用漂白粉或三氯异氰尿酸对池水消毒，使池水药物浓度达 $1 \times 10^{-6}$ 或 $0.3 \times 10^{-6}$，可防治细菌性疾病。发生纤毛虫病时，可用硫酸铜水溶液全池泼洒，使池水的药物浓度达 $(0.5 \sim 0.7) \times 10^{-6}$。进出水口设置防逃设施，也可防止敌害生物入池。

**4. 仔虾中间培育应注意的问题**

（1）**放苗时间及注意事项** 大棚水温在 4 月中旬前后才能升至 20℃ 以上。罗氏沼虾仔虾必须在水温稳定在 22℃ 以上才放养。如需提前放苗，则应有加温设备。放苗前池水应先充气增氧，尽量选择晴天放苗。注意调整好运苗容器中水温和放养池水温，两者温差不应超过 2℃。可将塑料薄膜袋先放入池水中 20min，平衡水温后再将苗倒入网箱中。剔除死苗，准确计数后再放养。

（2）**水温调节** 大棚内水温调节主要通过启闭大棚的门和临时掀开两侧薄膜来实现。培育期间水温宜保持在 22～28℃，不超过 32℃。连续阴雨天，要紧闭通风门，减少热量散失；晴天气温过高时要及时打开门和掀开大棚两边薄膜，使棚内水温不致升得太高。

（3）**定期换水** 放苗初期不需换水，可通过逐渐添加新水增加水深到 1～1.2m。以后每 3 天换去部分水，换水量从池水的 15%，到后期增加到 40%。先将预热池灌入新水，接受太阳能升温，待水温升到与育苗池水相近时再抽入育苗池。先排后灌。换水时温差不大于 2℃。一般在下午 3～5 时换水。进水要经 40 目筛网过滤。

施用有益微生物制剂改善水质。

（4）**充气**　育苗池放养后须连续充气。当池中藻类较多，水色较深时，白天可间隙充气，每隔 2h 充气 0.5h。夜间和阴雨天不能停气。

（5）**勤观察勤记录**　大棚育苗必须安排专人昼夜值班，随时观察虾苗活动和生长、水质变化情况，做好防病工作。每天 6 时、14 时、18 时测定大棚内外气温和水温。每 10 天测定虾苗体长；每天收听天气预报，做好大棚防大风的加固工作。

**5. 虾苗集捕与运输**

（1）**出池幼虾质量标准**　淡化后虾苗体长 0.7cm 左右，经 15 天左右培育体长达到 1.5cm 以上，成活率达 80% 以上。甲壳光洁，附肢完整，虾体呈半透明，游动活泼、弹跳有力。

（2）**虾苗集捕**　虾苗平均体长达 1.5～2.5cm 时即应及时出池。起捕时先掀开薄膜，使池水逐步降至与自然水温一致时，排去一部分池水，然后用密网轻轻围捕。拉网速度要慢，以防伤苗。连拉 3 次网后，将池水排干，在集虾沟中用抄网捞出剩余虾苗。捕出的虾苗应迅速转入水质清新、溶解氧高的池中预先设置的网箱里暂养。除去杂质，尽快过数移养到成虾池养殖或出售。

（3）**虾苗运输**　长途运输虾苗是用塑料薄膜袋充氧盛装。水温 25℃左右，体长 2cm 左右的虾苗每袋可装 1500～2000 尾，运输时间 6h；每袋装 1000 尾，可运 10h 左右。

# 三、池塘养殖成虾

罗氏沼虾的池塘养殖有两种类型：一是以虾为主，少量混养滤食性的白鲢和花鲢，混养鱼的目的是控制池中过度繁殖的浮游生物，同时可增加一定的鱼产量；二是以鱼为主适量混养罗氏沼虾，可充分利用鱼池的饵料基础，增加虾的产量，提高鱼池生产效益。

一般来说，以虾为主时，放养淡化虾苗 2 万～4 万尾/667m²，经过 5～6 个月饲养，虾的成活率在 40%，平均体重 15g 以上。虾产量可达 120～240kg/667m²，另收获商品鱼 100～200kg。

**1. 池塘条件**

（1）**面积和水深**　面积 1300～6667m²，水深 1.5m 左右。

（2）**塘堤与底质** 塘堤坚固，防漏性能好。池底平坦，以沙质土为好，淤泥厚度为5～10cm。

（3）**水源和水质** 水源充足，排灌方便。水质应符合GB 11607的规定。

（4）**隐蔽物设置** 池塘设置必要的隐蔽物，如种植水生植物或沿塘边水中挂网、投放树枝等，隐蔽物的设置面积为池塘面积的1/5～1/4。

（5）**清塘消毒** 放养前应进行清塘消毒。当水深1m时，每667m² 用生石灰100～125kg化水泼洒，待野杂鱼虾游靠岸边，随即再用晶体敌百虫0.75kg溶水后沿塘边泼洒，以彻底清除野杂鱼虾类和病原体。经7～10d，以少量虾苗试水，证明药物毒性消失后，方可正式放养虾苗。

**2. 主养罗氏沼虾**

**（1）单季养虾**

① 虾苗放养 每667m²放养经幼体中间培育后体长1.5cm以上的幼虾1.2万～1.5万尾或放养体长为0.7cm左右的淡化虾苗2.0万～4.0万尾。要求规格一致，一次放足。虾苗放养时，池塘水温应稳定在20℃以上。

② 鱼种放养 每667m²混养体长14～16cm鲢、鳙鱼种100～150尾，两者比例3：1，在虾苗下塘15d左右一次放足。

③ 饲养管理

a. 投饲 投喂粗蛋白含量在32%以上的配合颗粒饲料，也可投喂其他植物性和动物性饲料。日投量：在小虾阶段（尾重3g以下）占虾总重的8%～10%；中虾阶段（尾重3～10g）占虾总重的5%～8%；大虾阶段（尾重11g以上）占虾总重的3%～5%。日投量按3：3：4的比例分别在早上、中午、晚上投喂。全塘撒投，白天深水区多投，晚上则转向浅水区多投。

b. 施肥 清塘后可施放基肥，培育水质，施放发酵有机肥50～100kg/667m²；虾鱼放养后视水质变化情况，养殖初期可施放经发酵的有机肥20～50kg/667m²，而养殖中后期用尿素或碳酸氢铵等化肥2～3kg/667m²，以促进浮游生物持续生长繁殖，增加天然饵料。

c. 水质管理　定期进行池水理化因子测定，及时冲注新水或机械增氧。2000～3500m² 水面配置一台 1.5kW 的增氧机，保证池水溶解氧量在 4mg/L 以上。储备化学增氧剂，防止各种原因造成的泛塘事故发生，池水透明度保持在 25cm 左右。施用有益微生物制剂，改良养殖水质、底质。养殖前期水深 0.8m 即可，中后期水深为 1.5m 左右。

d. 虾体检查　每半个月进行一次抽样检查虾生长情况，测量全长、体长和体重，根据生长情况调整投饲量。

e. 病害防治　勤巡塘，及时清除塘中敌害生物，定期用生石灰杀菌防病。养殖前期每隔 10d 用生石灰 5kg/667m²，中期每隔 10～15d 用 10kg/667m²，后期每隔 20～30d 用 15kg/667m² 全池泼洒。发生病害期间，应隔天轮换用生石灰或三氯异氰尿酸全池泼洒，使池水药物浓度分别为 $20×10^{-6}$ 和 $0.4×10^{-6}$，一个疗程 2～3 次。定期使用有益微生物制剂，保持生态平衡。

④ 虾鱼捕捞

a. 捕大留小　幼虾经 3 个月左右饲养，有部分虾体重达到 15g以上，应及时捕捞，与此同时将达到商品规格的鱼类随同捕起，实行捕大留小，有利于饲养后期虾鱼稀养快长，提高单产。

b. 干塘收虾　当水温下降至 17～18℃时，宜干塘收虾，先部分排水，用疏网将鱼捕起，再用密网捕虾，最后排干池水，将虾全部捕完。

**(2) 双季养虾**　这种养殖模式一般适于与青虾养殖结合进行，即第一茬养殖罗氏沼虾，5 月上中旬放养体长 2.5～3cm 罗氏沼虾苗 1.5 万～2 万尾/667m²，30 天后放花白鲢鱼种 100～200 尾/667m²。8 月底 9 月初起捕，每 667m² 产罗氏沼虾 150kg 左右。九、十月放养规格为 2000～4000 尾/kg 的当年青虾苗种 1.5 万～2万尾。饲养到翌年 6 月份，每 667m² 产青虾 30kg 以上，食用鱼40kg 以上。

# 四、稻田养殖成虾

## 1. 稻田养虾的优越性

稻田养殖罗氏沼虾是开展稻田综合利用、发挥农业生态优势的重要内容。其优越性已在稻田养青虾中阐述。

**2. 稻田养殖罗氏沼虾的技术**

（1）**养虾稻田的选择** 凡是水源充足、排灌方便、保水力强、天旱不干、洪水不淹的中晚季稻田以及平原地区的一般水源较好、排灌系统较完善、抗洪抗旱能力较强的多数稻田，都可用作罗氏沼虾养殖地。丘陵和山区，水利条件较差，要选择有水源保证、有较高的水温、土质肥沃的稻田养虾。养虾稻田的水源必须无污染，以免影响虾的生长。

（2）**养虾稻田的改造**

① 加固加高田埂 为了防止水满逃虾，就一定要对田埂加固加高。一般田埂以 0.5m 高、0.5m 宽为宜，并要捶打结实牢固，做到不裂、不漏、不垮；以防大雨淋塌或漏水塌方。

② 挖好虾沟和虾槽 为了使稻田在浅灌、晒田等不同阶段虾能正常生长，在稻田施化肥、农药或除草时虾能较安全地度过，以及减少稻田水的昼夜温差和便于捕捞，必须挖好虾沟和虾槽。沟宽 35～70cm、深 30cm 以上，沟呈"田"字形或"棋盘"形，并在各交叉点上挖好虾槽，槽深 1m 以上，虽减少部分稻田面积，但可扩大养殖水域，为提高养虾产量创造条件（图 5-3）。

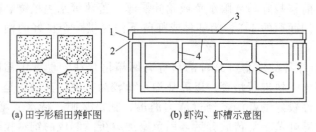

(a) 田字形稻田养虾图　　　　(b) 虾沟、虾槽示意图

图 5-3　稻田养虾示意图

1—进水口；2—拦虾网；3—田埂；4—虾沟；5—出水口；6—虾槽

③ 筑好进出水口和安装拦虾设施 进、出水口设在稻田的相对角的田基上。出水口底面高度以该稻田保水位置为准。进、出水口都要安装滤网，以防罗氏沼虾随水外逃。滤网的密度一般以 6～8 目为好，滤网要高出田基 20～30cm，下边深埋于基土中，做到坚固牢实，安全无漏洞。一般滤网长度为 2～3m，呈弧形向稻田

内安装，以增加流水量和防止杂物堵塞。

**（3）罗氏沼虾虾种的放养**　虾种的放养是稻田养殖罗氏沼虾的重要一环。虾种放养的好坏直接影响着养成商品虾规格和经济效益。应着重搞好清沟消毒、虾沟施肥、移栽水生植物、稚虾培育以及虾种放养等基础工作。

① 清沟消毒　稻田养虾沟是罗氏沼虾生长育肥的场所，养虾沟环境的好坏对罗氏沼虾的养成影响极大，为此，清沟消毒一定要严格彻底。通常在虾种放养前 20～25d 进行清沟消毒，每 667m² 养虾沟可用生石灰 60～75kg，兑水化开后全池泼洒，也可用漂白粉 7.5kg 带水泼洒，以杀灭有害生物。待所施消毒物毒性消失后，即可进水。进水口要用筛绢网密封好，筛绢网网袋的长度最好在 1.5m 左右。进水时，让水流经网袋过滤再进入虾沟，严防野杂鱼等虾的敌害进入。

② 施足基肥　虾沟进水后，水深保持 0.6～0.8m，每 667m² 虾沟施禽畜粪等有机肥 300～500kg，用以培养大型浮游动物。同时还可放一部分螺蛳、鲫鱼等，让其繁殖，为虾种下塘准备大量适口饵料。

③ 移栽水生植物　罗氏沼虾喜欢栖息在水草丛中，故应在虾种放养前移栽好马来眼子菜或轮叶黑藻、苦草等水生植物，覆盖面应占虾沟面积的 1/2，为虾种或虾苗下沟提供一个良好的栖息生长环境。

④ 虾种的培育　虾种的培育有网箱培育法，也可用稻田的养虾沟围出一块进行培育。以养虾沟培育较为方便，其做法是：选择一段条件较好的虾沟，经过清沟消毒，施足基肥，待水质增肥后，即可放养虾苗。虾苗放养后，用鱼糜加鸡蛋煮制成的饲料投喂，日投饲量为 50g/万尾，每天投喂 5～6 次。目前罗氏沼虾从虾苗开始到成虾养成，都有系列配合饲料，也可用罗氏沼虾虾苗配合饲料进行投喂。同时，还应加强水质管理，搞好病害防治。经 7～10d 的强化培育，稚虾就可长到 1.5～3cm，俗称虾种。虾苗育成虾种再放入稻田的好处：一是虾苗在小范围内强化培育，既便于饲养管理，虾苗生长速度又快；二是用虾种放养，虾的规格较大，适应环境和摄食能力较强，放养后的成活率高，生长快，年底出池时的商

品虾规格较大。

⑤ 罗氏沼虾的放养　　由于各地气候条件相差很大，因此，罗氏沼虾的放养时间也各不相同。在我国南方，气候条件较好，可在5月中下旬放养；在种一季稻的广大地区，最适宜在7月上旬放养。总之，当外界最低气温不低于20℃时就可以放养。虾种的放养密度随稻田条件、养殖技术以及计划达到的出池产量的不同而有所不同。通常计划每667m²稻田平均产量在20kg以上的，可放体长为1.5cm以上的虾种2000尾左右；计划每667m²产成虾在30kg以上的，则应放虾种3000尾左右。也可直接放养稚虾（虾苗），计划每667m²稻田产商品虾在20kg以上的，放虾苗4000～5000尾；计划每667m²产商品虾在30kg以上的，则应放虾苗6000～7500尾。

**（4）饲料的投喂**　　稻田养殖罗氏沼虾商品虾，应以增大商品规格、提高养殖产量为目标，除了虾种放养之外，饲料的投喂就是关键。总的要求是，饲料组合营养适口，投喂质优量足，方法科学合理，最大限度地满足罗氏沼虾生长对营养的需求，提高饲料的利用率。

① 营养要求　　罗氏沼虾虽然是杂食性的，但尤喜食动物性饲料，对饲料的营养要求比较高。在幼虾饲养期，要求投喂的配合饲料蛋白质含量为35％～40％，成虾养殖期要求配合饲料的蛋白质含量为25％～30％。

在饲料的组合与选择上，各地的做法不完全相同，总的原则是因地制宜，就地取材。江浙太湖地区养殖罗氏沼虾，习惯多投喂螺蛳蚌肉，每长成1kg虾，要消耗螺蛳10～20kg（带壳），配合饲料1～1.5kg。而螺蛳贝类资源缺乏的地区，也可以按每长成1kg虾消耗配合饲料2～2.5kg、小杂鱼100～125g的比例，统筹规划，多渠道落实饲料来源。

② 投喂方法　　罗氏沼虾在适宜生长温度下，新陈代谢旺盛，摄食量大，生长快，需要的饵料量多，且随着罗氏沼虾的长大，饵料需求量也在不断增加。因而在罗氏沼虾的饲养过程中，要坚持定量、定质、多点、分次投喂，并采取看季节、看天气、看水质变化、看虾的生长活动情况，适时调整，掌握合理的投喂量。饵料要

求新鲜适口、质优量足、投喂均匀，使虾吃饱吃好，促进生长。

在一般情况下，每天应投喂 3 次，上午 8 时、下午 5 时和晚上 8 时各投喂 1 次。日投喂量，稚虾下塘 15d 内可按池虾体重的 60% 安排；15～30d 内可调整为 40%；60d 内可降为 10%～15%；120d 内可降到 6%～8%；以后可按 5% 掌握。10 月份再调低到 3%。早上和中午可投喂全天饵料量的 50%，晚上占 50%。通常幼虾多在池边草丛中活动，随着身体的不断长大，活动范围也不断扩大。故放养初期，饵料的投喂应以浅水区为主，以后渐渐向深水区推进。罗氏沼虾有避强光及昼伏夜出的习性，因而白天饵料主要投在深水区，晚上虾喜欢在浅水区活动，饵料则应投在浅水区。罗氏沼虾具有争食的习性，且活动范围不大，在池底分布也比较均匀，故饵料要多点投喂，使每只虾都能吃到。

③ 注意饵料的适口性和多样性　由于罗氏沼虾口器较小，生长较快，且不耐饥饿，不同生长发育阶段摄食的饵料颗粒直径要求不同，摄食的饵料量也不一样，因而，在投饵上，除了坚持少量多次的投喂方法外，还要注意饵料的适口性。虾苗阶段应投喂粉状配合饲料，如喂小杂鱼等动物性饲料，应粉碎打成浆状投喂，日投饵 5～6 次；幼虾阶段可直接投喂直径较细的配合颗粒，每天投喂 3～4 次；成虾阶段则可直接投喂罗氏沼虾配合颗粒饲料，而小杂鱼、螺蚬肉等还应经过加工后再投喂，每天投喂 2～3 次。再就是要注意饵料的多样性，以配合颗粒饲料养虾为主的，应适量补充一些小杂鱼等动物性饲料；以螺蛳小杂鱼等动物性饲料为主的，应补喂一部分谷物饲料，使虾吃饱吃好，促进生长。罗氏沼虾不同生长发育阶段饵料的投喂量可参照表 5-2 统筹安排。

(5) 水质管理　罗氏沼虾喜欢在水质清新、溶解氧丰富的水体里生活。适宜罗氏沼虾生长育肥的水质要求主要为：溶解氧 5mg/L 以上，pH 值 7.5～8.5，透明度在 40cm 左右。在具体生产操作上，可通过以下 4 个方面来搞好稻田水体的调节调控。

① 根据罗氏沼虾不同生长发育阶段管理稻田水质　罗氏沼虾为热带虾类，最适生长水温为 26～28℃，故虾种放养初期，为提高稻田虾沟的水温，培育基础饵料，促进罗氏沼虾生长，虾沟水深应保持在 0.6～0.8m。7～9 月份高温季节，则应将虾沟内水位加

表 5-2 罗氏沼虾体重与饵料比例关系表

| 放养天数/d | 体长/cm | 体重/g | 体重饵料比/% |
|---|---|---|---|
| 15 | 1.5～2.0 | 0.3 | 60 |
| 30 | 3.0～3.2 | 0.6 | 40 |
| 45 | 5.0～5.3 | 2.5 | 15 |
| 60 | 6.2～6.5 | 5.2 | 10 |
| 75 | 7.0～7.4 | 9.0 | 7 |
| 90 | 7.7～8.0 | 10.7 | 7 |
| 105 | 8.4～8.8 | 15.0 | 6 |
| 120 | 8.8～9.0 | 17.0 | 5 |
| 135 | 9.2～9.5 | 17.8 | 5 |

深到 1.5m 以上，使稻田田面保持水深 0.1m，让罗氏沼虾进入田中觅食。如此管理，可做到宽水、深水养虾，加快罗氏沼虾生长。

② 根据罗氏沼虾摄食生长情况管理稻田水质　在良好的水域环境里，罗氏沼虾的活动增强，摄食旺盛，新陈代谢加快，生长加速。罗氏沼虾对水质变化的反应比较敏感，一旦水质发生变化，罗氏沼虾的摄食生长会受到影响。而稻田虾沟水面相对较小，放养的虾种密度较大，投喂的饵料较多，极易引起水质变化，特别是在高温季节，水质变化更会加快。因而在稻田养殖罗氏沼虾的全过程中，要通过巡田，观察了解罗氏沼虾的摄食生长情况，或根据了解的情况，采取相应的措施，始终使虾沟、田面的水深、水温、溶解氧、pH 值、透明度等物理、化学因素保持最佳状态，满足罗氏沼虾摄食、生长的需要。

③ 根据渔时季节来管理稻田水质　通常春末夏初，气温水温偏低，为促进罗氏沼虾生长，虾沟水深相对要深一些。7～9 月份为高温季节，且多闷热雷雨天气，因而要定期向稻田冲注新鲜水，通常每 7～9d 换 1 次水，每次换 1/4～1/3，使虾沟内水的透明度保持在 40cm 以上，达到清、新、活、爽的要求。7～9 月份是长江中下游地区的雨季，要提前加高加固田埂，维修好进排水系统，备好防汛器材，做好防汛工作，确保旱涝保收。

④ 根据水稻生长对水肥的要求和罗氏沼虾养殖对水质的要求统筹管理稻田水质 水稻的生长需要追施肥料,需要烤田,发生病虫害要用药治病治虫。而施用化肥、农药,必然要影响水质,烤田又要降低稻田水位。因而要正确处理好水稻、罗氏沼虾生长与稻田水质的关系。水稻烤田可采取轻烤的方法;化肥、农药喷洒后,要立即冲注新鲜水,改善稻田水质,从而确保稻、虾健康生长,达到双高产双高效的目的。

**(6) 日常管理**

① 建立养殖专业队伍,固定专人值班,坚持早晚各巡田 1 次,特别是晚上要仔细检查虾的吃食活动情况,以便及时调整技术措施。

② 搞好虾病的预防 在生产上要坚持预防为主的方针,彻底清池消毒,定期撒生石灰调节水质,霉变的饲料不要用,发现水质过浓及时加注新鲜水,严防凶猛鱼类及虾的其他敌害侵入。

③ 注意水稻治虫用药要恰当,敌百虫、敌敌畏等农药不能用;其他低毒高效农药的使用,要对罗氏沼虾没有危害,并采用喷雾的方法;药物使用后要及时换水。

**(7) 罗氏沼虾的收捕** 罗氏沼虾的收捕,通常在 10 月中旬,当水温 18℃左右时开始。为了抢占市场,避开上市高峰,也可于 9 月中旬,甚至 8 月下旬就开始起捕上市。稻田罗氏沼虾的起捕,总的应掌握两点。一是根据气候变化确定捕捞期。气温过高,可适当推迟;气温偏低,则应适当提前,不要让商品虾冻死在田里。二是根据市场销售行情确定起捕期。市场行情较好,价格较高,应及时起捕销售;罗氏沼虾大量上市,价格下跌,起捕后可采取塑料大棚温室保存暂养商品虾,待上市高峰过后或留待节日销售,以提高稻田养殖的经济效益。

稻田养殖罗氏沼虾的捕捞方法主要有:一是可用鱼种网在虾沟内网捕,也可撒网捕捞;二是可在排水口设网,放水进行捕捞;三是排干稻田虾沟水,进行干沟捕捉。捕起来的虾应立即称重过数。如天气较暖,水温较高,则应立即送往塑料大棚温室,暂养起来。

**(8) 水稻的收割** 水稻的收割通常在霜降前后进行,如罗氏沼虾已捕捉完毕,即可收割水稻;如罗氏沼虾还未收捕,应先降低水位，待田地面露出来后，再进行收割。

**(9) 提高稻田养殖罗氏沼虾经济效益的要点**　目前稻田养殖罗氏沼虾，每 667m² 可产 20～30kg，效益在 3000 元左右。根据池塘养殖罗氏沼虾的新经验，提高稻田养殖罗氏沼虾的产量与经济效益，可从以下几个方面努力。

① 完善稻田田间工程建设　要坚持因地制宜，按照宽沟深水的要求，在确保养殖水面占稻田总面积 20％ 左右的前提下，尽可能将沟挖深，最好达到 2m 左右，以增加水体空间和保持水质的稳定性。同时，要进一步搞好排灌水系统建设，增加排灌能力，为稻田罗氏沼虾高密度精养创造一个良好的水体环境条件。

② 大力推行精养高产技术　根据养殖水面和虾沟深度，增加虾苗或虾种的放养量，虾沟水深达 2m 以上的，放养量可在原来基础上增加 20％～30％；推行大苗壮苗放养；推行罗氏沼虾系列配合饲料养殖；不断改进饲养管理技术，提高精养水平。

③ 塑料大棚温室培育早繁虾苗技术　稻田养殖罗氏沼虾，虾苗放养通常在 5 月下旬至 6 月上旬进行，养殖时间只有 120～130d，且上市比较集中。为增加罗氏沼虾生长天数，增大商品虾规格，提前上市，可采取提早繁殖的措施，3 月中旬就有虾苗出池；再利用塑料大棚温室强化培育虾苗，至 5 月中下旬，虾种出池规格就可达 4～6cm。利用这种大规格虾种进行稻田养殖，不仅放养的成活率高，适应稻田养殖环境的能力强，而且生长速度快，群体产量高，8 月中下旬就可达上市规格，可提前 1 个月上市。

④ 采取以虾为主，综合养殖模式　稻田养殖罗氏沼虾，可以采取以虾为主，同时混养一部分银鲫及鲢、鳙鱼。这种养殖模式，不仅可以充分利用稻田水域空间和稻田天然饵料资源，而且可以改善水质条件，又可增加 40～50kg 的优质鱼产量，达到增产增收的目的。

⑤ 实行两季虾的养殖　稻田养殖罗氏沼虾 5 月下旬放养，10 月下旬收捕。罗氏沼虾收捕后，可利用空闲下来的虾沟水域再养一季青虾，11 月上旬放养，以 2cm 以上大虾种为主，通过喂足饲料，精心管理，到翌年 5 月上旬青虾出池，商品规格可达到 5～6cm，每 667m² 产量也可达到 20kg 左右。两季虾的养殖，不仅可提高稻

田养虾沟的利用率，增加了虾的产量，而且能较好地提高稻田养殖的经济效益，一举多得。

## 五、网箱养殖成虾

网箱养殖罗氏沼虾是一种投资省、产出高、比较先进的养殖方式。网箱养殖之所以比池塘、湖泊、河道养殖产量高，主要是网箱养殖可通过网箱的网目不断地进行水体交换，使网箱内经常保持充足的氧气和天然饵料，达到高产的目的。

### 1. 网箱设置水域的选择

根据网箱养鱼的成功经验，结合养虾的特点，养殖罗氏沼虾的网箱宜选择的水域应具备以下条件。一是水面广阔、水位稳定、水质清新、水深 2～3m 的湖泊、水库湾等避风向阳之处。在这样的水域中，光照条件好，水中溶解氧充足，水温适宜（26～30℃），有利于天然饵料的繁生。二是风浪小，水流缓慢，能把箱内虾类的大量代谢废物随水流及时排出箱外，经常保持箱体内水质清新。三是上游无成片水生植物群落和工业污染的水源。四是不影响航运交通或其他水利设施，能促进养殖虾的代谢，增加吃食，加速虾生长，因而能获得较好的生长效果和经济效益。

### 2. 网箱的制造

目前绝大多数网箱采用聚乙烯和锦纶线编结成的网片缝合而成。如湖泊、水库等水位不稳定，宜采用封闭浮动式或敞口浮动式网箱；水面较狭窄的水域（如河道、港汊、池塘等），水位稳定，宜采用封闭固定式或敞口固定式网箱。究竟采用哪种网箱类型，各地要根据水域的地理条件和管理操作技术，因地制宜地选择适合于本地区的网箱类型。

（1）**网箱的形状和规格**　网箱的形状尚无一定的标准，一般常采用长方形的网箱。网箱的面积不宜太大，一般以 15～20m² 为佳（如 2m×7m 或 3m×7m），水深控制在 1.2～1.5m。在底层四周用密网做有一圈食台或用密网（用布扎住四角）放入饲料后吊挂在箱内。这类网箱水体交换好，便于管理和操作，并且增加了罗氏沼虾的栖息面积，成活率高，产量高，经济效益好。缺点是成本较高。

（2）**网目大小**　养殖罗氏沼虾的网箱网目的大小必须适当。网目过大，虽水体交换量大，但易逃虾；网目过小，虽不会逃虾，但易被水体中丝状或网状藻堵塞，有碍水体交换，增加洗刷工作量。所以网目大小应根据投放罗氏沼虾的规格来确定。一般放养体长0.7cm的幼虾，网目为20目；放养3cm的幼虾，网目为8目；放养6cm的虾，网目为4目；放养8cm的虾，网目为2cm，具体见表5-3。

表 5-3　网箱网目与放养虾规格的对照表

| 放养规格/cm | 0.7~1 | 1.5 | 2 | 2.5 | 3 | 3.5 | 4 | 5 | 6 | 7 | 8 | 9 |
|---|---|---|---|---|---|---|---|---|---|---|---|---|
| 网目大小/目 | 20 | 15 | 12 | 10 | 8 | 6 | 6 | 5 | 4 | 8 | 2 | 2 |

（3）**多层网箱**　此种网箱是在普通网箱的基础上设2~4个水平隔层，隔层间距为30cm，使网箱成为有3~5个栖息层的多层网箱。隔层的四周有1个30cm左右的通道，作为罗氏沼虾活动时的上、下通路。同时，设置适量的布食台。这样的网箱，饲料密度可增加1倍以上，成活率也比单层网箱高。缺点是操作较困难，如做成活动的隔层，效果会更好。

（4）**网箱的设置**　网箱设置得是否适当，对提高虾产量影响极大。网箱的设置除考虑管理操作方便外，更重要的是保证每个网箱能有充分的水体交换量，以确保箱内溶解氧量充足。在水面比较开阔的水域，网箱的排列应为"品"字形、"插花"形或"人"字形布局，网箱之间距离10m左右。如在河道内设置网箱，因常受水域条件限制，应在河道一侧呈"一"字形排列；可以每2个网箱成1组，每组间隔20m。池塘内放置网箱可采用在池塘中央沿池宽方向"一"字排列，网箱的放置数量要视池塘大小、风力大小和水质好坏来确定，避免放置过多。如有一定的增氧设备和换水能力，可适当多放几个网箱；反之，如池塘内耗氧生物和污物较多，则应少放。

**3. 网箱养虾的饲养方法**

（1）**放养规格和放养密度**　网箱养殖罗氏沼虾应采用多级轮放养殖法，这样对饲料的投喂量、放养密度以及生长速度、水体交换都有好处。具体见表5-4。

表 5-4　罗氏沼虾放养规格和密度表

| 放养规格<br>/cm | 单层网箱<br>放养密度<br>/(尾/m²) | 多层网箱<br>放养密度<br>/(尾/m²) | 饲养时间<br>/d | 出箱虾体长<br>/cm | 出箱虾体重<br>/g |
|---|---|---|---|---|---|
| 0.7~1.0 | 1000 | 1500 | 35 | 3.0~3.5 | 0.7 |
| 3.0~3.5 | 400 | 600 | 35 | 5.5~6.0 | 4.5 |
| 5.5~6.0 | 200 | 300 | 25 | 8.0~8.5 | 12.0 |
| 8.0~8.5 | 60 | 80 | 25 | 10~11.0 | 28.0 |

在放养时若能每个网箱放入 1~2 尾团头鲂则更好，这样不仅起到控制网箱附着物着生、减少人工洗刷网箱的作用，还能通过鱼的游动，起到增加水体交换、改善箱内水质的作用，特别是在池塘中放置的网箱更有放鱼的必要。

**(2) 饲养管理**　当室外水温上升到 20℃ 以上时（一般南方 3 月下旬，长江中下游地区 5 月上中旬，长江以北地区在 6 月上旬前后），就可将罗氏沼虾仔虾从室内育苗池移放到网箱内养殖，如有大规格仔虾则更好些。此时只要水中浮游动植物数量尚可，放入 10d 内是不会缺少饲料的。当仔虾长至 2cm 以上时，则应向网箱内投放饲料。饲料的投放量与虾体重有关。详见表 5-5。

表 5-5　饲料的投饵率与虾体长、体重关系表

| 投饵率/% | 40 | 33 | 30 | 28 | 26 | 21 | 19 | 15 | 13 | 10 |
|---|---|---|---|---|---|---|---|---|---|---|
| 虾体长/cm | 2 | 3 | 4 | 5 | 6 | 7 | 8 | 9 | 10 | 11 |
| 虾体重/g | 0.25 | 0.6 | 1.1 | 2.5 | 4.9 | 7.2 | 11.5 | 17.1 | 22.9 | 28.2 |

根据生产实践，饲料的质量与数量是网箱养殖的关键，在饲料适口又充足的情况下，罗氏沼虾在高密度养殖情况下，互相蚕食现象较少，成活率较高，产量也高；反之，则相反。一般饲料采用碎鱼肉 40%、小麦粉 20%、豆饼粉 20%、米糠 15%、黏合剂 5%，这一配方可使罗氏沼虾生长良好。在投喂饲料时要仔细检查摄食情况，及时增减饲料量。

在日常管理中要切实做到定时、定量、定质，合理投喂饲料；

搞好"四勤"、"四防"管理。"四勤"为勤检查，保证网箱无漏洞；勤洗刷，保证网目无堵塞（以保持水体交换通畅）；勤记录水位、气象、水温的变化；勤分析网箱内虾情动态。"四防"为防逃、防汛、防污染、防病害。

# 第四节　其他养殖模式介绍

## 一、青虾主养

### 1. 双季养殖

双季养殖为青虾单养的主要方式。每茬虾养殖都要经过池塘清整、清塘消毒、种植水草和设置栖息网架、注水施肥等前期准备工作。

(1) **第一季为春季虾养殖**　放养时间为上年的 12 月至翌年 3 月，虾苗规格为 500～2000 尾/kg，每 667m$^2$ 放养量为 20～40kg。4 月中旬开始用地笼捕大留小，直至 6 月底干塘捕捞。饲料以青虾全价颗粒饲料为主，小杂鱼等鲜活饲料为辅，一般每 667m$^2$ 产量在 40～60kg。虾苗放养 15d 后，每 667m$^2$ 池塘中混养规格为 15cm 的鲢、鳙鱼种 100～200 尾或夏花鲢、鳙鱼种 1500 尾。

(2) **第二季为秋季虾养殖**　放养时间为 7 月上旬至 8 月中旬，虾苗规格为 1.5～2.5cm，放养量一般为 4 万～8 万尾/667m$^2$。水草以沉水植物为主，间隔 15～20d 施生石灰 5～10kg/667m$^2$，调节水质，适时加肥，水体透明度控制在 25～45cm。每周加换水 1 次，每次 10cm 左右。高温期间，为保持水位稳定，需隔天加水，定期开启增氧泵。饲料以全价颗粒料为主，投喂做到定时、定位、定质、定量，前期日投喂量为虾体重的 8%～10%，后期 3%～4%。每天投饲 2 次，上午（7：00～9：00）投日投喂总量的 1/3，下午（5：00～7：00）投日投喂总量的 2/3。养殖至 9 月上中旬，注意早熟虾蚤状幼体的孵化情况，一经发现蚤状幼体，用 10～15mg/L 的生石灰全池泼洒，每周使用 1 次。10 月中旬后，可采用捕大留小的方法，适当起捕，减少存塘量。

### 2. 单季养殖

虾苗采取一次放足、全年捕大留小的养殖模式。放养密度：

1～3月放养越冬虾苗（2000尾/kg）4万～5万尾/667m$^2$；或7～8月放养全长为1.5～2cm虾苗6万～8万尾/667m$^2$。虾苗放养15d后，每667m$^2$池塘中混养规格为15cm的鲢、鳙鱼种100～200尾或夏花鲢、鳙鱼种1500尾。1～3月放养的，4月中旬开始轮捕上市，捕大留小，到6月底或年底干塘；7～8月放养的，10月中旬开始捕大留小，到年底或翌年6月清塘。此种养殖方式容易导致青虾种质退化，上市虾规格偏小。

## 二、青虾混养

### 1. 鱼池套养青虾

单位产量为500kg/667m$^2$以下的非肉食性鱼类养殖池塘或鱼种池中均可套养青虾。一般虾苗放养量为2万～3万尾/667m$^2$，鱼种池可以适当增加青虾苗的放养量，放养时间一般在冬、春季进行。注意套养青虾的鱼池严禁使用敌百虫、敌杀死等菊酯类药物。

**（1）鱼种池套（轮）养青虾** 鱼种池上半年是空闲期，可以单养一季青虾（春季养虾）；下半年鱼种池载鱼量远远低于成鱼池，有利于套养青虾（秋季养虾）。

鱼种池春季养虾技术和青虾春季虾单养基本相同，所不同的是放养量和虾苗规格。常规鱼种夏花一般在6月开始放养，所以虾池要在5月底前或6月上旬前起捕清塘结束。幼、虾放养规格要在3.5cm以上，放养量为10～15kg，起捕规格在5cm以上。

鱼种池秋季养虾池塘面积2000～4000m$^2$，水深1.5～2m，坡比1：2.5，池四周种水花生，配备增氧设施，增氧功率为0.5～1.0kW/667m$^2$。鱼种夏花的不同放养结构对青虾产量影响较大，一般以银鲫为主的放养结构最好，应避免放养鲤鱼。每667m$^2$水面放养量为：银鲫2万～4万尾，花白鲢2万尾，草鱼0.5万尾，团头鲂0.5万尾，2～2.5cm的虾苗2万～3万尾。由于夏花鱼种能吞食青虾幼体，所以青虾苗可在7月上中旬放养。饲料投喂以鱼种饲料为主，投饲量一定要充足，不然鱼种会吞食虾苗，青虾摄食鱼种残饵为主，水体透明度控制在20cm左右。以草鱼、鲂为主的养殖结构，也适合套养青虾，但青虾起捕产量略低。以青鱼、鲤为主的养殖结构，不适合套养青虾。

（2）**成鱼池套养青虾** 主要是以鲫鱼、团头鲂为主的成鱼池套养青虾，成鱼养殖池面积以大面积（$1.33hm^2$ 以上）为主，池塘四周栽种水花生，池中设置虾巢（茶树等树枝做成），每 $667m^2$ 不少于 10 个。鱼种放养时间一般在上年 12 月至翌年 3 月，同时放养青虾苗 $10\sim15kg/667m^2$，放种规格为达不到上市规格的小虾。青虾不单独投饵，吃鱼类残饵，所以，饲料投喂要充足。青虾在春季轮捕上市，4 月底前，以抄网捕捞为主。水温上升后，以地笼捕捞为主。地笼放置在池塘四周浅水处，为防止捕捞幼虾，网眼大小要适中，以小于上市规格的虾能逃逸为宜。进入青虾繁殖季节，要注意抱卵虾的留塘数量，由于池塘面积大，地笼捕捞不可能完全捕出抱卵虾，所以，进入笼梢的抱卵虾都可上市。在幼体孵出期间，池塘要保持良好的水质，最好在池塘四周泼洒发酵的菜饼，以确保幼体数量。后期如发现幼体数量过多，即用生石灰泼洒，浓度为 $15\sim20g/m^2$，可杀死部分幼体。进入秋季，成鱼池塘缺氧时开启增氧泵，只能保证鱼类正常生长，对池塘四周的青虾起不到增氧作用。所以，秋季每隔 15d，池塘四周泼洒 EM 菌、光合细菌等微生物制剂，以确保青虾栖息地的良好水质，防止缺氧。

## 2. 河蟹塘套养青虾

该养殖模式以河蟹养殖为主，适当套养青虾。养殖池塘面积不限，一般以不超过 $3.33hm^2$ 为好。清塘、消毒、种草等按河蟹养殖操作规程进行。河蟹放种时间为上年 12 月至翌年 3 月，每 $667m^2$ 放养优质蟹种 $400\sim500$ 只，规格为 $100\sim200$ 只/kg。适当搭养鳙鱼，一般每 $667m^2$ 放 $5\sim10$ 尾。还需投放活螺蛳 $250\sim500kg/667m^2$。种植水草，如伊乐藻、苦草和轮叶黑藻等，水草覆盖率前期控制在 60% 左右，后期控制在 80% 以上。

青虾苗放养有两种方式：一是春季一次放养；二是春季和秋季二次放养。春季放养一般在 12 月至翌年 3 月放养青虾苗种，放养规格为 $1000\sim4000$ 尾/kg 的虾苗 $7\sim20kg$，至 4 月底开始用虾笼（地笼）起捕上市。青虾早期起捕时地笼的笼梢尾部要高出水面，且不封口，这样青虾进笼后便留在里面，而河蟹可轻易爬出。

秋季虾苗放养时间为 7 月中下旬，放养规格为 $1.5\sim2.5cm$，每 667m² 放虾苗 4 万～5 万尾。放养虾苗初期除投喂河蟹饲料外，还要适当投喂青虾幼体饵料。河蟹料和青虾料如在同一时间投喂，投喂地点分开，这样便于青虾定时摄食，最好投喂时间分开，定点投喂。

河蟹和青虾混养，在使用河蟹杀虫药和外用消毒药时，要避开河蟹和青虾的蜕壳高峰。一般 8 月后仅使用 1 次，可以避开两个蜕壳高峰。进入高温季节后，一般可用光合细菌、EM 菌等微生物制剂调节水质，每 10～15d 泼洒 1 次，可以减少或完全避免使用消毒剂。

9 月后，大多数长江蟹已完成最后一次蜕壳，变成绿蟹，青虾则进入秋繁阶段。如发现青虾蚤状幼体量大，可用生石灰 15～20g/m² 全池泼洒，杀灭青虾幼体。整个养殖季节饲料投喂要注意观察青虾的活动或肠胃饱满度，一般河蟹先吃，青虾后吃，青虾肠胃饱满度好，说明饲料充足。

成蟹进入洄游季节，池塘水质将变浑，透明度下降。此时，除水草的净化作用外，还要泼洒芽孢杆菌类等微生物制剂，确保水质透明度在 30cm 以上。

河蟹捕捞操作要避免对青虾的伤害，一般用大网目的有结网地笼起捕成蟹，笼梢还要开有小洞，确保大规格青虾不在笼梢中停留。

### 3. 青虾、河蟹、鳜鱼等品种混养

河蟹、青虾和鳜鱼混养是目前健康养殖推行的最有效的养殖方式之一。要求水源充沛，水质清新良好，注排方便。苗种放养前要做好池塘清整、清塘消毒、种植水草和注水施肥等前期准备工作。河蟹要选择长江水系种源及经本地培育的扣蟹，青虾要选择优质苗种或外荡抱卵虾繁育的苗种，外地苗种需经检疫，放养时最好用 3% 食盐水或高锰酸钾（每立方米水体 10g）浸洗消毒。

养殖过程中要做好以下几点。一是种好水草，这是养殖成败的关键之一。放养前底部种植苦草、马来眼子菜和伊乐藻等，种植比例为 40%；水面种植水花生、空心菜等，比例为 15%～20%，整个养殖过程最好保持水草覆盖率达 50% 以上。二是 3～4 月每 667m² 放养鲜活螺蛳 200～400kg，作为河蟹活饲料。三是水质控

制，经常换水，每5～7d换水1次，每10～15d使用1次生石灰，用量为10～15g/m³水体。pH值控制在8.5，前后期透明度40cm，中期50cm以上。四是防病，首先调节、改良水质，使用EM菌、芽孢菌、光合细菌等生物菌，每15d使用1次，减少发病，提高抗病能力。纤毛虫病用硫酸锌，剂量为每立方米水体2g，细菌性疾病用聚维酮碘250g/667m²，严重时可连用1次。五是饲料投喂以全价河蟹、青虾料为主，自配料为辅。日投喂量按虾蟹体重的2%～8%计算，日投2次，上午8时左右投1/3，下午5时左右投2/3，以2～4h吃完为宜。

以上混养方式是利用青虾繁殖量大及性早熟的特点，给鳜鱼提供适口饵料。同时，利用鳜鱼控制当年幼虾数量，以提高青虾商品虾上市的比例。

根据市场和规格情况，一般春虾5～7月起捕上市，秋虾10～12月起捕上市，河蟹10～12月起捕上市。捕捞方法：青虾以地笼为主，河蟹以上滩及灯光诱捕为主。

在起捕春季虾的同时，要加强河蟹的消毒工作，但要尽量用刺激性小的消毒剂，如碘溴海因和溴氯海因等。进入高温季节，池塘防病应以微生物制剂为主，少用消毒剂，既对河蟹生长有利，又可提高青虾的产量，再者鳜鱼饵料也充足。6月上旬至7月中旬为抱卵虾孵化期间，要避免用杀虫药物。根据河蟹蜕壳特点，8月后一般只需用一次杀虫剂就可防止寄生虫病的发生。

# 三、青虾和罗氏沼虾等品种轮养

青虾生长期短，与许多水产养殖品种存在季节差异，同一池塘在一年中可与罗氏沼虾、南美白对虾等品种轮养。

温水性鱼类或虾类一般都在5月初开始放种，4月底前池塘空闲，可以利用青虾的价格差，即每年冬季青虾价格低，春节前、后至4月底前青虾价格高，获取利润，其养殖技术和鱼种池塘春季养殖青虾相同。

## 1. 青虾与罗氏沼虾轮养

每年5月中下旬，按罗氏沼虾单养方式放养大规格虾苗（2～3)cm，8～9月罗氏沼虾起捕后，养殖秋季青虾，其养殖技术和秋季单养青虾基本相同。放养青虾苗规格为 2.0～3.0cm，放养量为 4 万～5 万尾/667m²。如放养时间迟，可通过增大虾苗规格、降低放养密度来提高上市率。养到年底或翌年 4 月底至 5 月初上市，可提高池塘的利用率、增加产量，提高综合经济效益。

## 2. 南美白对虾与青虾轮养

南美白对虾于 4 月中、下旬按每 667m² 放养 6 万～7 万尾的密度放养，把暂养区的养殖用水盐度调至 2‰～3‰，经 15～20d 暂养淡化，于 5 月中旬放入大塘养殖。至 8 月中旬，南美白对虾大量起捕上市，全部出塘或仅有少量留塘，此时每 667m² 放入规格为 2～3cm 的青虾 4 万～5 万尾。放养青虾后，可搭配部分青虾饲料，也可全部用白对虾配合饲料投喂。南美白对虾在 10 月底起捕完毕，青虾可在 11 月中旬至 12 月底起捕。

# 四、河道养殖罗氏沼虾

选择天然河沟水面，建造拦虾设施，投放罗氏沼虾苗种，以利用水体天然饵料为主，适当投喂人工饲料来取得一定产量的养虾方法叫流放养殖。

## 1. 河沟自然流放养殖的条件

能流放养殖罗氏沼虾的河沟主要需具备下列几条。

（1）**水源充足**　河沟最好是开放性水体，水深在 1～1.5m，河底平坦，无障碍物，底质较好，一年四季水位相差不大，并保持一定的流水。

（2）**水温适宜**　罗氏沼虾对水温的要求较高，一般全年水温在 25℃以上有 4 个月以上时间，这样的水温对罗氏沼虾的生长非常有利，天然饵料的繁殖也较快。

（3）**饵料丰富**　水的透明度一般为 20～40cm，水生浮游动、植物丰富，如水体中有 20% 左右的水面被水草覆盖则更好。

（4）**水质好**　要求水源水质无毒，无工业污染，水中溶解氧量通常保持在 3mg/L 以上。

（5）**易于管理**　河沟最好没有支流，两岸平坦，日照好。宽度最好小于 30m，水流不太急，并且进出口来往船只少，这样的河段易于建造拦虾设施，管理和捕捞也较为方便。

**2. 河沟流放养殖技术**

（1）**放养规格和密度**  由于河沟是一个开放性水体，放养太小的虾苗不易阻拦，成活率也因有其他生物大受影响。因此河沟流放宜放养体长 3.5cm 的仔虾，这样的仔虾通常可以与天然水体中的青虾抗衡，并在竞争中占上风。放养密度控制在 1000 尾/667$m^2$ 以内。

（2）**流放养殖方式**  大规格罗氏沼虾苗运来以后（运输方法同虾苗，密度适当降低），先把装存大规格虾苗的塑料袋放在水中 15min 左右，待塑料袋内水温与河沟水温相同后，再放入河沟。注意切勿把虾苗集中放在一处，应隔一定距离放一部分。

（3）**控制凶猛鱼类**  流放罗氏沼虾的河沟一定要进行隔年清整。清整时应尽力将凶猛鱼类及野杂鱼捕光，在此基础上于冬季用电捕船再清理 1 次。这些工作非常重要，是决定河沟流放养殖罗氏沼虾成活率、生长率、起捕率高低的重要因素之一。同时在放养鱼种时也不能放养吃食鱼，以免影响罗氏沼虾的生长。

（4）**加强管理**  在河沟中流放养殖罗氏沼虾管与不管大不一样。在流放水面内绝对禁止投毒，禁止在水域中放养鸭子。在养殖期间捕鱼网目要大于 3cm，后期网目还要再大些。要防止剧毒农药流入。

（5）**适时投放人工饲料**  河沟中水生生物较多，其中较大部分是鱼类。它们大量消耗天然饲料，而罗氏沼虾往往因得不到足够的天然饵料而影响生长发育。因此，适时投放人工饵料显得十分重要。人工饵料主要有麸皮、豆饼、菜籽饼等。

**3. 捕捞**

大规格罗氏沼虾苗河道放养 3～4 个月以后，大部分可达到8～9cm 的商品规格。此时虾体肥满度大，正是捕捞的好时期。

# 第六章

# 淡水虾标准化健康养殖的质量要求

## ➡ 第一节 标准化健康养殖质量要求的意义

随着渔业生产的快速发展，水产标准化健康养殖的内涵有了很大的扩展，它不仅对苗种、饲料、养殖环境条件、养殖病害、养殖产品质量等有较严格的要求，而且还对可持续发展性及养殖外环境的污染等也有了明确和严格的要求。具体表现在以下三个方面。

一是"标准化健康养殖"是一个动态的概念，其内涵与外延会随社会的发展、科技的进步、人类对健康的需求的不断变化而变化。就目前而言，健康养殖的健康性至少包括生态意义上的健康、种质及生长过程的健康、产品对人类的健康三个层面。如果以静止的眼光看问题，或不恰当地规定了定义的范围，反而会限制标准化健康养殖的发展空间，成为水产养殖业新的障碍。

二是标准化始终贯穿在健康养殖的各个环节之中，而标准也不是一成不变的，需要根据产业的发展和环境的变化适时修订和修改。实践证明，现代水产标准化健康养殖无疑是水产养殖的发展方向，但由于养殖的生态复杂性和形式的多样性，要正确完整地评价标准化健康养殖及科学地实现标准化健康养殖的管理都有一定的困难。如何全面、客观、科学、公正地评价某种养殖模式或技术方法的健康性，是摆在广大水产科技工作者眼前的新课题。可以说，微生物生态技术、生态养殖、良种选育技术、无特定病原育苗技术、绿色药物、绿色饲料及进排水管理等仅仅是健康养殖在某方面的具体表现或要求，健康养殖包括养殖系统的内外环境水质对生物遗传多样性的影响、种质的健康安全性、养殖动物生长过程的健康状况、终端产品卫生检疫及质量等级等一系列的要求。如果某种养殖模式仅符合环保上的标准，或养殖过程不生病、少生病，或养殖产品无药残等其中的某一方面标准，就认为是标准化健康养殖或非标准化健康养殖，都是不够客观公正的；另外，养殖技术或养殖模式总是在继承、积累与突破、变革中发展进步的，一时要求面面俱到，达到某种理想境界是不现实的。

三是健康养殖是一个新的养殖理念和模式，涉及多部门、多领域和多方面，管理也处于摸索起步阶段，科学地实现水产标准化健康养殖是一个复杂的系统工程，涉及理念的更新、标准的制定与修订、政策与法规的配套和扶持、市场的监管与执法，需要各方面的共同努力，全力推动健康养殖事业。

总之，"标准化健康养殖"应是一种生态渔业、安全渔业、可持续发展的渔业，同时也应是经济渔业、高效渔业，是渔业的发展方向。"标准化健康养殖"既是传统渔业的一种延续，更是现代渔业的发展要求。

## ➡ 第二节　环境要求

### 一、淡水虾标准化健康养殖场的环境及建造要求

#### 1. 场址选择

养殖场地要选择在符合 GB 3838—2002《地表水环境质量标准》要求的水域。要求生态环境良好，无或不直接受工业"三废"及农业、城镇生活、医疗废弃物污染；养殖地域内上风向、灌溉水源上游没有对产地环境构成威胁的污染源（包括工业"三废"、农业废弃物、医疗机构污水及废弃物、城镇垃圾和生活污水等）。同时，养殖场的选址应考虑土质、供水、供电、地形、交通和通讯等因素。

（1）土质　建池对土质有以下要求：①保水性好，透气性适中；②堤坝结实，能抗洪；③无对养殖对象有毒有害物质。对建池而言，黏土、壤土、砂壤土均可以，但要根据具体情况在建池时不同程度地加固堤坝，以确保安全。最常见对养殖动物有害的土壤主

要是重金属或矿物质含量过高的土壤，其中以含铁过高最常见；其次为含腐殖质多的土壤，保水性差，易渗水，堤坝也易塌陷，不宜用于建池与养殖。

**(2) 供水**　供水包括食用水和养殖用水。用于食用的水必须符合我国饮用水相关标准。养殖用水要求有水量充足、水质清新无污染的水源，水质必须符合 GB 11607—1989《中华人民共和国渔业水质标准》和 NY 5051—2001《无公害食品淡水养殖用水水质》。淡水虾对水质要求较高，水源水质应相对稳定在安全范围内，特别在高温季节，应保证池水有必要的交换量。

**(3) 供电**　供电量根据生产实际情况差异很大。总的原则是：①有动力电源（380V）；②供电量充足，保证排灌机械、饲料加工机械、增氧机和投饵机等正常运行；③保障供电，不停电或极少停电。

**(4) 地形、交通与通讯**　地形选择总原则：一是减少施工难度和施工成本；二是便于养殖管理。建设应考虑利用地形防风、防旱、防洪，充分利用太阳光、风能增加产量，最好能建成自流排灌，以节省养殖中的能耗。

养殖场要求交通与通讯便捷，便于虾苗、成虾的运输以及对外联络。

**2. 基本布局和虾池修建原则**

**(1) 养虾场的布局**　淡水虾无公害养殖场的布局要充分考虑当地的地形、四季风向和光照等自然条件，应设置在阳光充足、背风、空气清新、水源丰富、交通方便和有电力保障的地方，同时要考虑生产、保安和运输等的方便。

无公害标准化养虾场的总体设计要考虑以下几点：①场房应尽可能居于虾场平面的中部；②虾池应在场房的前后；③试验池也应设在场房前后；④产卵池、孵化设备应与亲虾池靠近；⑤虾苗培育池接近孵化设备；⑥蓄水池应建在全场最高点，最好使水源能自流灌注各池；⑦污水处理池建在全场最低处，并能收集全场污水。

**(2) 半或全精养池的修建原则**　①走向应保证养殖季节全天最充分接受光照和风吹，一般以东西向为长、南北向为宽；②池形为长方形，一般要求宽度应统一，以减少网具设备；③堤顶面宽及坡面梯度应按各堤功用与土质而定；④进水渠应最高，排水口应最低，最好能从排水口排尽所有池中水；⑤每池注、排水应具有独立的系统，不允许池间串水。排水应安两个管：一个高位管，以便排余水和利用风力排污及过量藻类，故应装在养殖季节时的下风处；另一个是低位管，应能彻底排尽池中积水与底污。

集约化养殖池建设：可以参阅水产养殖工程的有关专著，因篇幅所限不再叙述。

(3) **虾池底质要求** 虾池池底应平坦，并建有集虾沟，淤泥小于 15cm，底质无工业废弃物和生活垃圾、无大型植物碎屑和动物尸体，底质无异色、异臭，自然结构。

## 二、淡水虾标准化健康养殖场的环境卫生管理

### 1. 水源

用于无公害淡水虾标准化生产的水源，不仅要求水量充足，还要求水质符合国家相关标准规定，水温昼夜差异不大。水源可分封闭性水源和开放性水源。

(1) **封闭性水源** 主要为地下井水，地下水水质清新，杂质少，几乎没有有害病菌和寄生虫，但使用时必须注意三点：一是水量渗出能否满足养殖需求；二是用前必须经蓄水池充分曝气，平衡温度；三是使用前需作检测，井水中不得含有无公害养殖所禁止的有毒有害物质，还要防止水源被人为污染与破坏。

(2) **开放性水源** 如水库水、河水、湖水及池塘水，最好用人饮用水系的水，不能用生活污染水与工农业污水。

① 水库水 一般水库水的水体都很清澈，溶解氧丰富，有机质含量低，且有害病菌和寄生虫类少，是极佳的养殖用水。取水选用表层 1m 以下左右的水层，该水层水温恒定，昼夜温差变化不大。

② 河水、湖水 由于自然流经和养殖开发的原因，该水源虽然溶解氧丰富，但一般都含有较多的杂质和有机质，有一定的混浊度，并且含有一定的病害生物。如果选作淡水虾类养殖用水，应建蓄水池，以便对水体进行过滤沉淀或必要的消毒。

③ 池塘水 此种水源有机质和浮游生物浓度极高，在淡水虾

工厂化育苗及集约化养殖中尽量不选用。

**2. 生活区与池埂**

主要为避免一些高残毒的农药大量使用，如除草剂和杀虫灭鼠剂。同时，防止大量有机物（如人畜粪便）冲入池中。

**3. 污水处理与循环再利用**

养殖后的废水，有机物含量高，其本身也是引起水域二次污染的主要原因之一。但目前绝大部分都未经处理直接排放，造成二次污染。作为无公害养虾没有达标的养殖用水和养殖后的废水必须进行处理。

养殖用水和废水的处理方法：处理养殖用水和废水的目的就是用各种方法将污水中含有的污染物质分离出来，或将其转化为无害物质，从而使水质保持洁净。根据所采取的科学原理和方法不同，可分为物理法、生物法和化学法。

**（1）物理法** 一般分两个步骤。

① 根据要处理的污水量，修建至少2个以上体积合适的沉淀池。沉淀池应建成圆柱形漏斗底，并在底部装有除污管。污水进入沉淀池时，应从圆柱的水平圆截面的切线方向加入以便形成漩涡，将固态污物沉入漏斗底。上清液由上排水孔排出，作下步处理。固态污物从位于最底层的除污管排出，可做成有机肥。

② 上述处理的上清液，可以进一步进行物理吸附作用，可加入助净剂，通过物理吸附方式进一步减少水体悬浮物。常用的水体助净剂见表6-1。

表 6-1 常用的水体助净剂

| 类型 | | 品　　种 |
|---|---|---|
| 无机类 | 低分子 | 明矾、硫酸铝、氯化铝、铝酸钠、硫酸铁、硫酸亚铁、氯化铁、碳酸镁、碳酸氢镁 |
| | 高分子 | 碱式氯化铝、碱式硫酸铝、硅酸 |
| 有机类 | 天然高分子 | 动物胶、骨胶、乳胶、糊精、海藻酸钠、琼胶 |
| | 合成高分子 | 羧甲基纤维素、羧乙基纤维素、水解聚丙烯酰胺、聚苯乙烯磺酸钠、聚乙烯砒啶季铵盐、甲醛双氰胺、聚糖、淀粉-聚丙烯酰胺结合共聚物 |

（2）**生物法**　生物法处理在淡水虾的养殖过程中一般可采用以下方法。

① 水生植物　净化水质有适量水生植物是淡水虾养殖中不可缺少的条件，也是淡水虾养殖成败的关键之一。在淡水虾养殖过程中，栽种一定量的水生植物不仅可以增加虾的栖息场所，减少自相残杀，为虾提供部分植物性饵料，还可有效地降低水体中的氮、磷等营养盐，消除有机物污染，增加水体透明度，而且水生植物对某些有毒物质有很强的吸收、分解净化能力。这种方法有很好的净化效果和节能作用，很有应用前景。

② 微生物制剂　由一些对人类和养殖对象无致病危害并能改良水质状况，能抑制水产病害的有益微生物制成。它具有改良水质、增加溶解氧、降低氨氮、抑制致病菌生长、改善动物体内水环境生态平衡、提高动物抗病与免疫力、减少虾病等作用。主要有光合细菌、硝化细菌、枯草杆菌、放线菌、乳酸菌、酵母菌、链球菌和 EM 微生物菌群等。微生物制剂必须含有一定量的活菌，一般要求每毫升含 3 亿个以上的活菌体，且活力要强。同时，注意制剂的保存期，故保存期不宜过长。还要注意一些不利因素的影响，如温度、pH 值等，并且禁止与抗生素、杀菌药或具有抗菌作用的中草药同时使用。

③ 生物滤器　利用细菌（亚硝化单胞菌、硝化杆菌）把含氮有机物转化为硝酸盐的过程称为生物过滤。因此方法需要大量的氧气和动力，所以对我国目前的适用性受到制约。而且这种方法处理后的水需要脱氮滤器与之相匹配。脱氮滤器利用兼性厌氧异养细菌（如假单胞菌、反硝化芽孢杆菌等）将硝酸盐转变为氮气。

（3）**化学法**　常用的简单经济可行的方法是用生石灰进行水质、底质改良。底质常用生石灰，以水溶化即泼洒的方法；池水中则用 $10 \sim 15 \mathrm{kg/m^3}$ 生石灰进行化水泼洒，能产生净化、消毒和改良水质、底质的效果。

消毒与再利用：经以上处理的水要再利用，必须经过消毒。当然，最环保消毒为紫外线消毒和臭氧消毒法。出于节省费用的目的，可以用非卤化剂的氧化剂。

**4. 基地环境质量检测和监控**

淡水虾标准化健康养殖基地环境质量检测和监控是日常管理工作的重要内容之一。由于水产养殖水质因子、水体中各种生物要素、自然条件、周边环境随时都处于一种动态变化之中，所以有必要随时了解各种相关因子的基本情况，做到心中有数，才能确保无公害养殖生产按计划进行，确保其最终产品达到无公害水产品质量要求。

环境质量检测和监控主要依据 GB 11607—1989《渔业水质标准》和 NY 5051—2001《无公害食品　淡水养殖用水水质》等标准进行检测。严格遵守水产养殖药物管理规定，严禁使用违禁药物。其监控内容和频率可以根据养殖生产的实际情况而定，一般可以在养殖池准备阶段、放苗前、养殖过程中进行布点监控和抽样检测，同时要注意养殖场周边环境变化情况，对周边污染源分布、排污特点、排污强度要详细了解，并建立相关档案，重点是水源的监测和监控，防止外来污染。

另外，对养殖过程中可能产生的自身污染也要进行监控。将处理养殖过程中产生的养殖废水列入管理工作内容，逐步向零排放或达标排放过渡。当前，对养殖业自身产生的废水污染环境问题已引起广泛关注，并已出台了一些法规，水产养殖废水排放问题也要引起重视。

## 第三节　饲料

## 一、淡水虾标准化健康养殖的营养需求

饲料是所有养殖业的基础，虾类养殖业也不例外，要进行虾类标准化健康养殖，其中很重要的一环便是科学合理地使用饲料，这不仅能满足虾类不同阶段生长发育的需要，还能提高虾类的防病、抗病能力，而且可最大限度地保持食用虾类的原有风味，避免不良物质积累，充分利用各营养组分，节约饲料成本，减少污染。

虾类养殖形成一定规模后，为保证饲料供应，必须采用全价人

工配合饲料，保质保量稳定投喂。使用全价人工配合饲料有其独特的好处：一是配合饲料科学配方，营养全面且效价高，能满足虾类在不同生长发育阶段的营养需要；二是配合饲料经过高温消毒，长期使用可减少疾病发生，同时也会减少因饲料而引起的各种疾病。另外，在加工时采取一定细度的粉碎，并根据需要添加防病、提高免疫水平及促进摄食的消化剂，能改善虾类的消化和营养状况，并增强抗逆能力；三是可根据不同地区的资源情况，利用营养成分较高又廉价的原料，按照虾类营养需求不断改进配比，并通过加工减少饲料中营养成分在水中的散失，从而提高利用率，降低饵料系数及其成本；四是配合饲料便于运输、储存、常年稳定供应和投喂，特别适合集约化养殖；五是配合饲料投喂效果增重率比天然饲料高。

淡水虾配合饲料产品分类与规格应符合表 6-2 的要求。

**表 6-2　淡水虾配合饲料产品分类与规格**

| 产品类别 | 粒径/mm | 形状 | 适宜投喂虾的体长/cm |
|---|---|---|---|
| 幼虾料 | 0.3～1.0 | 多角形 | 0.7～4.0 |
| 中虾料 | 1.6～2.0 | 圆柱形 | 4.1～8.0 |
| 成虾料 | 2.1～2.5 | 圆柱形 | ＞8.0 |

注：1. 多角形为破碎筛分后的碎粒。2. 圆柱颗粒的长度为粒径的 1～3 倍。

淡水虾配合饲料加工质量指标应符合表 6-3 的要求。

**表 6-3　淡水虾配合饲料加工质量指标**

| 项　　目 | 指标 |
|---|---|
| 原料粉碎粒度　筛孔尺寸 0.425mm 试验筛　允许筛上物比例/% | ≤5 |
| 筛孔尺寸 0.250mm 试验筛　允许筛上物比例/% | ≤15 |
| 混合均匀度(cw)/% | ≤1.0 |
| 含粉率/% | ≤1.0 |
| 水中稳定性(散失率)/% | ≤12.0 |

淡水虾配合饲料主要营养成分指标应符合表 6-4 的规定。

表 6-4　淡水虾配合饲料主要营养成分指标

| 饲料类别 | 幼虾料 | 中虾料 | 成虾料 |
|---|---|---|---|
| 水分 | ≤12.0 | ≤12.0 | ≤12.0 |
| 粗蛋白质 | ≥36.0 | ≥32.0 | ≥30.0 |
| 粗脂肪 | ≥3.0 | ≥3.0 | ≥3.0 |
| 粗纤维 | ≤5.0 | ≤5.0 | ≤5.0 |
| 粗灰分 | ≤18.0 | ≤18.0 | ≤18.0 |
| 钙 | ≤4.0 | ≤4.0 | ≤4.0 |
| 总磷 | ≥1.0 | ≥1.0 | ≥1.0 |
| 食盐 | ≤3.0 | ≤3.0 | ≤3.0 |
| 赖氨酸 | ≥1.5 | ≥1.3 | ≥1.2 |
| 含硫氨基酸 | ≥0.8 | ≥0.6 | ≥0.4 |

注：含硫氨基酸为蛋氨酸+0.6×胱氨酸。

　　饲料的一般营养成分是评价饲料营养价值的基本指标，而饲料营养价值的高低，主要取决于饲料中营养物质的含量。为了科学合理地配制配合饲料，必须弄清饲料的营养物质及各种营养物质的功能，以及不同水产动物对这些营养物质的需求量。这些营养物质主要包括蛋白质、脂肪、碳水化合物、维生素和各种矿物质。无公害养殖时这些营养组成既不能缺乏，又应科学配合，以达到不浪费资源、能源和最低废弃物排放的目的。值得指出的是，在大量采用人工配合饲料投喂中，可适量加喂天然动植物饲料，同时，还需根据养殖水域不同条件以及虾类不同发育时期，培育各类虾适口的天然活饵料，这不仅可节约饲料成本，而且对补充虾类生长发育所需营养因子是必需的，可促进养殖虾类的发育和生长，提高饲料转化率，还可提高商品虾的品质。

## 二、淡水虾标准化健康养殖的饲料要求

　　配合饲料的安全卫生要求配合饲料所用的原料应符合各类原料标准的规定，不得使用受潮、发霉、生虫、腐败变质及受到石油、农药、有害金属等污染的原料；皮革粉应经过脱铬、脱毒处理；大豆原料应经过破坏蛋白酶抑制因子的处理；鱼粉质量应符合 GB/T

19164—2003 的规定；鱼油质量应符合 SC/T 3502—2000 中二级精制鱼油的要求；使用药物添加剂种类及用量应符合农业部《允许作饲料药物添加剂的兽药品种及使用规定》中的规定。

配合饲料安全卫生指标应遵照《无公害食品 渔用配合饲料安全限量》（NY 5072—2002）所规定的标准执行。

对于使用未经加工的动物性饲料，必须进行质量检查合格之后方可使用。

投饲的鲜动、植物饲料一般应经洗净之后再消毒，方可投喂。

水产饲料中药物添加应符合 NY 5072—2002 要求，不得选用国家规定禁止使用的药物或添加剂，也不得在饲料中长期添加抗菌药物。

配合饲料不得使用装过化学药品、农药、煤炭、石灰及其他污染而未经清理干净的运输工具装运。在运输途中应防止暴晒、雨淋与破包。装卸过程中严禁用手钩搬运，小心轻放。

配合饲料产品应贮存在干燥、阴凉、通风的仓库内，防止受潮、受鼠害、有害物质污染和其他损害。产品堆放时，每垛不得超过 20 包，并按生产日期先后顺序堆放。

产品应标明保质期，在规定条件下贮存，产品保质期限为 3 个月。

商品淡水虾的安全卫生养殖必须符合《无公害食品 水产品中有毒有害物质限量》（NY 5073—2006）要求。

## ● 第四节 防病治病的药物控制

### 一、淡水虾标准化健康养殖的药物使用要求

进行淡水虾标准化健康养殖，生产过程应坚持"全面预防、积极治疗"的方针，强调"以防为主、防重于治、防治结合"的原则。

许多药物犹如"双刃剑"，一方面具有有利作用；另一方面则有不利影响。如对养殖对象本身的毒害，可能产生二重感染、产生抗药性、对环境产生污染、通过水产动物积累对人体产生有害作用等。所以进行无公害养殖生产应尽量减少用药，逐步以生物制剂替

代化学药物，以生态养殖防病替代使用药物，进行良种选育和提高免疫力等。在必须用药时应严格遵照国家规定的《无公害食品　渔用药物使用准则》（NY 5071—2002）。

养殖过程中认真执行《无公害食品　水产品中渔药残留限量》（NY 5070—2002），按照无公害水产品养殖技术和要求及其国内外有关药物使用的规定及其允许残留标准，不断发展和提高养殖防病技术。应做到以下几点。

（1）药物使用应严格遵照国务院、农业部有关规定，严禁使用未取得生产许可证、批准文号、生产执行标准的渔药。

（2）在水产动物病害防治中，推广使用高效、低毒、低残留渔药，尽量使用生物渔药、生物制品。严禁使用 NY 5071—2002 中已明令禁用的渔用药物。

（3）病害发生时应对症用药，防止滥用渔药与盲目增大用药量或增加用药次数、延长用药时间。

（4）食用淡水虾上市前，应有休药期。休药期的长短应确保上市水产品的药物残留量必须符合表 6-5 中的要求。

**表 6-5　水产品中渔药残留限量**

| 药物类别 | | 药物名称 | 指标（MRL）/（μg/kg） |
|---|---|---|---|
| 抗生素类 | 四环素类 | 金霉素 | 100 |
| | | 土霉素 | 100 |
| | | 四环素 | 100 |
| | 氯霉素类 | 氯霉素 | 不得检出 |
| 磺胺类及增效剂 | | 磺胺嘧啶<br>磺胺甲基嘧啶<br>磺胺二甲基嘧啶<br>磺胺甲噁唑 | 100（以总量计） |
| | | 甲氧苄啶 | 50 |
| 喹诺酮类 | | 噁喹酸 | 300 |
| 硝基呋喃类 | | 呋喃唑酮 | 不得检出 |
| 其他 | | 己烯雌酚 | 不得检出 |
| | | 喹乙醇 | 不得检出 |

## 二、淡水虾标准化健康养殖的药物使用方法

药物的使用方法，具体见淡水虾疾病防控章节。

## ➜ 第五节　管理控制

要进行淡水虾标准化健康养殖，不仅应建立符合一系列规定的标准化健康养殖基地，而且还要有相应的标准化健康养殖基地的管理措施，只有这样，方能保障标准化，生产技术和产品质量不断提高，其产品才能有依据地进入国内外相关市场。

淡水虾标准化健康养殖基地管理的一般要求如下。

（1）淡水虾标准化健康养殖基地必须符合国家关于无公害农产品生产条件的相关标准要求，使淡水虾中有害或有毒物质含量或残留量控制在安全允许范围内。

（2）淡水虾标准化健康养殖基地，是按照国家以及国家农业行业有关无公害食品水产养殖技术规范要求和规定建设的，应是具有一定规模和特色、技术含量和组织化程度高的水产品生产基地。

（3）淡水虾标准化健康养殖基地的管理人员、技术人员和生产工人，应按照工作性质不同熟悉、掌握无公害生产的相关要求、生产技术以及有关科学技术的进展信息，使无公害生产基地生产水平获得不断发展和提高。

（4）基地建设应布局合理，做到生产基础设施、苗种繁育与食用淡水虾等生产、质量安全管理、办公生活设施与无公害生产要求相适应。已建立的基地周围不得新建、改建、扩建有污染的项目。需要新建、改建、扩建的项目必须进行环境评价，严格控制外源性污染。

（5）无公害生产基地应配备相应数量的专业技术人员，并建立水质、病害工作实验室和配备一定的仪器设备。对技术人员、操作人员、生产工人进行岗前培训和定期进修。

（6）基地必须按照国家、行业、省颁布的有关无公害水产品标准组织生产，并建立相应的管理机构及规章制度。例如饲料、肥料、水质、防疫检疫、病害防治和药物使用管理、水产品质量检验

检测等制度。

（7）建立生产档案管理制度，对放养、饲料和肥料使用、水质监测与调控、防疫、检疫、病害防治、药物使用、基地产品自检及产品装运销售等方面进行记录，保证产品的可追溯性。

（8）建立无公害水产品的申报与认定制度。例如，首先由申请单位或个人提出无公害水产品生产基地的申请，同时提交关于基地建设的综合材料；基地周边地区地形图、结构图、基地规划布局平面图；有关资质部门出具的基地环境综合评估分析报告；有资质部门出具的水产品安全质量检测报告及相关技术管理部门的初审意见。通过专门部门组织专家检查、审核、认定，最后颁发证书。

（9）建立监督管理制度。实施平时的抽检和定期的资格认定复核和审核工作。规定信誉评比、警告、责令整改直至取消资格的一系列有效可行的制度。

（10）申请主体名称更改、法人变更均须重新认定。

虽然淡水虾标准化健康养殖基地的建立和管理要求比较严格，但广大养殖户可根据这些要求，首先尽量在养殖过程中标准化生产，使产品主要指标，例如有毒有害物质残留量等，达到无公害要求。

## 第六节　暂养运输控制

活虾的营养价值高、市场价格好，活虾味道鲜美，深受消费者欢迎。因此，商品虾的活体运输就显得非常重要。

在运输之前，需将捕捞的淡水虾尽快转移到暂养池或网内，根据销售需要，按照规格、雌雄、怀卵雌虾等对它们进行分类，将上市规格的虾挑出，供送往市场；将较小的虾送回原池塘或另一个池塘。

暂养池最好安装增氧设备，以保证有充足的溶解氧；暂养网应安放在池塘入水口附近，以便保持良好水质和因此获得较高存活率。

成虾的运输方法与亲虾运输方法相同请参见第八章。

# 第七章

# 疾病防控

## ➔ 第一节　疾病发生的原因及特点

### 一、引起虾类疾病的因素

与其他水产养殖动物一样，虾类是终生生活在水中的水生动物，其摄食、呼吸、排泄、生长等一切生命活动均在水中进行，因此水环境直接影响虾的生存和生长。淡水虾类的健康和生长首先与环境有着密切的关系，其次与病原体的数量、侵害能力及毒性相关，同时与养殖虾的内在免疫力、健康状况有关。虾类疾病的发生是环境、病原体与虾机体相互作用的结果。水中存在的病原体数量较陆地环境要多，水中的各种理化因子直接影响虾的存活、生长和疾病的发生。体质健康的虾对环境适应能力较强，对疾病也有一定的抵御能力。当养殖水环境出现水质恶变、底质污染等不利因素时，通常淡水虾类会产生应激及压迫感，当虾类免疫抗病机能因以上原因而削弱不能再适应周围环境条件时，就会导致虾病的发生。

#### 1. 环境因素

池塘水体的理化性状，如光照、水温、溶解氧、pH值等因素的变化，都影响着虾的生存，当这些因素变化过大、变幅太快时都会导致虾病发生。

（1）**光照**　虾类对光照有明显反应，白天多潜伏栖息在阴暗的地方，晚上出来活动，所以虾的饲料投喂应主要在傍晚进行，否则将会造成虾摄食不足，饲料浪费，水质污染，易发疾病。

（2）**水温**　虾是水生变温动物，正常情况下，它的体温随外界水温的变化而变化。如果外界水温突然剧变，虾会出现应激，甚至出现死亡。如虾幼体和虾苗下塘时，温差变化不能超过3℃。长期的低温或高温对虾生长发育都会产生不良影响，水温低，影响到淡水虾类的摄食和生长；水温高，有机物的分解和水生生物呼吸旺盛会消耗大量的溶解氧，一旦天气闷热，气压降低，若补氧不及时，将会引起疾病，甚至因缺氧引起窒息而死亡。

（3）**溶解氧**  水体中溶解氧含量的高低与虾的生长和生存有着直接关系，在溶解氧不足的水体中，虾对饵料的利用率较低，活动力差，溶解氧低到2.5mg/L时，虾停止摄食，出现浮头现象；溶解氧在1mg/L时，即出现死亡。一直处于低溶解氧情况下，免疫功能下降，易发生疾病。溶解氧的变化（溶解氧不足）会影响到淡水虾类的新陈代谢并升高氨氮、硫化氢、亚硝酸盐等有害物质的含量，从而造成养殖水环境的恶化。

（4）**酸碱度**（pH值）  虾对池水的酸碱度具有较大的适应范围，但以中性偏碱为好（pH值为7～8.5）。若pH值低于5或高于9，虾的生长会受到一定的影响，生长慢，体质较差，而且容易引起疾病。

（5）**水中化学成分及有毒物质**  池水中化学成分的变化，往往与人们的生产活动、周围环境、水源水质、生物活动（养殖对象、浮游生物、微生物）和底质等有关。如虾池长期不清塘或清整消毒不彻底，池底腐殖质过多，堆积大量没有分解的有机物，在微生物的分解过程中，一方面消耗池中大量溶解氧，同时还能释放出硫化氢、沼气等有害气体。有些水源由于工厂废水排入，各种农药因水源而进入虾池，都会导致虾的疾病或严重死亡。

### 2. 病原体因素

虾病大都是由生物感染或侵袭虾体而致，这些使虾致病的生物统称为病原体。往往在水质恶化，环境恶劣的情况下，病原菌、病毒或寄生虫的侵袭力强、毒性大，虾类受到侵袭而致病。

### 3. 机体原因

机体免疫机能。虾类体表的甲壳、黏液和体内免疫因子赋予机体防御免疫机能。体表的甲壳和黏液是阻挡病害入侵的第一道防线，当因拉网、运输或操作不当导致体表受伤时，机体较易受到病原的侵害。体内免疫因子也是阻挡病原入侵的防线，其免疫能力与年龄、营养、环境等因素相关，免疫机能低下的个体容易发病。当注射疫苗或投喂免疫增强剂后，动物体内特异性免疫力或非特异免疫力会显著增加，可提高对外部病原的抵抗能力，降低发病率。

**4. 人为原因**

人为因素包括日常生产管理和技术管理，如放养密度过大、饲养管理不当、水质管理失控、操作不当等。一是放养密度过大。二是饲养管理不当。虾的营养状况是引起机体发病的因素之一，营养不良的水产动物，免疫能力下降，容易患病。因投喂营养不均衡、营养成分不足的饲料或投饲技术不合理等，易造成虾的营养不佳、抗病力低下，容易引起病害的发生。饲养管理不当，体质和免疫功能下降而易致病。三是水质调节措施不力。换水量及换水时间不恰当，造成养殖环境恶化而引起疾病。投喂不规范，投喂不洁、变质的饲料，不及时清除残饵、污物等管理因素，直接影响养虾池的水质。四是生产操作不当，造成虾体损伤，导致细菌感染而发病。

总之，虾病的发生不是单一的因素所致，而要把外界环境和虾机体本身的内在因素和饲养管理措施等方面联系起来，才能正确地判断疾病发生的原因。强化科学养虾理念，推行标准化健康养殖技术，才能有效预防疾病的发生。

# 二、疾病的发生

**1. 环境因子突变使虾类发病**

养虾生产过程中，因天气变化、用药、换水、管理不科学等因素，导致环境因子突变，会给淡水虾类生长带来不良影响。

（1）**天气突变** 暴雨、大风导致虾池水环境中理化因子发生骤然变化，养虾池池水易被连续的大风雨搅浑，池底沉积的有机物或毒害物质被快速融入到水体中，水体有机物含量过大，使大量藻类死亡，水质恶化，原集中于池底的病原菌毒性增强，使淡水虾类赖以生存的小环境突变，虾类对突然来的压力产生"应激反应"。一旦突变的环境压力超过了淡水虾类适应能力，使淡水虾类难以承受，干扰淡水虾类正常功能，某些内分泌酶活性受到影响，将导致能量耗竭，抵抗力下降，病原体侵入诱发疾病。

（2）**管理不当** 用药、换水、管理不科学等因素，造成养殖池内浮游生物的突然死亡、水色变清。使用低劣并带有残毒的消毒剂等会使虾池内藻类、原生动物、桡足类等淡水虾类的主要食料基础灭绝；有色植物被杀死，无法进行光合作用。换水不当，造成短时间内突然升温、降温，温度变化危及到了淡水虾类生命。池内发生一系列的物理、化学变化以及含氯药物、抗生素和各种有毒的化学药品的使用，这些自然的或人为的管理不善给淡水虾类带来的应激反应，均可能使淡水虾类患病或死亡，甚至是毁灭性的，使养殖者受到极大损失。

### 2. 虾类免疫能力下降

正常淡水虾类体内存在着各种抗病因子，使虾类具有一定的免疫力，淡水虾类的免疫力大致包括血细胞的吞噬、包囊、凝集以及体液因子的杀菌活性等。因此，正常淡水虾类并不感染疾病。一旦淡水虾类生活史中出现异常情况，虾类体质减弱，造成其免疫功能低下，使致病菌侵入并感染成为可能，则引起虾类发病。

### 3. 病原体侵袭力与毒性

正常养殖水域中存在多种病原菌，池底污染严重，池水富营养化的养虾池，病原菌数量更多。在水体环境良好时，虽然病原菌数量正常，但病原菌的侵袭力差、毒性弱，不会引起虾类发病。一旦养殖池的温度、pH值、溶解氧等环境因子剧变，环境恶劣、底质污染等而引起病原菌数目剧增，病原菌的侵袭力、毒性也随之增强，病原菌侵入并感染的概率成倍增加，引起虾类发病。

## 三、虾类发病的特点

淡水虾类由于它的生物分类学地位、生理特点、生态习性与其他水产动物有较大的区别，其疾病发生有明显的特点，具体表现在以下几个方面。

### 1. 对病原体的易感性强

虾类是较低等的水生动物，相对鱼类来说它们的器官构造与功能较为简单，免疫系统相对低下，除了具有一些特异性免疫功能外，目前还缺乏它具有特异性免疫能力的有力证据。由于虾类具有蜕壳的生理特点，在蜕壳前停止进食，蜕壳后身体又十分柔软，在此期间它们的活动能力很弱，常躲在水中阴暗处，对病原体和敌害的抵抗能力很弱，这个阶段病原体极易侵入。

虾类的鳃位于胸部附肢基部或就是它们颚足和步足的附属物，与水域环境直接接触，在进行呼吸时，恶劣的环境条件对其影响更大。此外，虾的鳃有时还肩负着部分排泄功能，因此病原体较易感染或较易经鳃进入体内。

虾类的生长、发育的生命周期较短，体内各器官形成较快也较低等和简单，较快的新陈代谢导致它对病原体的抵抗能力较弱。

### 2. 对环境的要求高

环境对其疾病发生的影响比其他水产动物要大。淡水虾类喜欢栖息于水质清晰、水质肥嫩的环境中，其耐低氧能力比鱼类要差很多，缺氧窒息点在 $(0.5\sim1.5)\times10^{-6}$。在养殖过程中，要保持各种水质指标的相对稳定，主要理化指标应保持在：pH 值 $7\sim8.5$；氨氮 0.5mg/L 以下；硫化氢 0.01mg/L 以下；透明度 $30\sim40cm$；溶解氧 $5\sim6mg/L$，不能低于 4mg/L。环境的稍微恶化都会导致疾病的发生。

### 3. 病程进展快、死亡率高

淡水虾类的循环系统为开放式的，病原体感染后，均较易经血淋巴而送至靶器官或全身各部位，导致疾病的快速发展，从而造成虾的大量死亡。如虾幼苗发生的弧菌病，可使虾苗全军覆灭；又如南美白对虾的桃拉（Taura）综合征发生后，其死亡率可高达 $80\%\sim100\%$，从发病到大量死亡往往只需 $3\sim4d$ 的时间。

### 4. 并发、继发性感染较普遍

淡水虾类被固着类纤毛虫感染，往往都是其他细菌性或病毒性疾病发生的前兆；患黑斑病的虾，从病灶处分离出的致病菌可多达30 余种。

### 5. 对药物敏感

虾类对药物的敏感性与其他水产动物有较大的区别，因此在药物防治上淡水虾类有其相应的特点。如使用生石灰，其泼洒剂量是 $(15\sim20)\times10^{-6}$，而鱼类是 $(25\sim30)\times10^{-6}$；它对常规消毒剂也十分敏感，因此尽量采用刺激性小的消毒剂。

### 6. 盐度的变化或在它的淡化阶段其易感性较强

淡水虾类要适应淡水的环境，一些种类（如罗氏沼虾、南美白对虾等）有一个从咸水到淡水的淡化过程，在这个过程中盐度及其相应变化对淡水虾类生长发育有较大的影响，虾的各个器官的生理功能都相应处在较低下的程度；因此它在适应环境的盐度的变化过程中，较易感染病原体，此阶段的任何异常都会导致疾病或导致随后疾病的发生。

## ➡ 第二节  虾类疾病的预防

虾类疾病常以来势凶猛、高死亡率而令虾农措手不及，亡羊补牢为时晚矣。虾类的主要活动区域为池塘水体的底层，养殖生产过程中，虾的大多数活动都难于观察到，疾病都有一段潜伏期，潜伏期一过，暴发时具有一定突然性，一旦发现病虾、死虾的情况，就可能是疾病处于暴发阶段，对发病池塘的虾容易造成晚期治疗。即使立即用药，也要有一段疗程才能奏效，很容易在治疗期间就造成较大的损失。另外，虾类生活在水中，水体是流动的，病原体会随时被携带至水体的各个地方，增加病原体的传播及感染机会。

从虾类疾病的发生原因及特点，我们认识到做好预防工作对于控制虾病显得尤为重要。对虾类疾病的预防工作必须从环境控制开始，从生产过程中的每个细微的操作环节着手，坚持标准化健康养殖，增强虾的体质和免疫力，积极做好预防工作，将病原消灭于萌芽状态或长期受到抑制，减少发病或不发病，从而提高养殖成功率。因此，养殖中应积极推广标准化生态健康养殖技术，贯彻"无病先防、有病早治"的疾病防治原则，要从环境条件、放养方案、饲料质量、日常管理、控制水体新技术的应用等各方面着手，全面把关，做到切断病源，防患于未然。

## 一、改善养殖环境条件

营造良好的养殖生态环境，是养殖成功与否的重要基础条件，也是疾病预防的重要组成部分。

### 1. 控制场地条件

养虾场的建设，首先要考察周围的环境，建在没有污染水质的区域，尤其是化肥厂、农药厂、氯酸钾厂、造纸厂会对水体造成直接污染或间接污染，这些工厂的周围不能建有养虾场，避免引起化学物质中毒。

虾池底质污泥层不能太厚，免得大量滋生病原微生物。同时也要防止引进苗种、亲虾和购进丰年虫卵时将纤毛虫类带到育苗池，在任何时候一定要保持水质清新，经常换水，有效地防治各类病的发生。

为了预防病原的二次入侵，虾池必须要有独立的进排水系统，防止排出的病原从进水口返回。

**2. 干塘清淤、药物消毒**

从各类病因分析中可以看出，池底有机物和污泥淤积往往是水质恶化、诱发疾病的根源，清除池底淤泥，进行曝晒、冻塘、消毒都能改善水质和底质条件，减少疾病发生。彻底清塘、消毒是养虾业成功的"秘诀"之一。

**(1) 清淤、晒塘**　冬季捕捞后，排干池水，挖去过多的淤泥，堵漏防渗，冻晒塘底，加入生石灰改良底质。清除池塘及堤埂的杂草污物，清除病原微生物的滋生场所，为淡水虾类健康成长营造一个良好的"居住"环境。

**(2) 药物消毒**　对池塘进行药物消毒，是杀灭虾池野杂鱼、敌害生物、病原体，预防疾病的重要措施。必须高度重视，认真实施，做好清塘消毒工作。池底清淤、曝晒、冻塘后，于虾苗放养前 $15 \sim 20d$ 再用药物消毒。将水放至 20cm 左右，全池泼洒虾池专用"溴氯海因清塘消毒剂"（含有效溴氯 $24\%$）$1.0 \times 10^{-6}$，同时将"中鱼强克"稀释液用农用喷雾器喷洒池壁及池埂，浸泡 7d 左右，而后放入池水至养殖水面。全池泼洒二溴海因复合消毒剂（含有效溴 $10\%$）$0.2 \times 10^{-6}$，间隔 2d（48h），全池泼洒枯草芽孢杆菌制剂（效价为 $2 \times 10^{10}$ 个活菌数/g）$(0.3 \sim 0.4) \times 10^{-6}$。

土壤酸碱度低于 7.0 的虾池，清塘消毒时可按常规方法泼洒生石灰 $900 \sim 1500kg/hm^2$。每次育苗操作前应对沉淀池、育苗池和工具等用 $30 \sim 40mg/kg$ 漂白粉或 $0.05\% \sim 0.1\%$ 高锰酸钾水浸泡消毒，是预防育苗期病原侵入的有效方法。

## 二、优化放养方案

### 1. 选择优质健康苗种

通过选择天然水域亲虾、异地交换雌、雄亲虾等技术措施，确保种质优势，提高虾苗质量。进一步开展虾的品系选育工作，选育出生长快、抗病力强的新品系。

挑选健康苗种是健康养殖的基础，生产不带病毒的虾苗是淡水虾类生产中一项紧迫任务，作为养殖户必须尽量采用不带病毒虾苗。

### 2. 控制虾苗放养密度

减缓青虾性早熟是控制青虾养殖苗种密度的关键，通过改进放养模式、调整放养密度、推迟放养时间、抑制性腺发育等技术，有效控制青虾养殖密度，改善养殖环境，促进青虾生长。一定要注意放养密度、放养规格、放养种类、放养方式、养殖者技术水平之间的有机联系，在此基础之上实际计算、安排合适的放养数量。杜绝由于放养密度过大引起有害气体和氨氮量增加，引起有害微生物大量繁殖，引起大规模暴发性虾病的发生。

### 3. 杀灭苗种携带的病原

**(1) 苗种运输**　在苗种运输时，采用 $100 \times 10^{-6}$ 免疫多糖溶液装苗，充气打氧运输，可大幅度提高种苗入池后的成活率。

**(2) 苗种消毒**　苗种放养前，采用超碘季铵盐 $0.5 \times 10^{-6}$ 浸泡 $30\text{min}$，消灭所携带的病原，严防病原体入池。

## 三、强化水质管理

养虾先养水，水质管理是诸多防病措施中的重中之重。事实证明，凡是各类养殖环境条件控制得好的养殖水体，虾类就少发病、不发病。即使有细菌和致病生物存在，由于环境不适于这些生物生存，这些生物不会大量繁殖，虾类就不会受到大的损害。为减少疾病的发生，各养殖时期的水质精心管理至关重要。

### 1. 良好的水源

**(1) 养殖用水标准**　养虾池用水水源要符合《渔业水质标准》(GB 11607—1989) 和《无公害食品　淡水养殖用水水质》(NY

5051—2001）的要求。有些淡水水体含有较多的对育苗有害的铁元素，因为含铁量过高，可能引起虾苗死亡，应该避免使用。海水育苗时，不应使用重金属离子含量高的海水。

（2）**使用过滤水** 育苗池和池塘进水一定要用60～80目绢纱制成的网箱过滤，这种过滤，不仅是为了阻止野杂鱼和其他虾类等进入池塘或育苗水体，也是为了防止有害细菌等被一起带入水中。特别是罗氏沼虾育苗水体，必须经过沙滤等净化处理方可使用。这些净化设施的综合有效配置会对水中的氨氮、重金属离子等起到有效的控制。

**2. 保持适宜水深与水温**

（1）**水深控制** 幼虾放养初期，为了给水体提高温度，有利于作为幼虾基础饵料的浮游生物生长，水深应保持1m左右。使透明度维持在30～50cm，有助于幼虾的生长。7月份以后，水深可以逐渐加到1.3m左右，此时由于大量使用人工配合饲料，浮游植物量比以前有所增加，透明度保持在45cm左右，这样，光合作用补偿点在1.2～1.4m，以使池底浮游生物产生较多氧气，使底部的残饵和粪便呈氧化状态。这种水体深度调节十分有利于有毒物质的转化和分解。

（2）**水温控制** 因水温控制措施不力而引发虾病是最容易被忽视的问题。水温太高时可促使有机物分解，释放出硫化氢、氨氮等有害物质。高温也使有毒物质进一步增强毒性。所以当育苗等水体温度超过31℃时，要适当采取方法控制。在加水时或放养虾苗时、运输虾苗或者药浴消毒时水温都不能变化太大，以免引起环境性疾病导致虾死亡。

（3）**适时加注新水** 换水的原则是保持经常性、保持定量性。一般情况下可每周换水1/3左右。但如果发现原生动物大量繁殖，则必须大量换水，换水的主要目的就是控制原生动物量。换水时间一般应选择在清晨进行，因为此时池水水温和溶解氧较低，加水和排水温度相差不大，且有利于增加池水溶解氧，不会使虾受到不利刺激。

**3. 水质调节**

（1）**种植水生植物** 凤眼莲、莲藕等水生植物是良好的水质净化植物，对于大量的氨态氮化物，水生植物能有效的转化吸收，是预防虾病、生态化养殖的有效方式。

（2）**保持充足溶解氧**　合理配置增氧设备，科学使用增氧机械。溶解氧是虾类养殖生态环境中的重要指标之一，它直接或间接影响着鱼体的生长；一般虾类适合生长的溶解氧含量在 3.5mg/L 以上。白天由于浮游植物的光合作用使溶解氧值保持在较高的水平，而夜晚则由于虾池的各种生物的呼吸作用使溶解氧值降低，黎明达到最低点。在养殖期间，残饵等可溶性有机质在虾塘内不断积累，结果必然造成该环境中异养细菌的大量繁殖和底质总耗氧量的增加，占虾塘总耗氧量的 52%～74%。因此养殖过程中要经常注意溶解氧的变化，发现溶解氧过低时要及时采取措施，开动增氧机。

机械增氧就是靠空气压缩机或各类增氧机使水体溶解氧量得到提高和打破氧气分层现象。在预计产量 100kg 以上的淡水虾养殖池塘，每 667m² 要配备 1kW 电力的增氧机，使水体溶解氧保持在 4.5mg/L 以上，以此控制氨氮和亚硝酸盐的增高。

（3）**水质管理**

①　**前期管理**　放苗前 10d 左右就应对养殖池泼施经发酵的有机肥，为了加快肥水，还可施用生物肥料，把水培至黄绿色或黄褐色，透明度 30～40cm，水质要求肥、活、嫩、爽，营造良好的藻相，使其中有足够的活饵料，肉眼可见大量的轮虫、枝角类、桡足类等。投苗后 15d 内主要依靠天然生物饵料，少投甚至不投人工饵，水体中残饵大为减少，由此减轻了虾塘受污染的压力。

②　**中期管理**　中期管理是关键。此时期虾体生长快，基本上依靠人工投饵。优质配合饵料，其中主要营养成分要达到国颁标准，同时其他微量元素也要配比合理。同时在淡水虾类的早中期饲养中坚持添加免疫多糖和维生素 C，可减少淡水虾类发病概率或推迟虾病暴发期，延缓发病虾类群体死亡时间。为减轻中期养虾池的污染压力，在整个中期（淡水虾类体长 5～10cm）投喂全价配合饲料，不用或少用鲜活饵料。使用高质量、高蛋白全价配合饲料，投喂时量少次多，减少残饵污染，保持水质清爽。

③　**科学运用微生物制剂**　在养虾过程中，根据水质变化情况，

运用微生物制剂加强水质的全程管理，这是标准化健康养殖的主要内容之一。例如枯草芽孢杆菌、光合细菌及其他有益的细菌组成的复合微生物制剂的应用。生物多样性尤其是有益微生物形成优势种群，是抑制疾病发生的最简单有效的措施。结合不定时使用沸石粉，效果更好。

养殖中后期更要提倡使用芽孢杆菌等反硝化菌类微生物净水剂，以减少池底污泥的沉积，使污泥表层硬化，减少氨氮。自始至终为淡水虾类生长保持良好的环境。

## 四、实施科学喂养，增强虾的体质

通过以虾用配合颗粒饲料为主，配以动植物饲料和青绿饲料的组合饲料应用技术和阶段性饲料投喂技术，保证饲料质量和提高喂养效果，促进虾的健康生长，增强虾的体质和抵抗力。

**1. 饲料要求**

（1）**保证饲料质量**  虾类是特种水产品，市场售价较高，基本上是高投入高产出的养殖方式，不应该为了降低成本而使用低质量饲料，尤其要注意不能使用劣质鱼粉和在饲料中加入有害的促生长激素。

淡水虾饲料要求投到水中后稳定性好，做到不污染或少污染水体。这一点很重要。鲜活饵料投喂不可太多，一定要做到不留任何多余的鲜活饵料。因为鲜活饵料的残料易腐败，污染水质更严重。淡水虾摄食腐败饵料后也容易中毒或引起营养性疾病。

（2）**注重饲料营养**  淡水虾类不同生长阶段，对食物要求略有差异，幼虾期（5cm以内）对蛋白质和不饱和脂肪酸要求量较高，粗蛋白含量应达38%；中虾期（5~12cm），可相应减少蛋白质和不饱和脂肪酸，蛋白含量在32%；成虾期（12~23cm）饵料中的不饱和脂肪酸要求高，蛋白含量应提到35%，尤其在性腺发育期要保证相应比重。但总的来说淡水虾类在饵料蛋白含量较低的情况下（30%~35%）都能正常生长，现在市场已经有一些淡水虾类专用饵料，根据需要选择正规厂家价格适中的饵料即可。

（3）**重视生物饵料培养**  应做好培育繁殖基础性饵料的工作，这些饵料的特点是不污染水体，而且能将水体中的可利用元素进行转化，尤其是培养单胞藻、轮虫、丰年虫无节幼体等作为幼体的开口饵料和幼虾饵料。

**（4）正确应用饲料功能添加剂**　免疫多糖和维生素C的应用以及生物酶活性添加剂（含人参皂苷），对提高淡水虾类抗病力的效果都是确切的。人参皂苷是一种天然生物活性物质，含有人参素、核苷类、酶类、氨基酸多肽类等。试验表明，中早期以0.2%的量添进饲料中，投喂15d后淡水虾类体色清新亮泽，肝胰脏边缘清晰，抗病能力增强。

**2. 科学投喂**

**（1）控制饲料数量**　虾的生长速度取决于饲料质量和环境因子。而在水体中如果残留饲料，就会破坏环境因子，增加了水底的有机物，有助于细菌繁殖，影响饲料的效益。为了不让残余饲料影响水质，所以每天投喂的饲料量和每次投喂的饲料量一定要分别加以控制。投饵量应根据天气、成活率、残饵量、健康状况、水质环境、蜕壳情况、用药情况、生物饵料量等因素来确定。

每天的饲料量按虾的总体重进行计算。总体重可以根据每半个月左右一次的诱捕抽样，参考起始所放数量和成活率来确定。一般情况下投喂人工饲料或其他饵料，要采取"多次少投"的办法，也就是每天要增加投喂次数，但是每次投喂时量要少。这是和淡水虾的生活习性及摄食习惯相一致的。一次投喂太多，容易溶解于水中或陷于泥中，根本没被虾食用，造成水体污染，对防病不利。

**（2）投喂原则与技巧**

①定量　做到定量，不能饲料多时多喂，饲料少时少喂。坚持少量多次，每天投饵次数不少于4次。饲料不足或投喂时多时少，会造成蜕壳虾的被捕食。

②定时　做到定时投喂，保证饲料的按时供应。傍晚后和清晨前多喂，中午烈日条件下少喂。

③定点　每个养虾池塘设置4个饲料台，大小为80～100cm见方或圆形，周边有高10～15cm的边框。每次投喂时，将饲料投放在饲料台上。投喂后定时对虾的摄食情况进行检查，将饲料台提出水面检查（养殖前期2h，中期1.5h，后期1h），对检查结果进行记录：如果4个投饵台均有残饵，说明投饵过量；1或2个有残

饵，说明投饵适量；3 或 4 个均无残饵，说明投饵不足。

④ 酌情投饵　风和日暖时多喂，天气变突时少喂或不喂；水质良好时多喂；水质变劣时少喂；水温低于 15℃ 或高于 32℃ 以上时少喂；虾类大量蜕壳的当日少喂，蜕壳一天后多喂；池内竞争生物多时适当多喂；池内生物饵料充足时可适当少喂；阴雨天或池水水体溶解氧量很少时不宜投饵，免得引起环境更加恶化。

### 3. 进行生态养殖

淡水虾可以进行生态养殖，利用生物之间的互作关系，提高池塘生产力，控制虾病，控制污染，保护环境。例如，在淤泥多的养虾塘，种植莲藕，底层养虾，中、上层养鱼。水面上养殖凤眼莲，岸边饲养鸡、鸭、猪等或种植果树、牧草。岸上、水中的植物可以作为青饲料，畜禽的粪便可以作为有机肥肥水养鱼。鱼虾混养的生态养殖方式可以根据当地具体条件决定。

在生态养殖当中，为了更有效地控制水质，可以使用光合细菌等生物制剂。光合细菌能在无氧条件下对 $NH_3$、$H_2S$、$NO_2$ 等有害物质进行转化和利用，能降低底质、水质的生化耗氧量，间接增加水中的溶解氧量。用量是每 $667m^2$ 菌液 4L，每升菌液含 35 亿～40 亿光合细菌。用 10 倍的池水稀释，均匀泼洒，每月使用 1～2 次。也可以每 10kg 饲料混合 20mL 菌液，每天投喂 2～3 次，因为光合细菌还含有丰富的蛋白质、多种维生素和生物活性物质，作为优质的饵料添加剂，对淡水虾的生长起到促进作用。

芽孢杆菌，也是一种新开发的水质调控微生物，它所分泌的胞外酶系能迅速降解排泄物、残存饲料等，矿化成单细胞藻类生长所需的营养盐类，这样就减少了水体中的有机物耗氧，有效地抑制了水体中的氨氮、亚硝酸盐等。芽孢杆菌产生的表面活性物能够刺激虾体产生免疫功能，增强抵抗力。特别是进入消化道之后，有帮助消化和促进吸收的作用。淡水虾养殖中，在高温易发病季节，可以利用芽孢杆菌制剂控制水质，达到预防疾病和健康养殖的效果。

## 五、进行药物预防

池塘的高密度养殖，要定期进行药物防病，每月全池泼洒生石灰 1～2 次，用量为 20mg/kg，进行防病杀菌。此法不会污染水质和造成虾体损伤，能够在一定程度上调节水体酸碱度，提供蜕壳所需的钙元素。如果养虾地区易发生纤毛虫类疾病，可以使用茶粕浸泡24h，根据本地区发病记录的具体情况决定用量，在易发病期间全池泼洒进行预防。

药物预防时，没有发病征兆时不要使用抗生素类，以免增加虾的耐药性，到应该治疗使用时效果降低。根据虾池历年发病情况，有针对性地进行药物预防，可以起到较好的效果。

## 六、加强日常管理

### 1. 注意巡塘

巡塘是管理中的主要工作，每天在投喂前必须巡塘一次，对池塘的进、排水口、池面植物、堤埂情况等随时检查。巡塘时要携带测氧仪和测温仪测量水体溶解氧和温度，做好记录。每隔1周，取一次上、中、下层水样，用显微镜观察浮游生物情况，做好种类、数量记录。对于水色变化、虾的摄食和活动情况也要随时做好记录。巡塘时特别要注意浅水区、水草区、水面植物周围，如果发现缓慢单独活动的虾或死虾，要捞取这些虾研究原因，如果是敌害或疾病，要及时治疗和处理。

### 2. 清除敌害

养虾生产过程中，虾苗和幼虾的主要敌害生物有青蛙、蟾蜍、水老鼠、肉食性鱼类、水蛇等，对成虾威胁较大的敌害生物有水蛇、肉食性鱼类、捕食鱼虾的鸟类等。对这些有害动物主要采取捕捉、诱杀、吓走的方法，特别要设好防逃墙，阻止地面有害动物进入。高密度养虾池塘可以架设防鸟网。

### 3. 定期检查

对淡水虾的生长情况、水体内的饵料沉积情况、池塘中的敌害情况要定期检查。有条件的地方定期调整水生植物的种群数量。如果发现虾活动反常或少量浮头，就要进一步取水样化验、检查水质常规指标，并采取有效处理措施。

### 4. 积极应对灾害天气

大风、暴雨等自然灾害可以破坏正常的虾池环境。大风引起较浅的虾池的池水混浊，藻类大量死亡，严重影响淡水虾类生长。养殖期间突然降暴雨，会迅速而较大地改变池水的盐度、温度、pH值等理化因子，淡水虾类需要迅速改变功能和调节代谢功能来适应外界环境的变化，这必然要付出较多的营养和能量，同时，降低了自身的抵抗能力，给病原体的侵袭提供了机会。养殖池内水体的微生物种群的组成改变了原有微生物生态平衡，这也便于病毒的增殖和对淡水虾类的侵害。

（1）**防风**　大风季节池塘应尽量加高水位，以免大风把池水搅浑，保护好池内藻类。池内可放些竹板、木板等漂浮物，以减少池内波浪。

（2）**防雨水进入虾池**　突降暴雨时，防止雨水进入虾池，以免陆地上的有机物把池水搅得混浊不堪，造成悬浮物增多，藻类死亡，化学好氧量增加，池底溶解氧含量低，理化因子急剧变化，在这种情况下，病毒、病菌适宜繁殖，易诱发虾病暴发。

（3）**调控水质**　暴雨后迅速测量水质，进行人工调控。pH值低时，泼洒生石灰或酸碱调节剂。避免盲目使用消毒剂，暴雨后因受到不稳定因子的刺激，藻类大量死亡，水色变清，应尽量使用低刺激、对浮游生物损伤小的消毒剂。投施高浓度光合细菌，将其喷洒在沸石或沙上撒入池底，稳定池底部生态环境。如发现水质变清，应及时使用生物肥料肥水。

## 📍 第三节　常用渔药使用技术

### 一、常用渔药品种和功能

按照渔药的功能分类，一般可将渔药分为水体消毒剂、内服抗菌剂、寄生虫驱杀剂、中草药、生物制品、水质改良剂等。

**1. 消毒剂**

用于清除或杀灭养殖环境、动物体表和工具上的病原微生物，控制疾病传播或发生。消毒剂种类很多，按作用机理可分为氧化性消毒剂、表面活性剂、醛类等。常见的消毒剂有漂白粉、三氯异氰脲酸、二氧化氯、高锰酸钾、聚维酮碘、苯扎溴铵等。

一般情况下，对于水质较肥的池塘，应选择氧化性较强或表面活性剂类消毒剂，如二氯异氰脲酸钠、三氯异氰脲酸、二氧化氯（液体或二元制剂）、醛类（戊二醛、甲醛等）、表面活性剂（如苯扎溴铵）等。而对于水质较瘦的池塘，可选择药性较温和的消毒剂，如一元二氧化氯、漂白粉、聚维酮碘等。

对于 pH 值较高的水质，选用二氧化氯、过氧乙酸、过氧化氢、过硫酸氢钾-钠复合物、戊二醛、苯扎溴铵等。不宜选用卤素类消毒剂，如二氯异氰脲酸钠、三氯异氰脲酸、漂白粉等，因为这类消毒剂在高 pH 值的水体中会降低药效。

**（1）漂白粉**　漂白粉主要成分为次氯酸钙、氯化钙和氢氧化钙的混合物，有效氯不得少于 25%；次氯酸钙遇水产生次氯酸，次氯酸又可释放出活性氯和初生态氧离子。对细菌、真菌、病毒均有不同程度的杀灭作用。漂白粉主要用于清塘、改善池塘环境及细菌性虾病的防治。由于其水溶液含大量氢氧化钙，所以还可调节池水的 pH 值。漂白粉稳定性差，在一般条件下保存，有效氯每月减少 1%～3%，遇光、热、潮湿和在酸性环境下分解速度加快，因此漂白粉应使用新出厂的、密封严的，使用前应测定其含氯量再将其用量折合成含氯 25% 计算，一般全池泼洒的浓度为 1mg/L。其不能用金属容器盛装，且不能与铵盐、生石灰混用。

**（2）二氯异氰脲酸钠**　二氯异氰脲酸钠含有效氯 60% 左右，性状稳定，较易溶于水，溶解度为 25%，水溶液呈弱酸性，pH 值为 5.5～6.5，溶于水后产生次氯酸，具有杀菌、灭藻、除臭、净水等作用，可防治各种细菌性虾病。

**（3）三氯异氰脲酸**　市售的含氯消毒剂多为 TCCA（强氯精）及其复配剂，其含氯量从 30%～65% 不等。稳定性好，易保存，密封防潮的情况下可保存 3 年以上。溶解度较低（1%～2%），作用与二氯异氰脲酸相同，用量应针对水体 pH 值适当增减，其杀菌力为漂白粉的 100 倍。

**（4）二氧化氯制剂**　该制剂为含二氧化氯 8%～10% 以上的无色、无味、无臭的稳定性液体，为广谱杀菌消毒剂、净水剂。它能使微生物蛋白质的氨基酸氧化分解，从而达到杀死细菌、病毒、藻类和原虫的目的。使用浓度为 0.5～2.0mg/L，使用前需与弱酸活化 3～5min。强光下易分解，需在阴天或早晚光线较弱时用，不受水质、pH 值变化的影响，不污染水体，其杀菌力随温度下降而减弱。多为固体包装，分 A、B 袋，分别溶解，倒在一起活化 3～5min 后全池泼洒。

（5）**高锰酸钾**　高锰酸钾又名"锰酸钾"、"灰锰氧"、"锰强灰"，是一种常见的强氧化剂，水产养殖中用于杀灭寄生虫，使用时浸浴浓度为 10mg/L，时间 15～30min；全池泼洒用量为 4～7mg/L。注意水中有机物含量高时药效低，且其易见光分解，故不宜在强烈阳光下使用。

（6）**季铵盐络合碘**　季铵盐含量为 50%，对病毒、细菌、纤毛虫、藻类有杀灭作用，全池泼洒用量为 0.3mg/L。应注意勿与碱性物质、阴离子表面活性剂混用，不要用金属容器盛装，使用后注意池塘增氧。

（7）**聚维酮碘**　该制剂又名聚乙烯吡咯烷酮碘、皮维碘、PVP-1、伏碘，含有效碘 1.0%。常用于治疗细菌性虾病，并可用于预防病毒病。使用时需注意不要与金属物品接触，不能和季铵盐类消毒剂直接混合使用。

## 2. 环境改良剂

是改良水体、底质等养殖环境的物质，可转化或促进转化水体环境中的有毒有害物质、增加水体有益或营养元素，包括底质改良剂、水质改良剂等。一般分化学性和生物性两类；常见的化学环境改良剂有生石灰、EDTA 及沸石粉等；常见的生态环境改良剂有光合细菌、枯草芽孢杆菌等。

（1）**絮凝剂**　主要通过絮凝作用，将水体中悬浮的有机物质絮凝沉降，降低水中的悬浮物浓度，提高水体透明度。目前使用较多的是聚合氯化铝或复配制剂。

在使用这一类药剂时，应注意：①虾苗池过量使用可能引起虾苗死亡；②虾池缺氧时不能使用；③使用时不宜全池泼洒，应顺塘边 2m 左右水面或半塘泼洒；④虾池的悬浮物质较多时，使用絮凝剂全池泼洒，可能会引起虾缺氧浮头甚至死亡。

（2）**吸附剂**　主要通过药物的吸附作用，吸附水体或塘底中过多的悬浮物或有害物质，起到净化养殖环境的作用。目前常用的有沸石粉、腐殖酸及其盐、表面活性剂等。在使用这一类药剂时，应注意：①使用吸附剂可在短时间内解决一部分水质问题，但可能几天后会反弹；②长期使用吸附剂会造成池底污染加重。如池底污染物积累到一定程度，超出了水体的自净能力，在养殖中后期如遇到天气变化较大（如暴风雨、天气闷热）的情况，极易引起泛塘。

（3）**微生物制剂**　目前应用在水产养殖上的微生物制剂主要以净化水质的微生物制剂居多，主要种类有光合细菌、芽孢杆菌等。由于水体生态环境复杂，微生物制剂的使用效果受到多种因素的影响（如微生物、藻类、温度、各种有机物和无机物）。在使用时应注意：①投入水中的微生物制剂有自身的生长和衰亡周期，因此应在养殖全过程中合理施用，使微生物制剂在水中形成优势群，发挥最佳效果；②换水会使微生物受到损失，因此在使用微生物制剂后尽量少换水或不换水，如需换水，应及时补充；③微生物制剂以晴天中午使用最好；④使用复合菌种比单一菌种效果好；⑤施用的剂量与效果不一定成正比，过量使用也可能产生副作用。如大多数的芽孢杆菌都需氧，过量使用会引起虾池缺氧。在生产上，也发生过使用光合细菌引起虾类死亡的情况。

**3. 抗微生物制剂**

用于预防和治疗因细菌、病毒和真菌所导致的鱼虾动物疾病。以内服为主，常见的抗微生物制剂以抗菌药为主，有氟苯尼考、磺胺二甲嘧啶和诺氟沙星等。

抗菌药物的使用，主要以口服的形式给药。在药物的选择及使用上，应遵循几个原则。

（1）禁止将人用药用于治疗鱼病。

（2）选用病原体敏感性强、抗菌谱窄的药物。

（3）治病时不能急于求成，不能盲目增加用药量，或配合使用多种抗生素。盲目增加药量，会增加病原体的耐药性，给今后的治疗带来困难。

（4）**慎用抗菌药**　养殖户完全可以通过加强管理，改善饲养条件，减少抗生素的使用，或者采用其他替代品而不使用抗生素添加剂。

（5）**因病选药，对症用药**　每一种抗菌药物都有各自的适应证，其优势各不相同。因此，要正确诊断，因病选药，对症用药。

否则，不但起不到治病效果，还会产生一些毒副作用。

（6）**合理配伍**　使用抗生素时，可以根据不同抗生素的特点，配合两种或多种抗生素使用，以达到低剂量高效力的协同效果。在配伍用药时，要按药物规定的使用对象、剂量和配伍方法用药，切忌同时使用两种或多种有拮抗作用的抗生素。

（7）**使用成品国标渔药，禁用原料药**　把原料药制成药剂是一个非常复杂的过程，成品药剂经过科学加工，并配合多种抗、耐药性物质及增效成分等，以克服原料药生物利用率低、毒性大、易产生耐药性、效果不理想等缺陷。国家法规规定不得将原料药应用于临床治疗，在防治虾类疾病时，应尽量使用安全可靠的成品国标渔药。

**4. 寄生虫驱杀剂**

具有驱除或杀灭鱼虾动物体内、体表或养殖环境中寄生虫的功能，用于抵御寄生虫对养殖动物的侵害。根据用药的方式，有内服和泼洒两类。常见药物有阿维菌素、硫酸铜等。

所有的杀虫类药物可以杀灭寄生虫，但对养殖动物也有一定的毒性，因此，使用杀虫药物时，要注意药物对养殖动物的安全性问题。在药物的选择及用药剂量、给药时间及方式的选择上要慎重。一般情况下，应根据水质肥瘦、水温、气候情况、养殖动物品种、虾类体质等情况确定药的使用，以免产生药害事故。

**5. 中草药**

具有抑制微生物活性、增强养殖动物抗病能力等功能，用于预防和治疗鱼虾疾病。中草药具有天然、安全、药效温和等优点，是无公害养殖的首选药物。常用中草药有三黄粉、大蒜和板蓝根等。

大蒜含挥发油约 $0.2\%$，挥发油的主要成分为大蒜辣素，具有杀菌作用，可用于防治细菌性疾病。拌饵投喂常用量为 $10\sim30g/kg$ 体重，连用 $4\sim6d$ 即可。

## 二、渔药使用原则

国家对兽药的生产、销售和使用有严格的法律法规，使用渔药应严格遵守相关的法规，严禁使用未取得生产许可证、批准文号及没有生产执行标准的渔药。使用渔药应遵循以下基本原则。

## 1. 安全原则

对养殖动物安全、不危害公共健康和不破坏水域生态环境是渔药使用的第一原则。药物选择时，首先要选择国家批准许可使用的渔用药物，不得选用国家规定禁止使用的药物或添加剂，不得使用原料药。其次要按药物的使用规范用药，防止滥用渔药、盲目增大用药量或增加用药次数、延长用药时间等。食用虾上市前用药应遵守休药期规定，应确保上市水产品的药物残留限量符合规定。

## 2. 有效原则

使用药物的目的是能够有效地控制疾病直至痊愈，这就要求我们首先要对症下药。而正确诊断是对症下药的基础，因此，除常规消毒等用药外，要请有经验的专业技术人员进行诊断，防止误诊造成药物滥用。其次要求用药量要尽可能准确。从疗效方面考虑，首先要看药物对这种疾病的治疗效果怎样。为了使患病虾类在短时间内尽快好转和恢复健康，减少经济上的损失，在用药时应选择疗效好的药物。判断渔药有无效果，仅以死亡率降低作为标准是不够的。还必须从摄食率、增重率、饲料效率等方面与对照组进行比较，并以临床症状改善和病理组织学证明治愈等作为依据。

## 3. 最小有效量原则

药物达到一定剂量或浓度时才能产生效应，这时的剂量或浓度称为最小有效量。介于最小有效量和最大耐受量之间的剂量称为治疗量，又称安全范围。在这个范围内，一般剂量增加，效应也增加。在实际生产应用中，不少生产者出于治疗疾病心切，往往加大用药量，有的超过最大耐受量达到中毒量甚至致死量，结果造成鱼虾的死亡。更为严重的是，长期高浓度地使用同一种药物，会使生物病原体产生抗药性。因此，在确定药物用量时，必须坚持最小有效量原则，即在保证疗效的前提下，用最小的药物浓度进行治疗。

## 4. 无公害化原则

在满足治疗效果的前提下，应尽量选择"三小"（毒性小、副作用小、用量小）的渔药，提倡使用水产专用渔药、生物源（如中草药）渔药和渔用生物制品。应尽量使用水质改良产品或生态改良产品，这一原则尤其重要。

**5. 最低经济成本原则**

在保证疗效的前提下，要考虑药物的治疗量、使用次数、费用等技术经济因素，最大限度地降低使用成本，提高经济效益。水产养殖由于具有广泛、分散、大面积的特点，使用药物时所需药量比较大（尤其是全池泼洒）。从生产实际角度出发，在预防和治疗虾的疾病时，应考虑综合的经济效益，应在保证疗效和安全性的原则下选择廉价易得的药物品种。同时，要按照标准化健康养殖的技术要求，采取常规预防措施，降低用药成本。

# 三、渔药的使用方法

虾池施药应根据虾病的病情、搭养品种、饲养方式、施药目的来选择不同的用药方法，预防和治疗虾病的主要给药途径有外浴浸泡、全池泼洒法和内服法等。用药过程中，要根据疾病和药物的不同，选择最有效的办法，以达到最佳的用药效果。

**1. 给药途径**

渔用药物的种类较多，性能各异，用药时应根据药物不同的理化特性和虾病的实际情况决定给药途径，只有这样才能达到治疗目的。

**(1) 外浴浸泡**　在虾苗、虾种放养时，采取药物浸泡洗浴，杀灭病菌，是预防疾病的常用措施。

**(2) 全池泼洒法**　全池泼洒法是防治虾病的最常用方法。它是将整个池塘的水体作为施药对象，在正确计算水量的前提下，选择适宜的施药浓度来计算用药量，然后把称量好的药品用水稀释，均匀泼洒到整个池塘的水体，以达到防治虾病的目的。

**(3) 内服法**　内服法又称口服法，是精养虾池常用的用药方法。使用时将药物的使用量按饲料的一定比例加入粉料中混合制成药饵投喂。

药量的计算公式为：口服药量（g）＝虾池载虾量（kg）×虾的服药量（g/kg 体重）。

由于虾摄食速度较慢，加上患病后食欲下降，摄取药饵量较少，实际上内服药饵只能对摄食的虾起到作用，药饵效益较低，这种方法大多用于预防。

## 2. 渔药使用技术

除了用药途径以外，所有渔药的使用都要注意以下技术要点。

(1) **准确计算用药量** 国家药品标签中规定的用量标识单位是 $g/m^3$，而养殖者用药时一般以面积和 1m 水深为单位来计算，所以首先要准确测量（估测）池塘的面积和深度，计算用药水体的体积，根据这些数据再进行换算。首先，准确测量饲养水体的体积或估算所饲养虾和混养的吃食鱼类的体重，是决定外用药物和内服药物用药量的基础，而只有药量准确，才能达到既保障养殖虾的安全又消灭病原体的目的。其次，饲养水体的理化因子，如 pH 值、水温、有机物含量等，都会对所使用药物的药效产生一定影响，在药物投放之前，可进行预备试验，对药量进行调整。

(2) **保证用药的均匀性** 应尽量做到均匀用药，如局部用药量过大，或颗粒制剂没有完全溶解，可能造成局部用药过量或虾误食，引起中毒死亡。因此，对不易溶解的药物应充分溶解，均匀泼洒。

(3) **用药时要保证良好的环境条件** 水质恶变时，会引起鱼虾抗病能力下降、不摄食等问题，因此，要选择环境条件好的情况下用药。泼洒药物要在晴天上午进行，用药后应观察不良反应。对光敏感的药物则应在傍晚进行。池塘缺氧、虾类浮头时禁用消毒药和杀虫药，以免引起虾的死亡事故。施用消毒剂、杀虫剂和杀藻剂后，应采取开增氧机等增氧措施，保证水体内的足够溶解氧。阴雨天要谨慎用药。

(4) **内服渔药用量要合理** 投喂药物饲料时，投喂量要适中，避免剩余。药物饲料的可食性一般较差，应采取诱食措施。同时，每次的投喂量应考虑到同池可能摄食饲料的混养品种。

(5) **药浴法用药应避免鱼体受伤** 捕捞患病动物时应谨慎操作，尽可能避免患病动物受伤，药物浓度和药浴时间应视水温及患病动物的耐受情况而灵活掌握，浸浴前应小范围预试验。

(6) **注意用药安全** 有一些消毒剂有很强的刺激气味，如吸入呼吸道可能引起感染。因此，泼药时应从上风处逐渐向下风处泼，以保障操作人员安全。同时，应尽量避免在大棚室内使用这类药物。此外，对于毒性较大的杀虫剂等渔药，要避免人、畜中毒。

(7) **正确配伍，注意药物禁忌**　药物配合使用可提高治疗效果，但如果配伍不当，将产生物理或化学反应，降低药效或失效，甚至产生副作用。

用药时，要注意说明书上对药物禁忌的说明。常见药物配伍禁忌有：使用生石灰遍洒，再用敌百虫，将产生毒性很强的敌敌畏，致使虾类中毒；漂白粉与生石灰混用，会使次氯酸离子在强碱性水体中活力降低10%；磺胺类药物与酸性药液或生物碱类药物混合使用，化学药品及抗生素与微生物制剂同时使用等均可引起药物失效。另外，还要注意药物的敏感性和针对性。

(8) **遵守休药期规定**　渔用药物除了对养殖对象疾病具有防治作用外，不可避免地会产生某种程度的毒副作用，如果使用不当或滥用药物，很容易对鱼虾机体产生很强的毒副作用。如长期且大量地使用某些抗菌类药物，不仅可以导致致病菌产生耐药性，还会导致养殖鱼虾的品质下降。食用虾上市前用药应遵守休药期规定，确保上市水产品的药物残留限量符合要求。

(9) **观察疫情动态，总结防治效果**　投放药物后，必须监视养殖鱼虾的动态，尤其是在用药后12h内要有专人看管，如遇异常情况发生，应立即采取相应措施，减轻药物的作用。用药后应注意察看病情及死亡数。在3～6d病情出现好转，死亡数量下降，说明治疗效果好，若病情加重，死亡数量上升，则治疗无效，应该做进一步检查，分析原因，作出新的治疗对策。

## ➲ 第四节　疾病诊断方法

发病或将要发病的虾在行动上迟钝，常离群独自活动，活动时贴近水面或岸边，严重时出现不规则运动和行为反常的运动。例如，打转、无方向漫游、静伏于浅水区底部不甚活动等。病虾由于体质下降，反应和应激能力下降，当人接近或捕捉时不能立即躲避。在躲避和摄食等行动当中表现出无力、缓慢、虚弱的情况。

首先主要根据虾的行为特点和体表器官组织病变特征结合进行诊断。如果需要，再进行鳃、生殖腺、内脏等方面的解剖和检查。

# 一、现场调查

## 1. 发病情况及病因调查

主要应包括如下内容。

(1) **发病时间** 在一天内发病的时间不同，如清晨、中午或下午，引起疾病的原因不同。

(2) **发病时的气象条件** 如有无气温剧降、暴风或暴雨等，这些情况均可能诱发疾病。

(3) **发病动物表现** 发病前有何异常表现，病体在行为上有无异常表现，每天死亡的情况，这些不同表现是诊断病因的重要依据。

(4) **曾经采取的预防措施** 使用过的药物、用药量、用药方法等。这些情况对于区分是否已对症下药或用法不当有很大帮助。

## 2. 水质调查和分析

水质调查和分析按以下步骤进行。

(1) **调查水色变化的情况** 池水颜色变化能代表生物的活动变化情况。一般要调查发病前后水质的变化，是否有变黑、变蓝或变红等异常情况。

(2) **判断水的气味** 水的气味变化往往代表水质的变化，如在池旁闻到水的臭味，可知池中有机物已腐败变质，水中溶解氧耗竭，水质已恶变。

(3) **分析水质化学** 经过对养殖现场的一般调查，只是见到池水和动物活动的表面现象，应该进一步测定水质的化学指标。应从现场采取合格水样，分析水体溶解氧、盐度、总氮和氨氮、硫化物、酸碱度等，如果这些测定数据超出正常范围或有某一数值超过临界点，便可考虑为水质异常导致养殖动物生病或死亡。水质因子的分析，可作为判断养殖动物致病原因和治疗时的重要参考。当排除水质恶化致病后，能更准确地对养殖动物的病因做出诊断。

## 3. 养殖环境调查

养殖环境调查包括调查水源中有无污染源、水质的好坏、水温的变化情况及养殖池周围的农田施用农药等情况。池塘的底质也是必须了解的，如是否有过多的淤泥，池底是否有某种虾类寄生虫的中间宿主或寄生虫的终末宿主等。如水源中有污染源，可引起虾中毒死亡；如池底有毒物质含量过高也可能引起虾的生长障碍甚至死亡。

**4. 饲养管理情况调查**

调查的项目包括清塘的药品和使用方法、养殖的种类和来源、放养的密度、放养对象是否经过消毒以及消毒药品种类和消毒方法、饲料的种类、来源和投喂量等。如果在放养前，池塘未经彻底消毒，就不能排除上一个养殖周期饲养过程中所发生的疾病再次发生；如果投喂的饲料已变质，则可能导致消化系统疾病或食物中毒，摄食能力减弱。此外，残余饲料也会引起水质恶化、缺氧和有毒物质的产生，不但影响水产养殖动物机体的健康，也为病原体创造繁殖的有利条件，导致水产养殖动物发病和死亡；如果苗种来自外地，而又未经预先抽样检查，放养前的苗种带虫、菌情况不明，就可能将外地流行的疾病带入本地。

## 二、发病机体的检查

通过上面的调查分析，基本可以判断一些常见疾病的发病原因。除此以外，还应该进一步对虾病体进行检查。为使诊断有代表性，一般要选择病情较重、症状比较典型，但还没有死亡或刚死亡不久的个体来进行病体检查。

病体检查的步骤，一般是由表及里，即先检查病体的体表，再检查病体的内脏器官。每一个组织器官的检查也必须先用肉眼观察（目检），然后用显微镜观察（镜检）。目检和镜检是相辅相成的，缺一不可。

**1. 检查的注意事项**

（1）检查对象应是活体或刚死去的病变标本。

（2）检查时始终要保持机体体表、组织、器官的湿润。

（3）解剖机体，分离各器官要保持完整、清洁。

（4）检查按顺序进行，做好记录，防止遗漏。

（5）所用工具要充分洗干净。

（6）检查对象要有一定数量，一般为 3～5 个。

**2. 发病的共同特征**

(1) 活动情况失常。

(2) 身体的形态和外表颜色发生一定的变化。

(3) 摄食能力下降或不吃食。

**3. 肉眼检查**（目检）

在实际生产中，目检是检查虾病的主要方法之一。目检可以观察到病原体侵袭机体后机体表现出的各种症状，对于某些症状表现明显的疾病，有经验的技术人员凭借经验即可作出初步诊断。由于目检主要是以症状为依据，但一病多症、多病一症现象较多。因此，在目检时应该做到认真检查，全面分析，并做好记录。目检的检查顺序和方法如下。

(1) **整体观察**　将病虾放在白色的瓷盘中，做整体观察。记录下病体的种类、年龄、个体的大小和体重。

(2) **体表观察**　首先要观察病体的体色是否正常，甲壳、眼睛、附肢等是否正常，有无异物附着。观察腹肢上是否有异物附着，虾类的病体往往可以看到甲壳色泽的变化，如甲壳上出现黑斑，或白色小点或白斑，或甲壳泛出红色等。有时还可发现甲壳、附肢或眼睛溃疡、变色、穿孔及附肢缺损等症状。病虾的体表甲壳、附肢、腹部、尾部和眼等部位常出现反常颜色或物质，严重时组织松软、局部明显变色。甚至附肢、尾肢出现残缺。有时甲壳有异物附着，观察和手触都会出现粗糙感或黏滑感。例如，当外壳与附肢有聚缩虫、累枝虫、丝状藻类附着时，光洁度差，用手摸时可以感觉出杂物存在。如发现可疑症状，可用镊子夹取一点黏液、病变部位的残片或附着物进行镜检。

(3) **鳃部的检查**　先用肉眼检查鳃部是否存在充血、发炎、黏液增多、鳃丝肿胀、色泽变深或变淡等异常情况，然后剪取一些鳃丝放在预先已滴有水滴的载玻片上，盖上盖玻片，做成一个简单的水浸片进行镜检。

病体的鳃部检查是进行虾类疾病诊断时不可缺少的一个步骤。即使目检时未发现异常，也必须进行镜检，尤其对于虾的苗种进行病体检查时更是如此。

(4) **内脏检查**　解剖观察内脏的外表，检查肝胰腺的颜色、是否肿大。检查消化道内食物充盈情况，消化道壁有无发炎或溃疡，必要时将汲取物加生理盐水镜检或用压片法检查。对排泄器官的检查，应先观察第二触角基节处有无变黑坏死的症状，如有病变，应将排泄器官剖检，或用 PAA 液固定做组织切片检查。对虾类进行血淋巴检查时，应先将头胸甲洗干净，用纱布将水吸干，在头胸甲的心区钻一个小孔，用小型注射器或尖头吸管插入围心窦吸取少量的血淋巴滴于载玻片上，然后立即盖上盖玻片进行镜检。如果从血淋巴做细菌的分离培养，则必须对虾的头胸甲及使用的工具做好彻底的消毒工作。

**4. 镜检**

用显微镜、解剖镜进行检查，简称镜检。镜检是在虾病情况比较复杂，仅凭肉眼检查不能作出正确诊断，而需要做更进一步的检查工作明确诊断时所采取的方法。在一般情况下，虾病往往错综复杂，很多病原体又小，除一些较明显、情况又较简单，凭目检可以作出有把握的诊断外，一般都有必要进行镜检。

有些疾病只是单一病原感染，有些则是多种病原复合感染甚至出现综合症状，有的虾病单凭镜检不能确诊，还要靠细菌学或病毒学检测、生化或组织病理等测检才能确诊。

## 三、病因分析

对病因分析特别重要。引发虾病的原因很多，包括细菌、病毒、有害藻类等。病因分析时，一方面要对照症状表现，另一方面要根据本地水质环境进行正确病情定位。虾病发生后，如果仅是根据病原生物的出现进行治疗，很可能过一段时间出现反复。特别是由于水质环境恶化促成或引起的疾病更容易出现反复。为了彻底根除疾病，要对发病池塘的水质、水体溶解氧情况、亚硝酸盐、氨氮、底质、水温、盐度等进行了解，还要对饲料质量、管理方法、苗种的来源、质量及放养密度、投饵的种类、饵料质量、池水换水次数、浮游生物情况进行了解。研究发生疾病的综合原因，采取治虾和治理环境同时并重的办法，才能彻底控制发病源，达到根除疾病的效果。

## 第五节　常见疾病的防治

### 一、烂鳃病

**1. 病因**

由细菌引起。

**2. 症状**

病虾鳃丝发黑并出现局部溃疡，其余则无明显病变。

**3. 流行及危害**

罗氏沼虾及青虾养殖池中发生，发病时间为夏秋季，病虾因呼吸受阻而死亡，日死亡率可达 6%～10%。

**4. 诊断**

肉眼检查病虾鳃部及其他部位，根据症状进行诊断。

**5. 预防**

保持合理放养密度，保持水质清新；定期用 15mg/L 生石灰消毒；发病季节，用 1mg/L 漂白粉全池泼洒，每月 1～2 次。

**6. 治疗**

用 0.2mg/L 三氯异氰脲酸或 0.3mg/L 优氯净全池泼洒，每天 1 次，1 周后用 15mg/L 生石灰泼洒 1 次。

### 二、细菌性坏死症

**1. 病因**

由细菌感染所引起，确切病因尚不清楚。

**2. 症状**

发病初期病虾摄食减少，肠道无食，体色异常，呈蓝白色，体表及附肢有黏附物，出现黑色病灶，附肢变形。

**3. 流行及危害**

主要发病对象是罗氏沼虾育苗期间的 Ⅳ～Ⅴ 期幼体，有较强的传染性，发病快，死亡率可达 100%。

**4. 诊断**

根据发病对象及症状进行诊断。

**5. 预防**

罗氏沼虾的孵化用水应预先沉淀过滤并消毒；育苗期间定期用 1mg/L 漂白粉全池泼洒消毒，每月 2 次。

**6. 治疗**

发病池用三氯异氰脲酸泼洒，用量为 0.2～0.3mg/L，隔天 1 次，连用 2～3 次。

## 三、弧菌病

**1. 病因**

由弧菌中的一些菌如副溶血弧菌、拟态弧菌等感染所致。

**2. 症状**

无明显症状，少数病虾表面有少量似黏液的物质。体色略呈灰白色，发病后虾摄食减少，临死前活动迟缓。剥离虾壳，可见肝胰腺颜色略深，肌肉也显得混浊。

**3. 流行及危害**

该病多发于秋季，多见于青虾成虾养殖池中，死亡率可达 30%～50%。

**4. 诊断**

根据虾的摄食情况及死前症状进行初步诊断；采用常规细菌培养方法对病虾的肝胰腺及肌肉等组织进行细菌培养，根据细菌生长特性进行鉴定并确诊。

**5. 预防**

养殖池水用 1.5mg/L 生石灰全池泼洒。

**6. 治疗**

发病池泼洒三氯异氰脲酸，用量为 0.2～0.3mg/L，隔天 1 次，连用 2～3 次，同时投喂强力霉素，1～2g/kg 药饵，每天 1 次，连用 5～7d。

## 四、甲壳溃疡病（又名褐斑病、烂壳病）

**1. 病因**

该病主要由一些具有分解几丁质能力的细菌侵袭所致。从病灶处获得的菌主要有贝类克氏菌、弧菌、假单胞菌、气单胞菌、巴斯德氏菌约 30 种。但由于人工感染没有成功，且环境中的化学物质刺激及营养失衡也会导致甲壳溃疡，故认为该病是一种综合性疾病。

**2. 病症**

病虾体表、附肢、触角、尾扇等处出现红色或黑色点状或斑块状溃疡，病重时病灶增大、腐烂，严重感染时可穿透甲壳进入软组织，使病灶部分粘连，阻碍青虾蜕壳生长，有的附肢、触角、尾扇甚至烂断。

**3. 预防**

①生石灰或漂白粉彻底清塘：每 $667m^2$ 水面用生石灰 $100 \sim 150kg$ 或用漂白粉 $10 \sim 15kg$ 清塘消毒。②苗种下塘时用 $2\% \sim 3\%$ 的食盐水浸泡 $10 \sim 15min$。③每半月泼洒一次生石灰，每 $667m^2$ 水面水深 1m，生石灰用量 $8 \sim 10kg$；或泼洒漂白粉 $1.0 \sim 1.5mg/L$。两种交替使用。

**4. 治疗**

青虾红体病采取内服与外消相结合的方法进行治疗效果较好。①外消：鱼用季铵盐碘（有效碘含量在 $10\%$）$0.2mg/L$ 全池泼洒，重症连用 2 次。②内服：蒽诺沙星可溶性粉，每千克青虾用 20g 蒽诺沙星可溶性粉拌饲料，连续投喂 $3 \sim 5d$ 为一个疗程。

# 五、黑斑病

**1. 病因**

该病主要由一些具分解几丁质能力的细菌侵袭所致，由于人工感染没有成功，且环境中的化学物质刺激及营养失衡也会导致该病，故认为该病是一种综合性疾病。

**2. 症状**

体表甲壳出现黑斑或溃疡小孔，严重感染时可穿透甲壳进入软组织。

**3. 流行及危害**

幼虾和成虾均可发病，一般病轻时，可随着蜕壳生长自愈，病重时，会造成蜕壳受阻而死亡。

**4. 诊断**

根据症状表现初步诊断。

**5. 预防**

定期给虾塘加换新水，每月泼洒浓度为25mg/L的生石灰2次，改良水质。定期用0.25mg/L三氯异氰脲酸泼洒消毒。注重饵料、用具卫生，实行"四定"投饵，避免残饵污染水质。生产操作过程中，防止碰伤虾体。控制青虾种苗放养密度，做到合理密养。主养虾塘的虾苗放养量以8万尾/667m²左右为宜。

**6. 治疗**

聚维酮碘 0.1～0.3mL/m³ 水体全池泼洒，1天1次，连用2d；同时每1kg饲料添加2g维生素C拌饲投喂，连用10d为1疗程。

黑斑病是青虾人工养殖条件下最为常见的疾病之一。从虾苗到成虾均可感染此病，该病传染快，死亡率高。发病初期，虾体病灶呈较小的灰斑或褐斑。以后逐渐扩展，形成溃疡性黑斑。患病虾鳃、腹、附肢等部位均可见病斑。病情严重时，病灶中部凹陷，溃疡殃及甲壳以下组织，可致附肢腐烂缺损。发病青虾活力极差，摄食下降或停食，常浮于水面或匍匐于水边草丛，直至死亡。

# 六、红肢综合征

**1. 病因**

虾体受伤后由细菌或真菌感染而引起。

**2. 症状**

虾摄食量减少，行动迟缓，尾扇末端肿胀、溃烂，尾扇红色，当病灶蔓延到第六腹节时，病虾就会死亡。

**3. 流行及危害**

越冬的罗氏沼虾亲体有传染性，可导致亲虾批量死亡。

**4. 诊断**

尾扇及游足发红是该病的典型症状。

**5. 预防**

挑选亲虾应在水温20℃以上进行，体质应健壮；虾池使用前用生石灰或用高浓度漂白粉消毒；定期检查病情，坚持每天排污并适量换水。

**6. 治疗**

病虾较少时，可采取手术治疗，捏住病虾（不能握头胸部），将尾扇平放在木板上，用手术刀背轻轻刮压扇面，将溃疡物刮出，之后用 3‰ 双氧水消毒病区 1min，放回养殖池。一般一次即可治愈。

# 七、白体病

**1. 病因**

尚不清楚。

**2. 症状**

症状多由尾部开始，发病初期，病虾尾部只有几块小白斑，然后由后向前扩展，最终除头部外整个机体发白，肌肉呈坏死状，失去弹性，活动减弱，摄食能力下降，逐渐死亡。

**3. 流行及危害**

该病仅在幼苗发生，轻者阻碍生长，重者引起死亡。

**4. 诊断**

根据发病对象及症状进行诊断。

**5. 预防**

定期泼洒生石灰。发病初期，每 $667m^2$ 用硫酸铜和硫酸亚铁合剂（3：1）200～250g 全池泼洒 1 次。同时在饲料中添加适量维生素 C 和维生素 E 投喂，连续投喂 3～5d。

**6. 治疗**

现无有效治疗方法。

# 八、红头黑鳃病

**1. 病因**

可以分为两类。一类是寄生虫性红头黑鳃病。通过镜检可发现虾的病灶处寄生有大量的纤毛类原虫，类似饼形虫。该病传染较慢，易于治疗。另一类是细菌性红头黑鳃病。镜检无寄生虫，病虾鳃部残缺、糜烂，类似鱼类的鳃霉病。该病蔓延速度很快，死亡率高，较难治疗。

**2. 症状**

病虾食欲减退，行动迟缓，大多静伏于水边或水草上。因早期鳃部出现红色，后期转为黑色并糜烂，故被称为红头黑鳃病。一般发病 1～3d 后，病虾便会大批死亡。

**3. 预防**

①彻底清塘，在干塘时要曝晒池底，以杀灭病原体，降低发病率。②虾种消毒。虾种放养之前，应用 2％～3％食盐水浸泡 3～5min，以杀灭虾种身上的寄生虫和病菌。③加注新水。要经常（特别是夏季和早秋）加注新水，以保持池塘水质清新。④定期消毒。每隔 10～20d，用生石灰消毒 1 次。⑤种植水生植物。水生植物（如苦草、马来眼子菜、水花生等）的种植面积应占池塘水面的 20％～25％，以改善生态环境，控制池塘水质，提高池水溶解氧量，增强青虾的抗病力。

**4. 治疗**

首先应准确诊断病情、优选药物，然后对水体准确丈量后合理用药，若系寄生虫引起的青虾红头黑鳃病，应先杀虫，可用 0.5mg/L 的硫酸铜加 0.3mg/L 的硫酸锌溶液，全池泼洒，3d 用 2 次。若系细菌性红头黑鳃病，则应用杀菌剂全池泼洒 1～2 次，同时内服抗生素。方法是在投饵时配以中药虾康 1 号，连续投服 4～5d。

# 九、水霉病

**1. 病因**

当虾体体质较弱，尤其是受伤后，受水霉侵袭而发病。

**2. 症状**

病虾体表附着有白色棉絮状物。初期在病虾尾部及附肢有不透明的白色小斑点，继而扩大，严重时遍及全身，最后导致死亡。

**3. 流行及危害**

青虾和罗氏沼虾均有发生，主要危害虾苗和越冬的罗氏沼虾亲虾。

**4. 诊断**

根据症状可作出初步诊断。在镜下可见菌丝体或孢子；取下病灶，在培养基上培养（25～30℃，48h），有大量菌丝体长出。

**5. 预防**

①用生石灰彻底清塘消毒。②苗种地起捕、运输、放养时操作细致，谨防虾体受伤。③坚持经常排污和换水。

**6. 治疗**

①用 8mg/L 的食盐与小苏打合剂（1：1）全池泼洒。②中博双氧氯 0.3～0.4mg/L 全池泼洒，连用 2d。③0.5mg/L 二氧化氯全池泼洒，效果较好。

注意：虾苗一旦发病，因传染性强，病程短，应隔离抛弃病虾，如大部分虾苗染病，则全部抛弃。

## 十、固着类纤毛虫病

**1. 病因**

主要由钟形虫、聚缩虫、累枝虫寄生所引起。

**2. 症状**

病虾体表、鳃、附肢、眼柄及卵的表面附着有白色棉絮状物，行动迟缓，食欲减退，呼吸困难，严重时可引起病虾死亡。当虫体寄生在鳃部时，可使鳃变黑，鳃丝腐烂，甚至坏死。

**3. 流行及危害**

该病在罗氏沼虾繁殖及育苗期最为常见，春夏季在成虾池中也时有发生。

**4. 诊断**

将病虾捞出置于清水盆中，可见体表附着有白色棉絮状物在水中活动；取卵或幼虾在镜下观察，可见大量倒钟形虫体。

**5. 预防**

加强饲养管理，保持水质清新；定期检查，及时处理。

**6. 治疗**

（1）养成期疾病的治疗，可用茶粕（茶子饼）全池泼洒，浓度为 10～15mg/L，待虾蜕壳后，大量换水。(2) 虾幼体的治疗，水温适宜，改善饵料，加大换水量，促进幼体蜕壳。

# 十一、黑壳病（又名乌壳病、青苔病）

### 1. 病因

附着性藻类，主要是一些附着性藻、褐藻、丝状藻等。

### 2. 症状

虾体表被藻类附着，体色变黑或呈墨绿色，感染严重者，被青苔所包裹。体质差，活动力明显减弱，不能顺利蜕壳。遇池中缺氧，可引起大批死亡。

### 3. 预防

(1) 667m$^2$ 用生石灰 150～200kg 清塘消毒。(2) 勤换水，保持水质清新。(3) 流行季节每月用纤虫杀星或甲壳宁 0.3～0.4mg/L 泼洒一次。

### 4. 治疗

(1) 纤虫杀星或甲壳宁 0.3～0.4mg/L 全池泼洒，重症隔日再用一次。(2) 纤虫杀星或甲壳宁 0.3～0.4mg/L 使用一次，隔日用 0.3～0.4mg/L 溴氯海因或二溴海因 0.2～0.3mg/L 泼洒一次，可治愈。

# 十二、肝胰萎瘪症（又名脂肪肝）

### 1. 病因

水体中含有超量的有机磷农药或饲料中也含有一定量的有机磷农药，微量的农药在肝胰脏中积累，使肝脂肪变性、坏死。

### 2. 症状

病虾外观无异，但生长受阻或死亡，剥离头胸甲，可见肝胰脏萎缩。

### 3. 流行及危害

主要在成虾塘中发生，发病较少，可一旦发病，可造成批量死亡。

### 4. 诊断

肉眼可见病虾的肝胰脏有萎缩症状；取出病虾肝胰脏，加热到

80℃，腺体溶化成液体，冷却后呈胶状。

**5. 防治**

加强饲养管理，避免养殖水体受到有机磷农药的污染，不投喂被农药污染的饲料。

## 十三、蓝绿藻病

**1. 症状与病因**

主要是一些底栖的蓝绿藻类，在水质不佳、透明度过高而虾类生长较慢时附着于虾体表面，影响虾的摄食活动，严重时使虾不能蜕壳而死亡。

**2. 防治方法**

可通过施肥，繁殖浮游生物，降低池水透明度。水位保持在1m以上。

## 十四、蜕皮障碍症

**1. 病因及症状**

在虾养成期间，有时会出现不能蜕皮现象，病虾全身甲壳增厚变硬，手触时有明显粗糙感，生长停滞。此病多见于盐度偏高、水草丛生的虾塘内，发病原因是营养缺乏，或水质条件差、疾病感染。

**2. 防治措施**

（1）大量换水或适量引入淡水。（2）投喂营养丰富、适口的鲜活饵料，并且在饲料中添加1.5%的蜕皮促生长素。（3）全池泼洒20mg/L生石灰，发现其他疾病及时治疗。

# 第八章

## 捕捞与运输

➔ 第一节　捕捞

## 一、青虾捕捞

青虾养殖生产中，应遵循轮捕疏养、捕大留小、多次捕捉的原则，这样能提高大规格虾的上市比例，增强品质。青虾栖息环境和生活习性的特殊，其捕捞方法也有许多不同的特点。

青虾捕捞要根据各个养殖阶段的特点，选择适合的捕捞工具和方法。目前，使用的小型捕虾工具主要有以下几种。

### 1. 地笼捕虾

地笼是原使用在外荡、湖泊捕捞虾蟹的工具，用聚乙烯网片缝制成宽、高为 0.3～0.4m 的方形网身，长度为 5～15m，每节网身的相对应的 2 个边上开有倒喇叭形口子，随青虾的活动，一直爬到网身的一端而被捕获。地笼放入水中后，青虾以为是很好的筑巢场所，便纷纷游入笼内，每节网侧面都有两个入口，入口的设计，让虾儿有进无出。

**（1）地笼制作**　选用直径 4～6mm 的钢筋或铁丝，加工制成 30～40cm 的正方形框架，每 30～40cm 为一节，用纲绳连接起来，外面再用聚乙烯网布包缠，网的两端或中间制成网兜。每节两侧轮换设置 1 个漏斗状的进虾口，框架与框架的网片上制成倒须门，使鱼、虾等只能进不能出。每相连两节的进虾口方向相反，这样可捕捉来自两个方向的鱼虾。笼网的两头或侧面设置笼梢，用于收集青虾（图 8-1 和彩图 8-1）。地笼的长度可依据养殖水面的长度、宽度而定，一般为 20 节左右，总长 5～30m 不等。

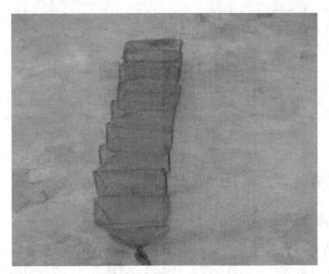

图 8-1　捕虾地笼

（2）**使用方法**　青虾养殖过程中，个体差异较大，通过常年的捕大留小，可控制池塘中青虾的数量，促使小虾加快生长，增加总产量，从而提高养殖经济效益。地笼是定置渔具，可以常年捕捞。

每天傍晚将地笼张置到塘边，笼内置有香味食物，1 人操作，左手握甩笼一端纲绳，右手用力将网甩入塘中，沉入水底。注意使网身与岸边垂直，进虾口要向两面张开。再用插扦将纲绳固定在池边，防止漂走（彩图 8-1）。次日清晨起网，将纲绳收起，逐级抖动，将虾集中于囊袋而捕获。如网兜中虾过多，可每 3～4h 取虾一次，以防网兜中青虾因密度过大窒息而死。每隔 10～15d 将地笼取出水面，进行修补，并在阳光下晾晒 1～2d，防止青苔封闭网目。

**2. 虾笼**

虾笼呈筒形用竹篾编制，直径 10cm，一节长 25cm 左右，另一节长 20cm 左右，两节呈 T 字形连通在一起，两头有 2 个虾只能进而不能出的带倒须的进口。在 T 字形连通处放入米糠、麦麸、面粉团等饵料引诱青虾入笼，笼有一头为盖状结构，既可放置虾饵，又可倒出青虾。捕捞时用绳将虾笼连在一起，间距 4～5m 放 1

个虾笼，放置在池周。晚上放笼，第二天早晨收笼，虾集中后，大的上市，小的回塘放养，青虾不受损伤。

### 3. 四门篓

四门篓用铁丝、竹片扎框架，用1cm×1cm网目的网片蒙合缝制而成，呈扁的鸟笼状。长、宽均为25cm，侧面高10~15cm，四个侧面设有漏斗形的进虾口。在篓内中间放上诱饵，四个侧面中，有一侧设有活门，用于放置诱饵，倒出青虾。一般是晚上放篓，早晨收篓，白天也可放1次，但产量较少。使用时将篓放在虾池四周，篓上用绳系上漂浮物，用一头带钩的竹竿放下去，收时再用竹竿取上来，操作时不用下水，青虾不受伤。

### 4. 虾罾

虾罾又称虾吊子，用长、宽50cm左右较密的网片，四角系在固定成十字形的竹片上，竹片长度略大于网布对角长度。在竹片的中央系上绳子，绳子头系在竹竿上，即成虾罾。罾的四角系有沉子，以沉入水中。作业时将装有饵料的罾网敷设在沟塘或湖泊的近岸浅水区，利用虾类喜栖息于水边的草丛地区和贪食的习性，诱其进入罾内而达到捕获目的。夜晚在池周边操作，操作时在网布上放上诱饵，将虾罾放入水中，引诱虾到罾上吃食，不时地提罾取虾。虾罾一人可操作30把左右，轮番提罾，操作人员几乎通夜不眠，比较辛苦，捕获量也不太多。夏季高温季节最适合用此法捕虾。

### 5. 虾抄网

池塘养虾通常要求栽种水草，每年11月以后，随着水温的降低，青虾停止摄食，并有栖息在水草中的习性，此时，可用抄网在水草下面抄捕，并抖动水草，附着在水草上的虾即落入网内。或者于浅水区、水草比较少的地方，增加人工设计的"水草"诱虾前来栖息，然后用抄网把草中栖息的青虾取出即可，一般选择冬天应用。因抄网法对水草以及虾蟹生活环境有影响，在夏季高温、水草多时不常使用。

在有漂浮水生植物的养虾池塘使用该方法尤其适合。目前，抄网捕虾已成为最常用的捕虾方法，效果较好。

以上青虾的捕捞方法，批量较小，适合每天小批量轮捕上市。

### 6. 拉网、拖网

**(1) 拉网捕虾** 拉网捕捞一次性捕捞数量较多，当要求数量很大时，可采取拉网捕捞。进行拉网作业时，动作要轻快，特别是留种用的幼虾，要用网箱做好暂养工作，数量多也可用小塘囤养，待以后进行放养。商品虾可直接销售，也可暂养一段时间后，待元旦、春节旺销时再销售，以提高销售价格。

**(2) 小拖网捕虾** 适合于池底部平坦、塘底水草较少、淤泥不太厚的池塘使用。拖网多在气温下降、青虾活动力减弱、其他捕虾工具捕获量少时使用，傍晚拖捕效果更佳。该法使用的网具较轻巧，网口宽 1.5～2m、高 0.4m，后面带兜囊，根据需要捕捞青虾的大小设置网眼规格，捕获大虾，小虾从网眼中自然流出。该法一般为双人操作，两人各立池塘一边，用纲绳来回拖数次后，起网一次。该法操作简单，捕大留小，且虾体不易受伤。

养虾结束彻底干塘前，要用网反复拉捕数次，尽量捕捞干净，同时干塘时水位应逐步下降，使剩余虾能随水流进入集虾沟，以利捞捕。干池的虾应尽快倒入准备好的网箱内，漂去污泥杂物，提高虾的成活率，特别是需暂养和留养的虾，操作时更要小心轻快。

### 7. 干塘捕虾

在用以上方法捕获大部分青虾后，余下部分青虾可采用干塘捕虾。在池塘排干池水的同时，青虾会游入较深水潭中，此时用捞海捕出。用该方法捕出的青虾黏附泥浆，需要放入充气的网箱中清养 1～2h 后运输，以提高成活率。

## 二、罗氏沼虾捕捞

### 1. 捕捞时间

决定罗氏沼虾成虾捕捞的主要依据如下。

① 水温 罗氏沼虾对水温变化敏感。通常水温低于 22℃就应开始捕虾，在水温降至 18℃以前捕完。

② 市场 当罗氏沼虾体重已达上市规格时，虽然水温较高，但考虑到饲养面积大，集中上市销路有困难，可分批捕捞，抓住中秋和国庆两个节日，较受市民欢迎，经济效益也较可观。

③ 其他　当塘内虾密度过大或池水严重恶化时，可捕大留小上市部分虾，以便稀养速成。

**2. 捕虾前的准备**

首先要了解、掌握气候变化情况，如低温延续时间、降温幅度等，做到成竹在胸，早做准备。其次，做好捕虾所需的网具及捕虾的人力组织部署。再次，对起捕的虾部署好销路。

**3. 捕虾的方法**

① 拉网捕虾　排干部分池水，用网（网目不大于1.5cm）连拉2～3次即可捕起池虾的60%～70%。

② 排水捕虾　罗氏沼虾在日落或日出时比较活泼，虾会随水流出，在排水口放拦网，虾会随水流入网中。

③ 干塘捕虾　在虾基本起捕完的情况下，排干池水捕虾。干塘捕起的虾应及时冲刷干净放入网箱漂清。

# 三、虾苗捕捞

仔虾经过10～20d的培养，体长达到1.5cm以上时就可捕捞出池，或放养进行成虾养殖，或出售。正常情况下，每667m² 的养殖水面虾苗产量为30万～50万尾。捕捞宜选择在晴天的上午进行，同时也要避开在高温季节的中午操作，以防虾苗缺氧死亡。捕捞虾苗可采用以下方法。

**1. 密网围捕**

首先应放低水位，拉网时速度要慢、步子宜小而轻快。起网时不可离水操作，以防虾苗黏附于网衣而干死。收网时轻缓地拉起网角，将网内的虾苗带水用面盆放入已准备的集苗网箱内。

**2. 抄网扦捕**

在水花生等水面植物下，可单人用抄网进行捕苗。此方法适宜在池塘较小、需求量较少时使用。

**3. 流水捕捞**

先将池塘内的水生植物适当捞除一些，然后在池塘出水处，用PVC管作出水口，出水口下面放集虾网箱。集虾网箱应放置在一定水位的渠道内，箱内应充气，池塘放水时，虾苗顺水游入集虾网箱中。流水捕捞的优点是对虾苗的损伤小，节省劳动力。

# 第二节　运输

## 一、商品虾运输

### 1. 专用虾箱运输

该法适合于大批量的汽车长途运输，一次运输量可达到 400～1500kg，运输距离最长可达 1000km 以上，运输成活率为 80%～90%，且不受季节的限制，操作与管理简便。由铁板焊接制成的虾箱，按容量大小分 5m³、3m³、2m³ 三级，分别可装运 1000kg、600kg、400kg 活虾。另配备有增氧泵及动力系统，并在虾箱内装有增氧管道，以便在运输途中连续充气增氧。青虾放置在专门制作的集虾箱中，再依次层层放入大的虾箱中。集虾箱由钢筋、铁丝及无节网片制成，规格为 85cm×40cm×10cm。每个集虾箱装 10kg 青虾，每个虾箱按水容量的大小配备几十至上百个集虾箱。

### 2. 干法运输

用 40cm×40cm×10cm 的泡沫盒放虾，外套塑料袋充氧运输。每盒可装虾 4～5kg。

### 3. 湿法运输

该法适合于冬季小批量商品虾的短途运输，装运虾的容器内覆盖水花生、轮叶黑藻等水草，将虾均匀平放在水草上面，再用水草密盖于虾体上，一层水草一层虾，每隔 15～30min 淋水 1 次，以保持虾的湿润状态。放置虾时，不能重压或堆积在一起，以免受伤或缺氧死亡。在运输中也不能受冻和受太阳光直射。

### 4. 塑料袋密封充氧运输

用 80cm×40cm 塑料袋，装水 1/4～1/3，每袋装虾 1～1.5kg。

## 二、虾苗运输

### 1. 虾苗暂养

虾苗起捕后，应在网箱中暂养 1～2h，待其适应后再进行运输。网箱内应捞除杂草及污物，并充气增氧，以防止虾苗缺氧死亡。集虾网箱用 40 目规格的尼龙筛绢制成，规格为 $100cm \times 70$ cm$\times 40cm$，每箱可集虾苗 5 万～10 万尾。

**2. 虾苗运输**

虾苗运输一般采用尼龙袋充氧或水箱充气运输。长距离运输采用尼龙袋充氧运输方法，袋中装水 1/3，将计数过的虾苗装入袋中，排除空气，充入氧气，用橡皮筋扎紧袋口，放入纸箱中待运。运输过程中应防止阳光曝晒。根据虾苗规格大小、运输距离远近及温度高低情况，每袋可装虾苗 0.3 万～0.5 万尾，运输时间 4～18h。

中、近距离宜采用水箱或帆布篓运输，水箱内不间断充气，装运密度为每立方米 20～40 万尾，运输时间应控制在 5h 内。

# 附 录

## 附录一：无公害食品 青虾养殖技术规范（NY/T 5285—2004）

发布时间：2004 年 1 月 7 日。

实施时间：2004 年 3 月 1 日。

发布单位：中华人民共和国农业部。

### 1. 范围

本标准规定了青虾（学名：日本沼虾 Macrobrachium nippon-ensis）无公害养殖的环境条件、苗种繁殖、苗种培育、食用虾饲养和虾病防治技术。

本标准适用于无公害青虾池塘养殖，稻田养殖可参照执行。

### 2. 规范性引用文件

下列文件中的条款通过本标准的引用而成为本标准的条款。凡是注日期的引用文件，其随后所有的修改单（不包括勘误的内容）或修订版均不适用于本标准，然而，鼓励根据本标准达成协议的各方研究是否可使用这些文件的最新版本。凡是不注日期的引用文件，其最新版本适用于本标准。

GB 13078 饲料卫生标准

GB 18407.4—2001 农产品安全质量 无公害水产品产地环境

NY 5051 无公害食品 淡水养殖用水水质

NY 5071 无公害食品 渔用药物使用准则

NY 5072 无公害食品 渔用配合饲料安全限量

SC/T 1008 池塘常规培育鱼苗鱼种技术规范

《水产养殖质量安全管理规定》中华人民共和国农业部令（2003）第［31］号

### 3. 环境条件

#### 3.1 场址选择

水源充足，排灌方便，进排水分开，养殖场周围 3km 内无任何污染源。

## 3.2 水源、水质

水质清新,应符合 NY 5051 的规定,其中溶解氧应在 5mg/L 以上,pH 7.0~8.5。

## 3.3 虾池条件

虾池为长方形,东西向,土质为壤土或黏土,主要条件见表 1;并有完整相互独立的进水和排水系统。

表 1　虾池条件

| 池塘类别 | 面积/m² | 水深/m | 池埂内坡比 | 水草种植面积/m² |
|---|---|---|---|---|
| 青虾培育池 | 1000~3000 | 约 1.5 | 1:(3~4) | 1/5~1/3 |
| 苗种培育池 | 1000~3000 | 1.0~1.5 | | |
| 食用虾培育池 | 2000~6700 | 约 1.5 | 1:(3~4) | 1/5~1/3 |

## 3.4 虾池底质

虾池池底平坦,淤泥小于 15cm,底质符合 GB 18407.4—2001 中 3.3 的规定。

## 4. 苗种繁殖

### 4.1 亲虾来源

选择从江河、湖泊、沟渠等水质良好水域捕捞的野生青虾作为亲虾,要求无病无伤、体格健壮、规格在 4cm 以上、已达性成熟;或在繁殖季节直接选购规格大于 5cm 的青虾抱卵虾作为亲虾;亲虾在繁殖前应经检疫。

### 4.2 放养密度

每 1000m² 放养亲虾 45~60kg,雌、雄比为 (3~4):1。

### 4.3 饲料及投喂

亲虾饲料投喂以配合饲料为主,投喂量为亲虾体重的 2%~5%,饲料安全限量应符合 NY 5072 的规定,并适当加喂优质无毒、无害、无污染的鲜活动物性饲料,投喂量为亲虾体重的 5%~10%。

### 4.4 亲虾产卵

当水温上升至 18℃ 以上时,亲虾开始交配产卵,抱卵虾用地笼捕出后在苗种培育池进行培育孵化,也可选购野生抱卵虾移入苗种培育池培育孵化。

4.5 抱卵虾孵化

抱卵虾放养量为每 1000m² 放养 12～15kg，根据虾卵的颜色，选择胚胎发育期相近的抱卵虾放入同一池中孵化；虾孵化过程中，需每天冲水保持水质清新，一般青虾卵孵化需要 20～25d。当虾卵成透明状、胚胎出现眼点时，每 1000m² 施腐熟的无污染有机肥 150～450kg。当抱卵虾孵出幼体 80％以上时，用地笼捕出亲虾。

## 5. 苗种培育

5.1 幼体密度

池塘培育幼体的放养密度应控制在 2000 尾/m² 以下。

5.2 饲料投喂

5.2.1 第一阶段

当孵化池发现有幼体出现，需及时投喂豆浆，投喂量为每 1000m² 每天投喂豆浆 2.5kg，以后逐步增加到每天 6.0kg。投喂方法：每天 8：00～9：00、16：00～17：00 各投喂 1 次。

5.2.2 第二阶段

幼体孵出 3 周后，逐步减少豆浆的投喂量，增加青虾苗种配合饲料的投喂，配合饲料的安全限量应符合 NY 5072 的规定，配合饲料投喂 1 周后，每天投喂量为 30～45kg/hm²，投喂时间每天 17：00～18：00。

5.3 施肥

幼体孵出后，视水中浮游生物量和幼体摄食情况，约 15d 应及时施腐熟的有机肥。每次施肥量为每 1000m² 施 75～150kg。

5.4 疏苗

当幼虾生长到 0.8～1.0cm 时，根据培育池密度要及时稀疏，幼虾培育密度控制在 1000 尾/m² 以下。

5.5 水质要求

培育池水质要求：透明度约 30cm，pH 7.5～8.5，溶解氧 ≥ 5mg/L。

5.6 虾苗捕捞

经过 20～30d 培育，幼虾体长大于 1.0cm 时，可进行虾苗捕捞，进入食用青虾养殖阶段。虾苗捕捞可用密网进行拉网捕捞、抄网捕捞或放水集苗捕捞。

## 6. 食用虾饲养

### 6.1 池塘条件

#### 6.1.1 进水要求

进水口用网孔尺寸 0.177～0.250mm 筛绢制成过滤网袋过滤。

#### 6.1.2 配套设施

主养青虾的池塘应配备水泵、增氧机等机械设备，每公顷水面要配置 4.5kW 以上的动力增氧设备。

### 6.2 放养前准备

#### 6.2.1 清塘消毒

按 SC/T 1008 的规定执行。

#### 6.2.2 水草种植

水草种植面积按本标准 4.2 执行；水草种植品种可选择苦草、轮叶黑藻、马来眼子菜和伊乐藻等沉水植物，也可用水花生或水蕹菜（空心菜）等水生植物。

#### 6.2.3 注水施肥

虾苗放养前 5～7d，池塘注水 50～60cm；同时施经腐熟的有机肥 2250～4500kg/hm$^2$，以培育浮游生物。

### 6.3 虾苗放养

#### 6.3.1 放养方法

选择晴好的天气放养，放养前先取池水试养虾苗，在证实池水对虾苗无不利影响时，才开始正式放养虾苗；虾苗放养时温差应小于±2℃。虾苗捕捞、运输及放养要带水操作。

#### 6.3.2 养殖模式与放养密度

##### 6.3.2.1 单季主养

虾苗采取一次放足、全年捕大留小的养殖模式。放养密度：1～3 月放养越冬虾苗（2000 尾/kg 左右）60 万尾～75 万尾/hm$^2$；或 7～8 月放养全长为 1.5～2cm 虾苗 90 万尾～120 万尾/hm$^2$。虾苗放养 15d 后，池中混养规格为体长 15cm 的鲢、鳙鱼种 1500 尾～3000 尾/hm$^2$ 或夏花鲢、鳙鱼种 22500 尾/hm$^2$。食用虾捕捞工具主要采用地笼捕捞。

6.3.2.2　多季主养

　　长江流域为双季养殖，珠江流域可三季养殖。

　　放养密度：青虾越冬苗规格 2000 尾/kg，放养量为 45 万尾～60 万尾/hm²，规格为 1.5～2cm 虾苗，放养量为 60 万尾～80 万尾/hm²。放养时间：一般为 7～8 月和 12 月至翌年 3 月。虾苗放养 15d 后，池中混养规格为 15cm 的鲢、鳙鱼种 1500 尾～3000 尾/hm² 或夏花鲢、鳙鱼种 22500 尾/hm²。

6.3.2.3　鱼虾混养

　　单位产量 7500kg/hm² 的无肉食性鱼类的食用鱼类养殖池塘或鱼种养殖池塘中混养青虾，一般虾苗放养量为 15 万尾～30 万尾/hm²。鱼种养殖池可以适当增加青虾苗的放养量，放养时间一般在冬、春季进行。

6.3.2.4　虾鱼蟹混养

　　放养模式与放养量见表 2。

表 2　虾鱼蟹混养放养表

| 品种 | 规格 | 放养量 | 放养时间 |
|---|---|---|---|
| 青虾 | 全长 2～3cm | 45 万尾/hm² | 1～3 月 |
| 河蟹 | 100～200 只/kg | 4500 只/hm² | 1～3 月 |
| 鲢 | 体长 5～10cm | 225～2300 尾/hm² | 7 月 |
| 鳙 | 0.5～0.75kg/尾 | 150～2225 尾/hm² | 1～3 月 |

6.4　饲养管理

6.4.1　饲料投喂

　　饲料投喂应遵循"四定"投饲原则，做到定质、定量、定位、定时。

6.4.1.1　饲料要求

　　提倡使用青虾配合饲料，配合饲料应无发霉变质、无污染，其安全限量要求符合 NY 5072 的规定；单一饲料应适口、无发霉变质、无污染，其卫生指标符合 GB 13078 的规定；鲜活饲料应新鲜、适口、无腐败变质、无毒、无污染。

6.4.1.2　投喂方法

日投 2 次，每天 8：00～9：00、18：00～19：00 各 1 次，上午投喂量为日投喂总量的 1/3，余下 2/3 傍晚投喂；饲料投喂在离池边 1.5m 的水下，可多点式，也可一线式。

### 6.4.1.3 投饲量

青虾饲养期间各月配合饲料日投饲量参见表 3，实际投饲量应结合天气、水质、水温、摄食及蜕壳情况等灵活掌握，适当增减投喂量。

表 3　青虾饲养期间各月配合饲料日投饲率

| 月份 | 3 | 4 | 5 | 6 | 7 | 8 | 9 | 10 | 11 | 12 |
|---|---|---|---|---|---|---|---|---|---|---|
| 日投饲率% | 1.5～2 | 2～3 | 3～4 | 4～5 | 5 | 5 | 5 | 4～5 | 3～4 | 2 |

### 6.4.2 水质管理

### 6.4.2.1 养殖池水

养殖前期（3～5 月）透明度控制在 25～30cm，中期（6～7 月）透明度控制在 30cm，后期（8～10 月）透明度控制在 30～35cm。溶解氧保持在 4mg/L 以上。pH 7.0～8.5。

### 6.4.2.2 施肥调水

根据养殖水质透明度变化，适时施肥，一般在养殖前期每 10～15d 施腐熟的有机肥 1 次，中后期每 15～20d 施腐熟的有机肥 1 次，每次施肥量为 750～1500kg/hm²。

### 6.4.2.3 注换新水

养殖前期不换水，每 7～10d 注新水 1 次，每次 10～20cm；中期每 15～20d 注换水 1 次；后期每周 1 次，每次换水量为 15～20cm。

### 6.4.2.4 生石灰使用

青虾饲养期间，每 15～20d 使用 1 次生石灰，每次用量为 150kg/hm²，化成浆液后全池均匀泼洒。

### 6.4.3 日常管理

### 6.4.3.1 巡塘

每天早、晚各巡塘 1 次，观察水色变化、虾活动和摄食情况；检查塘基有无渗漏，防逃设施是否完好。

### 6.4.3.2 增氧

生长期间，一般每天凌晨和中午各开增氧机 1 次，每次 1.0～2.0h；雨天或气压低时，延长开机时间。

### 6.4.3.3　生长与病害检查

每 7～10d 抽样 1 次，抽样数量大于 50 尾，检查虾的生长、摄食情况，检查有无病害，以此作为调整投饲量和药物使用的依据。

### 6.4.3.4　记录

按中华人民共和国农业部令（2003）第［31］号《水产养殖质量安全管理规定》要求的格式做好养殖生产记录。

## 7. 病害防治

### 7.1　虾病防治原则

无公害青虾养殖生产过程中对病害的防治，坚持以防为主、综合防治的原则。使用防治药物应符合 NY 5071 的要求，具备兽药登记证、生产批准证和执行批准号。并按中华人民共和国农业部令（2003）第［31］号《水产养殖质量安全管理规定》要求的格式做好用药记录。

### 7.2　常见虾病防治

青虾养殖中常见疾病主要为红体病、黑鳃病、黑斑病、寄生性原虫病等，具体防治方法见表 4。

表 4　青虾常见病害治疗方法

| 虾病名称 | 症状 | 治疗方法 | 休药期 | 注意事项 |
|---|---|---|---|---|
| 红体病 | 发病初期青虾尾部变红，继而扩展至泳足和整个腹部，最后头胸部步足均变为红色。病虾行动呆滞，食欲下降或停食，严重时可引起大批死亡 | 1. 用二氧化氯全池泼洒，用量：0.1～0.2mg/L，严重时 0.3～0.6mg/L<br>2. 用磺胺甲噁唑 100mg/kg 体重或氟苯尼考 10mg/kg 体重拌饵投喂，连用 5～7d，第 1 天药量加倍。预防减半，连用 3～5d<br>3. 用聚维酮碘全池泼洒（幼虾：0.2～0.5mg/L。成虾：1～2mg/L） | 二氧化氯≥10d<br>磺胺甲噁唑≥30d<br>氟苯尼考≥7d | 1. 二氧化氯勿用金属容器盛装。勿与其他消毒剂混用<br>2. 磺胺甲噁唑不能与酸性药物同用<br>3. 聚维酮碘勿与金属物品接触。勿与季铵盐类消毒剂直接混合使用 |

续表

| 虾病名称 | 症状 | 治疗方法 | 休药期 | 注意事项 |
|---|---|---|---|---|
| 黑鳃病 | 病虾鳃丝发黑,局部霉烂,部分病虾伴有头胸甲和腹甲侧面黑斑。患病幼虾活力减弱,在底层缓慢游动,趋光性变弱,变态期延长或不能变态,腹部蜷曲,体色发白,不摄食。成虾患病时,常浮于水面,行动迟缓 | 1. 由细菌引起的黑鳃病:用土霉素 80mg/kg 体重或氟苯尼考 10mg/kg 体重拌饵投喂,连用 5～7d,第 1 天药量加倍。预防减半,连用 3～5d<br>2. 由水中悬浮有机质过多引起的黑鳃病:定期用生石灰 15～20mg/L 全池泼洒 | 漂白粉≥5d<br>土霉素≥21d<br>氟苯尼考≥7d | 1. 土霉素勿与铝、镁离子及卤素、碳酸氢钠、凝胶合用<br>2. 生石灰不能与漂白粉、有机氯、重金属盐、有机络合物混用 |
| 黑斑病 | 病虾的甲壳上出现黑色溃疡斑点,严重时活力大减,或卧于池边处于濒死状态 | 保持水质清爽,捕捞、运输、放苗带水操作,防止亲虾甲壳受损;发病后用聚维酮碘全池泼洒(幼虾:0.2～0.5mg/L。成虾:1～2mg/L) | | 聚维酮碘勿与金属物品接触。勿与季铵盐类消毒剂直接混合使用 |
| 寄生性原虫病 | 镜检可见累枝虫、聚缩虫、钟形虫、壳吸管虫等寄生于虾体表及鳃上,严重时,肉眼可看到一层绒毛物 | 1. 用 1～3mg/L 硫酸锌全池泼洒<br>2. 用 1mg/L 高锰酸钾全池泼洒 | 硫酸锌≥7d | 1. 硫酸锌勿用金属容器盛装。使用后注意池塘增氧<br>2. 高锰酸钾不宜在强烈的阳光下使用 |

# 附录二:地表水环境质量标准

## 地表水环境质量标准（GB 3838—2002）

表1　地表水环境质量标准基本项目标准限值　单位：mg/L

| 序号 | 标准值 项目 | 分类 Ⅰ类 | Ⅱ类 | Ⅲ类 | Ⅳ类 | Ⅴ类 |
|---|---|---|---|---|---|---|
| 1 | 水温/℃ | 人为造成的环境水温变化应限制在：周平均最大温升≤1 周平均最大温降≤2 | | | | |

| 序号 | 标准值 项目 | 分类 | I类 | II类 | III类 | IV类 | V类 |
|---|---|---|---|---|---|---|---|
| 2 | pH值(无量纲) | | 6～9 | | | | |
| 3 | 溶解氧 | ≥ | 饱和率90%(或7.5) | 6 | 5 | 3 | 2 |
| 4 | 高锰酸盐指数 | ≤ | 2 | 4 | 6 | 10 | 15 |
| 5 | 化学需氧量(COD) | ≤ | 15 | 15 | 20 | 30 | 40 |
| 6 | 五日生化需氧量($BOD_5$) | ≤ | 3 | 3 | 4 | 6 | 10 |
| 7 | 氨氮($NH_3$-N) | ≤ | 0.15 | 0.5 | 1.0 | 1.5 | 2.0 |
| 8 | 总磷(以P计) | ≤ | 0.02(湖、库0.01) | 0.1(湖、库0.025) | 0.2(湖、库0.05) | 0.3(湖、库0.1) | 0.4(湖、库0.2) |
| 9 | 总氮(湖、库,以N计) | ≤ | 0.2 | 0.5 | 1.0 | 1.5 | 2.0 |
| 10 | 铜 | ≤ | 0.01 | 1.0 | 1.0 | 1.0 | 1.0 |
| 11 | 锌 | ≤ | 0.05 | 1.0 | 1.0 | 2.0 | 2.0 |
| 12 | 氟化物(以$F^-$计) | ≤ | 1.0 | 1.0 | 1.0 | 1.5 | 1.5 |
| 13 | 硒 | ≤ | 0.01 | 0.01 | 0.01 | 0.02 | 0.02 |
| 14 | 砷 | ≤ | 0.05 | 0.05 | 0.05 | 0.1 | 0.1 |
| 15 | 汞 | ≤ | 0.00005 | 0.00005 | 0.0001 | 0.001 | 0.001 |
| 16 | 镉 | ≤ | 0.001 | 0.005 | 0.005 | 0.005 | 0.01 |
| 17 | 铬(六价) | ≤ | 0.01 | 0.05 | 0.05 | 0.05 | 0.1 |
| 18 | 铅 | ≤ | 0.01 | 0.01 | 0.05 | 0.05 | 0.1 |
| 19 | 氰化物 | ≤ | 0.005 | 0.05 | 0.2 | 0.2 | 0.2 |
| 20 | 挥发酚 | ≤ | 0.002 | 0.002 | 0.005 | 0.01 | 0.1 |
| 21 | 石油类 | ≤ | 0.05 | 0.05 | 0.05 | 0.5 | 1.0 |
| 22 | 阴离子表面活性剂 | ≤ | 0.2 | 0.2 | 0.2 | 0.3 | 0.3 |
| 23 | 硫化物 | ≤ | 0.05 | 0.1 | 0.2 | 0.5 | 1.0 |
| 24 | 粪大肠菌群(个/L) | ≤ | 200 | 2000 | 10000 | 20000 | 40000 |

## 附录三：无公害食品 渔用配合饲料安全限量

**无公害食品 渔用配合饲料安全限量**（NY 5072－2002）

### 1 范围

本标准规定了渔用配合饲料安全限量的要求、试验方法、检验规则。

本标准适用于渔用配合饲料的成品，其他形式的渔用饲料可参照执行。

### 2 规范性引用文件

下列文件中的条款通过本标准的引用而成为本标准的条款。凡是注日期的引用文件，其随后所有的修改单（不包括勘误的内容）或修订版均不适用于本标准；然而，鼓励根据本标准达成协议的各方研究是否可使用这些文件的最新版本。凡是不注日期的引用文件，其最新版本适用于本标准。

GB/T 5009.45—1996 水产品卫生标准的分析方法

GB/T 8381—1987 饲料中黄曲霉素 $B_1$ 的测定

GB/T 9675—1988 海产食品中多氯联苯的测定方法

GB/T 13080—1991 饲料中铅的测定方法

GB/T 13081—1991 饲料中汞的测定方法

GB/T 13082—1991 饲料中镉的测定方法

GB/T 13083—1991 饲料中氟的测定方法

GB/T 13084—1991 饲料中氰化物的测定方法

GB/T 13086—1991 饲料中游离棉酚的测定方法

GB/T 13087—1991 饲料中异硫氰酸酯的测定方法

GB/T 13088—1991 饲料中铬的测定方法

GB/T 13089—1991 饲料中噁唑烷硫酮的测定方法

GB/T 13090—1999 饲料中六六六、滴滴涕的测定方法

GB/T 13091—1991 饲料中沙门氏菌的检验方法

GB/T 13092—1991 饲料中霉菌的检验方法

GB/T 14699.1—1993 饲料采样方法

GB/T 17480—1998 饲料中黄曲霉毒素 $B_1$ 的测定 酶联免疫吸附法

NY 5071 无公害食品 渔用药物使用准则

SC 3501—1996 鱼粉

SC/T 3502 鱼油

《饲料药物添加剂使用规范》〔中华人民共和国农业部公告（2001）第 [168] 号〕

《禁止在饲料和动物饮用水中使用的药物品种目录》〔中华人民共和国农业部公告（2002）第 [176] 号〕

《食品动物禁用的兽药及其他化合物清单》〔中华人民共和国农业部公告（2002）第 [193] 号〕

## 3 要求

### 3.1 原料要求

3.1.1 加工渔用饲料所用原料应符合各类原料标准的规定，不得使用受潮、发霉、生虫、腐败变质及受到石油、农药、有害金属等污染的原料。

3.1.2 皮革粉应经过脱铬、脱毒处理。

3.1.3 大豆原料应经过破坏蛋白酶抑制因子的处理。

3.1.4 鱼粉的质量应符合 SC 3501 的规定。

3.1.5 鱼油的质量应符合 SC/T 3502 中二级精制鱼油的要求。

3.1.6 使用的药物添加剂种类及用量应符合 NY 5071、《饲料药物添加剂使用规范》、《禁止在饲料和动物饮用水中使用的药物品种目录》、《食品动物禁用的兽药及其他化合物清单》的规定；若有新的公告发布，按新规定执行。

### 3.2 安全指标

渔用配合饲料的安全指标限量应符合表 1 规定。

表 1 渔用配合饲料的安全指标限量

| 项　　目 | 限量 | 适 用 范 围 |
|---|---|---|
| 铅（以 Pb 计）/（mg/kg） | ≤5.0 | 各类渔用配合饲料 |
| 汞（以 Hg 计）/（mg/kg） | ≤0.5 | 各类渔用配合饲料 |
| 无机砷（以 As 计）/（mg/kg） | ≤3 | 各类渔用配合饲料 |

| 项　　目 | 限量 | 适　用　范　围 |
|---|---|---|
| 镉(以 Cd 计)/(mg/kg) | ≤3 | 海水鱼类、虾类配合饲料 |
| | ≤0.5 | 其他渔用配合饲料 |
| 铬(以 Cr 计)/(mg/kg) | ≤10 | 各类渔用配合饲料 |
| 氟(以 F 计)/(mg/kg) | ≤350 | 各类渔用配合饲料 |
| 游离棉酚/(mg/kg) | ≤300 | 温水杂食性鱼类、虾类配合饲料 |
| | ≤150 | 冷水性鱼类、海水鱼类配合饲料 |
| 氰化物/(mg/kg) | ≤50 | 各类渔用配合饲料 |
| 多氯联苯/(mg/kg) | ≤0.3 | 各类渔用配合饲料 |
| 异硫氰酸酯/(mg/kg) | ≤500 | 各类渔用配合饲料 |
| 噁唑烷硫酮/(mg/kg) | ≤500 | 各类渔用配合饲料 |
| 油脂酸价(KOH)/(mg/g) | ≤2 | 渔用育苗配合饲料 |
| | ≤6 | 渔用育成配合饲料 |
| | ≤3 | 鳗鲡育成配合饲料 |
| 黄曲霉毒素 $B_1$/(mg/kg) | ≤0.01 | 各类渔用配合饲料 |
| 六六六/(mg/kg) | ≤0.3 | 各类渔用配合饲料 |
| 滴滴涕/(mg/kg) | ≤0.2 | 各类渔用配合饲料 |
| 沙门氏菌/(cfu/25g) | 不得检出 | 各类渔用配合饲料 |
| 霉菌/(cfu/g) | ≤$3\times10^4$ | 各类渔用配合饲料 |

## 4　检验方法

### 4.1　铅的测定

按 GB/T 13080—1991 规定进行。

### 4.2　汞的测定

按 GB/T 13081—1991 规定进行。

### 4.3　无机砷的测定

按 GB/T 5009.45—1996 规定进行。

## 4.4 镉的测定

按 GB/T 13082—1991 规定进行。

## 4.5 铬的测定

按 GB/T 13088—1991 规定进行。

## 4.6 氟的测定

按 GB/T 13083—1991 规定进行。

## 4.7 游离棉酚的测定

按 GB/T 13086—1991 规定进行。

## 4.8 氰化物的测定

按 GB/T 13084—1991 规定进行。

## 4.9 多氯联苯的测定

按 GB/T 9675—1988 规定进行。

## 4.10 异硫氰酸酯的测定

按 GB/T 13087—1991 规定进行。

## 4.11 恶唑烷硫酮的测定

按 GB/T 13089—1991 规定进行。

## 4.12 油脂酸价的测定

按 SC 3501—1996 规定进行。

## 4.13 黄曲霉毒素 $B_1$ 的测定

按 GB/T 8381—1987、GB/T 17480—1998 规定进行，其中 GB/T 8381—1987 为仲裁方法。

## 4.14 六六六、滴滴涕的测定

按 GB/T 13090—1991 规定进行。

## 4.15 沙门氏菌的检验

按 GB/T 13091—1991 规定进行。

## 4.16 霉菌的检验

按 GB/T 13092—1991 规定进行，注意计数时不应计入酵母菌。

# 5 检验规则

## 5.1 组批

以生产企业中每天（班）生产的成品为一检验批，按批号抽样。在销售者或用户处按产品出厂包装的标示批号抽样。

5.2 抽样

渔用配合饲料产品的抽样按 GB/T 14699.1—1993 规定执行。

批量在 1t 以下时，按其袋数的四分之一抽取。批量在 1t 以上时，抽样袋数不少于 10 袋。沿堆积立面以"×"形或"W"型对各袋抽取。产品未堆垛时应在各部位随机抽取，样品抽取时一般应用钢管或铜制管制成的槽形取样器。由各袋取出的样品应充分混匀后按四分法分别留样。每批饲料的检验用样品不少于 500g。另有同样数量的样品作留样备查。

作为抽样应有记录，内容包括：样品名称、型号、抽样时间、地点、产品批号、抽样数量、抽样人签字等。

5.3 判定

5.3.1 渔用配合饲料中所检的各项安全指标均应符合标准要求。

5.3.2 所检安全指标中有一项不符合标准规定时，允许加倍抽样将此项指标复验一次，按复验结果判定本批产品是否合格。经复检后所检指标仍不合格的产品则判为不合格品。

# 附录四：无公害食品 渔用药物使用准则

## 无公害食品 渔用药物使用准则（NY 5071—2001）

1 范围

本标准规定了渔用药物使用的基本原则、使用方法与禁用药。

本标准适用于水产增养殖中的管理及病害防治中的渔药使用。

2 规范性引用文件

下列文件中的条款通过本标准的引用而成为本标准的条款。凡是注日期的引用文件，其随后所有的修改单（不包括勘误的内容）或修订版均不适用于本标准。然而，鼓励根据本标准达成协方的各方研究是否可使用这些文件的最新版本。凡是不注日期的引用文件，其最新版本适用于本标准。

GB 11607 渔业水质标准

NY 5070 无公害食品 水产品中渔药残留限量

NY 5072 无公害食品 渔用配合饲料安全限量

## 3 术语和定义

下列术语和定义适用于本标准。

### 3.1 渔药

用以预防、控制和治疗水产动植物的病、虫、害，促进养殖品种健康生长，增强机体抗病能力以及改善养殖水体质量所使用的一切物质。

### 3.2 休药期

最后停止给药日至水产品作为食品上市出售的最短时间。

## 4 渔药使用基本原则

4.1 水生动物增养殖过程中对病害的防治，坚持"全面预防，积极治疗"的方针，强调"以防为主、防重于治，防、治结合"的原则。

4.2 渔药的使用应严格遵循国务院、农业部有关规定，严禁使用未经取得生产许可证、批准文号、生产执行标准的渔药。

4.3 在水产动物病害防治中，推广使用高效、低毒、低残留渔药，建议使用生物渔药、生物制品。

4.4 病害发生时应对症用药，防止滥用渔药与盲目增大用药量或增加用药次数、延长用药时间。常用渔药及使用方法参见附录 A。

4.5 食用鱼上市前，应有休药期。休药期的长短应确保上市水产品的药物残留量必须符合 NY 5070 要求。常用渔药休药期参见附录 B。

4.6 水产饲料中药物的添加应符合 NY 5072 要求，不得选用国家规定禁止使用的药物或添加剂，也不得在饲料中长期添加抗菌药物。

## 5 禁用渔药

严禁使用高毒、高残留或具有三致毒性（致癌、致畸、致突变）的渔药。禁用渔药见附录 C。

## 附录 A

（资料性附录）

### 常用渔药及使用方法

A.1 水产增养殖中常用的外用渔药及使用方法

水产增养殖中常用的外用渔药及使用方法见表 A.1。

## 表 A.1 常用的外用渔药及使用方法

| 序号 | 药物名称 | 使用方法 | 主要防治对象 | 常规用量/(mg/L) |
|---|---|---|---|---|
| 1 | 硫酸铜（蓝矾、胆矾、石胆）Copper sulfate | 浸浴 | 纤毛虫、鞭毛虫等寄生性原虫病 | 淡水：8～10(15～30min) |
| | | 全池泼洒 | 纤毛虫、鞭毛虫等寄生性原虫病 | 淡水：0.5～0.7<br>海水：1.0 |
| 2 | 甲醛（福尔马林）Liqour formaldehyde | 浸浴 | 纤毛虫、鞭毛虫、贝尼登虫等寄生性原虫病 | 淡水：100(0.5～3.0h)<br>海水：250～500（10～20min） |
| | | 全池泼洒 | 纤毛虫病、水霉病、细菌性鳃病、烂尾病等 | 10～30 |
| 3 | 敌百虫 Metrifonate(90%晶体) | 全池泼洒 | 甲壳类、蠕虫等寄生性鱼病 | 0.3～0.5 |
| 4 | 漂白粉 Bleaching powder | 全池泼洒 | 微生物疾病；如皮肤溃疡病、烂鳃病、出血病等 | 1.0～2.0 |
| 5 | 二氯异氰脲酸钠 Sodium dichloroisocyanurate（有效氯55%以上） | 全池泼洒 | 微生物疾病；如皮肤溃疡病、烂鳃病、出血病等 | 0.3～0.6 |
| 6 | 三氯异氰脲酸 richloroisocyanuric acid(有效氯80%以上) | 全池泼洒 | 微生物疾病；如皮肤溃疡病、烂鳃病、出血病等 | 0.1～0.5 |
| 7 | 二氧化氯 Chlorine dioxide | 全池泼洒 | 微生物疾病；如皮肤溃疡病、烂鳃病、出血病等 | 0.5～2.0 |
| 8 | 聚维酮碘 Povidone-iodine（含有效碘1.0%） | 浸浴 | 预防病毒病；如草鱼出血病、传染性胰腺坏死病、传染性造血组织坏死病、病毒性出血败血症等 | 草鱼种：30(15～30min)<br>鲑鳟鱼卵：30～50(5～15min) |
| | | 全池泼洒 | 细菌性烂鳃病、弧菌病、鳗鲡红头病、中华鳖腐皮病等 | 幼鱼、幼虾：0.5～1.0<br>成鱼、成虾：1.0～2.0<br>鳗鲡、中华鳖：2.0～4.0 |

注：本表所推荐的常规用量，是指养殖水水温在20～30℃，水质为中度硬水（总硬度50～90mg/L水体），pH值为中性，其余指标达 GB 11607 时的渔药用量。

## A.2 水产增养殖中常用内服渔药及使用方法

水产增养殖中常用内服渔药及使用方法见表 A.2

表 A.2 常用内服渔药及使用方法

| 序号 | 药物名称 | 主要防治对象 | 常规用量（按体重计）mg/(kg·d) | 使用时间 /d |
|---|---|---|---|---|
| 1 | 土霉素 Oxytetra-cyclie | 肠炎病、弧菌病等 | 50~80 | 6~10 |
| 2 | 四环素 Tetracy-cline | 肠炎病及由立克次体或支原体所引起的疾病 | 75~100 | 6~10 |
| 3 | 红霉素 Erythro-mycin | 细菌性鳃病、白头白嘴病、链球菌病、对虾肠道细菌病、贝类幼体面盘解体病等 | 50 | 5~7 |
| 4 | 诺氟沙星 Norflox-acin | 细菌性败血病、肠炎病、溃疡病等 | 20~50 | 3 |
| 5 | 盐酸环丙沙星 Cip-rofloxacin | 鳗鱼细菌性烂鳃病、烂尾病、弧菌病、爱德华氏菌病等 | 15~20 | 5~7 |
| 6 | 磺胺嘧啶 Sulfadia-zine | 赤皮病、肠炎病、链球菌病、鳗鱼弧菌病等 | 100 | 5 |
| 7 | 磺胺甲基异噁唑 Sulfamethoxazole | 肠炎病、牛蛙爱德华氏菌病 | 100~200 | 5~7 |
| 8 | 磺胺间甲氧嘧啶 Sulfamonomethoxine | 竖鳞病、赤皮病、弧菌病 | 50~200 | 4~6 |
| 9 | 磺胺二甲异噁唑 Sulfafurazole | 弧菌病、竖鳞病、疖疮病、烂鳃病等 | 200~500 | 4~6 |
| 10 | 磺胺间二甲氧嘧啶 Sulfadimethoxine | 肠炎病、赤皮病 | 2~200 | 3~6 |
| 11 | 呋喃唑酮(痢特灵) Furazolidone | 烂鳃病、肠炎病、细菌性出血病、白头白嘴病等 | 20~60 | 5~7 |

注：磺胺类药物需与甲氧苄氨嘧啶（TMP）同时使用，并且第一天药量加倍。

## 附录 B

（资料性附录）

### 常用渔药休药期

表 B.1　常用渔药休药期

| 序号 | 药物名称 | 停药期/d | 适用对象 |
|---|---|---|---|
| 1 | 敌百虫 Metrifonate(9%晶体) | ≥10 | 鲤科鱼类、鳗鲡、中华鳖、蛙类等 |
| 2 | 漂白粉 Bleaching powder | ≥5 | 鲤科鱼类、中华鳖、蛙类、蟹、虾等 |
| 3 | 二氯异氰脲酸钠 Sodium dichloroisocyanurate(有效氯 55%) | ≥7 | 鲤科鱼类、中华鳖、蛙类、蟹、虾等 |
| 4 | 三氯异氰脲酸 Trichloroisocyanuric acid(有效氯 80%以上) | ≥7 | 鲤科鱼类、中华鳖、蛙类、蟹、虾等 |
| 5 | 土霉素 Oxytetracycline | ≥30 | 鲤科鱼类、中华鳖、蛙类、蟹、虾等 |
| 6 | 磺胺间甲氧嘧啶及其钠盐 Sulfamonomethoxine or it's natrium | ≥30 | 鲤科鱼类、中华鳖、蛙类、蟹、虾等 |
| 7 | 磺胺间甲氧嘧啶及磺胺增效剂的配合剂 Sulfamonomethoxine and ormethoprim's | ≥30 | 鲤科鱼类、中华鳖、蛙类、蟹、虾等 |
| 8 | 磺胺间二甲氧嘧啶 Sulfadimetoxine | ≥42 | 虹鳟鲤科鱼类、中华鳖、蛙类、蟹、虾等 |

## 附录 C

（规范性附录）

### 禁用渔药

表 C.1　禁用渔药

| 名　　称 | 禁用原因 |
|---|---|
| 硝酸亚汞 Mercurous nitrate | 毒性大,易造成蓄积,对人危害大 |
| 醋酸汞 Mercuric acetate | 毒性大,易造成蓄积,对人危害大 |
| 孔雀石绿 Malachite Green | 具致癌与致畸作用 |
| 六六六 Bexachloridge | 高残毒 |
| 滴滴涕 DDT | 高残毒 |
| 磺胺脒(磺胺胍)Sulfaguanidine | 毒性较大 |
| 新霉素 Neomycin | 毒性较大,对人体可引起不可逆的耳聋等 |

# 参 考 文 献

[1] 屈忠湘. 青虾的生物学观察 [J]. 淡水渔业, 1990, 20 (1): 3-6.

[2] 屈忠湘, 杨永林, 吴庆渠. 青虾胚胎发育观察 [J]. 淡水渔业, 1991, 21 (2): 24-27.

[3] 王兴礼. 淡水虾实用养殖技术 [M]. 北京: 金盾出版社, 2000.

[4] 李继勋. 简明淡水养虾手册 [M]. 北京: 中国农业大学出版社, 2002.

[5] 杨志恒. 淡水虾标准化生产技术 [M]. 北京: 中国农业大学出版社, 2003.

[6] 戈贤平. 无公害淡水虾标准化生产 [M]. 北京: 中国农业出版社, 2006.

[7] 徐在宽. 淡水虾无公害养殖重点、难点与实例 [M]. 北京: 科学技术文献出版社, 2006.

[8] 浙江省水产技术推广总站. 淡水虾蟹类养殖技术 [M]. 杭州: 浙江科学技术出版社, 2013.

[9] 龚培培, 宋长太等. 青虾健康养殖百问百答 [M]. 北京: 中国农业出版社, 2014.

[10] 龚培培, 邹宏海. 青虾高效生态养殖新技术 [M]. 北京: 海洋出版社, 2014.

[11] 夏来根. 朱学宏, 张磊磊等. 4 种微生态制剂对虾池水质及青虾生长性能的影响 [J]. 水生态学杂志, 2012, 33 (3): 101-106.

[12] 顾海东, 龚培培, 邹宏海等. 饲料蛋白质水平与生物源性添加剂对青虾生长及营养成分的影响 [J]. 饲料研究, 2013, (2): 64-68.

[13] 王庆, 朱银安, 周国勤等. 杂交青虾"太湖 1 号"越冬试验 [J]. 淡水渔业, 2013, 43 (2): 84-86.